机电一体化与智能应用研究

侯玉叶 王 赟 晋成龙 ◎ 著

吉林科学技术出版社

图书在版编目（CIP）数据

机电一体化与智能应用研究 / 侯玉叶，王赟，晋成龙著. -- 长春：吉林科学技术出版社，2021.6
ISBN 978-7-5578-8274-7

Ⅰ.①机… Ⅱ.①侯… ②王… ③晋… Ⅲ.①机电一体化－系统设计 Ⅳ.①TH-39

中国版本图书馆CIP数据核字(2021)第116887号

机电一体化与智能应用研究

作 者 侯玉叶 王 赟 晋成龙
出 版 人 宛 霞
责任编辑 张 超
封面设计 北京万瑞铭图文化传媒有限公司
制 版 北京万瑞铭图文化传媒有限公司
幅面尺寸 185mm×260mm 1/16
字 数 317千字
页 数 238
印 张 14.875
版 次 2022年4月第1版
印 次 2022年4月第1次印刷

出 版 吉林科学技术出版社
发 行 吉林科学技术出版社
地 址 长春市净月区福祉大路5788号
邮 编 130118
发行部电话／传真 0431-81629529 81629530 81629531
                  81629532 81629533 81629534
运输部电话 0431-86059116
编辑部电话 0431-81629518
印 刷 长春市昌信电脑图文制作有限公司

书 号 ISBN 978-7-5578-8274-7
定 价 70.00元

前　言

机电一体化是在微电子技术向机械工业渗透过程中逐渐形成并发展起来的一门新兴的综合性技术学科。目前，机电一体化技术正日益得到普遍重视和广泛应用，已成为现代技术、经济发展中不可缺少的一种高新技术。由于机电一体化技术的应用而生产出来的机电一体化产品，已遍及人们日常生活和国民经济的各个领域。为了在当今国际范围内剧烈的技术、经济竞争中占据优势，世界各国纷纷将机电一体化的研究和发展作为一项重要内容而列入本国的发展计划。

机电一体化是多学科领域综合交叉的技术密集型系统工程，所涉及的知识领域非常广泛，现代各种先进技术构成了机电一体化的技术基础。随着机电一体化技术的产生与发展，在世界范围内掀起了机电一体化热潮，它使机械产品向着高技术密集的方向发展。当前，以柔性自动化为主要特征的机电一体化技术发展迅速，水平越来越高。任何一个国家、地区、企业若不拥有这方面的人才、技术和生产手段，就不具备国际、国内竞争所必需的基础。要彻底改变目前我国机械工业面貌，缩小与国外先进国家的差距，必须走发展机电一体化技术之路，这也是当代机械工业发展的必然趋势。

目录

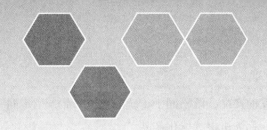

第一章 机电一体化基本知识

第一节 机电一体化系统概述

"德国工业4.0"和"中国制造2025"强调加快发展智能制造装备和产品；组织研发具有深度感知、智慧决策、自动执行功能的高档数控机床、工业机器人、增材制造装备等智能制造装备以及智能化生产线；突破新型传感器、智能测量仪表、工业控制系统、伺服电机及驱动器和减速器等智能核心装置；推进工程化和产业化。加快机械、航空、船舶、汽车、轻工、纺织、食品、电子等行业生产设备的智能化改造；提高精准制造、敏捷制造能力；统筹布局和推动智能交通工具、智能工程机械、服务机器人、智能家电、智能照明电器、可穿戴设备等产品的研发和产业化。机电一体化虽然是一个独立的科学门类，但依然和其他学科有着千丝万缕的关系，也和"工业4.0"及"中国制造2025"紧密相连，它是其他学科技术优势的整合体，是建立在其他学科技术的基础上发展起来的，因此它可以被系统地分为五元素三核心。其中，五元素主要是指机械本体部分、动力部分、传感部分、驱动及执行部分、控制及信息处理部分；三核心是机械技术、计算机与电子技术及系统技术。如果把机电一体化比作人的身躯，那么，五元素就是四肢五官，三核心则是大脑。机械技术可以优化材料、性能，缩减体积，提高精度；计算机与电子技术可以进行信息交流、储存、判断、决策，而系统技术则是从全局角度出发，将总体分解成相互关联的若干功能单元，正是因为这些技术的共同发展与协作，才使得机电一体化技术不断推陈出新，极大地扩展了机械系统的发展空间，使其向着更高的方向发展。

一、机电一体化概念的产生

20世纪80年代初，世界制造业进入一个发展停滞、缺乏活力的萧条期，几乎被人们视作夕阳产业。20世纪90年代，微电子技术在该领域的广泛应用，为制造业注入了生机。机电一体化产业以其特有的技术带动性、融入性和广泛适用性，逐渐成为高新技术产业中的主导产业，成为21世纪经济发展的重要支柱之一。

机电一体化是微电子技术向机械工业渗透过程中逐渐形成的一种综合技术，是一门集机械技术、电子技术、信息技术、计算机及软件技术、自动控制技术以及其他技术互相融合而成的多学科交叉的综合技术。以这种技术为手段开发的产品，既不同于传统的机械产品，也不同于普通的电子产品，而是一种新型的机械电子器件，称为机电一体化产品。

机电一体化（Mechatronics）一词，最早出现在 1971 年日本《机械设计》杂志的副刊上，随后在 1976 年由日本《Mechatronics Design News》杂志开始使用。"Mechatronics"是由 Mechanics（机械学）的前半部分与 Electronics（电子学）的后半部分组合而成。我国通常译为机电一体化或机械电子学，实质上是指机械工程与电子工程的综合集成，应视为机械电子工程学。但是，机电一体化并非是机械技术与电子技术的简单叠加，而是有着自身体系的新型学科。随着计算机技术的迅猛发展和广泛应用，机电一体化技术获得前所未有的发展，目前正向光机电一体化技术（Opto-mechatronics）方向发展，其应用范围愈来愈广。

目前，人们对"机电一体化"的含义有各种各样的认识，例如"机电一体化是机械工程中采用微电子技术的体现"（渡边茂）；"机电一体化就是利用微电子技术，最大限度地发挥机械能力的一种技术"（日本 1984 年《机械设计》杂志增刊）；"机电一体化是机械学与电子学有机结合而提供的更为优越的一种技术"（小岛利夫）。总之，由于各自的出发点和着眼点不尽相同，再加上"机电一体化"本身的含义还在随着生产和科学技术的发展不断被赋予新的内容，到目前为止，较为人们所接受的含义是日本"机械振兴协会经济研究所"于 1981 年 3 月提出的解释："机电一体化这个词乃是在机械的主功能、动力功能、信息功能和控制功能上引进微电子技术，并将机械装置与电子装置用相关软件有机结合而构成系统的总称。"随着微电子技术、传感器技术、精密机械技术、自动控制技术以及微型计算机技术、人工智能技术等新技术的发展，以机械为主体的工业产品和民用产品，不断采用诸学科的新技术，在机械化的基础上，正向自动化和智能化方向发展，以机械技术、微电子技术有机结合为主体的机电一体化技术是机械工业发展的必然趋势。

美国也是机电一体化产品开发和应用最早的国家。例如世界上第一台数控机床（1952 年）、工业机器人（1962 年）都是由美国研制成功的。美国机械工程师协会（ASME）的一个专家组，于 1984 年在给美国国家科学基金会的报告中，提出了"现代机械系统"的定义："由计算机信息网络协调与控制的、用于完成包括机械力、运动和能量等动力学任务的机械和机电部件相互联系的系统。"这一含义实质上是指多个计算机控制和协调的高级机电一体化产品。

1981 年，德国工程师协会、德国电气工程技术人员协会及其共同组成的精密工程技术专家组的《关于大学精密工程技术专业的建议书》中，将精密工程技术定义为光、机、电一体化的综合技术，它包括机械（含液压、气动及微机械）、电工与电子技术、光学及其不同技术的组合（电工与电子机械、光电子技术与光学机械），其核心为精密工程技术。促进了精密工程技术中各学科的相互渗透，这一观点是培养机电一体化复合人才的关键。

"机电一体化技术与系统"具有"技术"与"系统"两方面的内容。机电一体化技术主要是指其技术原理和使机电一体化系统（或产品）得以实现、使用和发展的技术。机电一体化系统主要是指机械系统和微电子系统有机结合，从而赋予新的功能和性能的新一代产品。机电一体化的共性包括检测传感技术、信息处理技术、计算机技术、电力电子技术、自动控制技术、伺服传动技术、精密机械技术以及系统总体技术等。各组成部分（要素）的性能越好，功能越强，并且各组成部分之间配合越协调，产品的性能和功能就越好。这就要求将上述多种技术有机地结合起来，也就是人们所说的融合。只有实现多种技术的有机结合，才能实现整体最佳，这样的产品才能称得上是机电一体化产品。如果仅用微型计算机简单取代原来的控制器，则不能称为机电一体化产品。

机电一体化技术是一个不断发展的过程，是一个从自发状况向自为方向发展的过程。早在"机电一体化"这一概念出现之前，世界各国从事机械总体设计、控制功能设计和生产加工的科技工作者，已为机械与电子的有机结合做了许多工作，如电子工业领域通信电台的自动调谐系统、计算机外围设备和雷达伺服系统。目前人们已经开始认识到机电一体化并不是机械技术、微电子技术以及其他新技术的简单组合、拼凑，而是它们的有机地相互结合或融合，是有其客观规律的。简言之，机电一体化这一新兴交叉学科有其技术基础、设计理论和研究方法，只有对其有了充分的理解，才能正确地进行机电一体化工作。

随着以 IC、LSI、VLSI 等为代表的微电子技术的惊人发展，计算机本身也发生了根本变革。以微型计算机为代表的微电子技术逐步向机械领域渗透，并与机械技术有机地结合，为机械增添了"头脑"，增加了新的功能和性能，从而进入了以机电有机结合为特征的机电一体化时代。曾以机械为主的产品，如机床、汽车、缝纫机、打字机等，由于应用了微型计算机等微电子技术，使它们都提高了性能并增添了"头脑"。这种将微型计算机等微电子技术用于机械并给机械以智能的技术革新潮流可称为"机电一体化技术革命"。这一革命使得机械闹钟、机械照相机及胶卷等产品遭到淘汰。又如，以往的化油器车辆，其发动机供油是靠活塞下行后形成的真空吸力来完成的，并且节气门开度越大，进气支管的压力越大，发动机转速越高，化油器供油量也就越多。而现在的电子燃油喷射车辆，则已将上述机械动作转变为传感器的信号（如节气门开度用节气门位置传感器来测量，进气支管压力用绝对压力传感器来测量），当这些信号送到发动机控制计算机后，经过计算机的分析、比较和处理，能够计算出精确的喷油脉宽，控制喷油嘴开启时间的长短，从而控制喷油量的多少。将以往的机械供油转为电控，这样不仅有效地发挥了燃油的经济性和动力性，又使尾气排放降到了最低，这就是机电一体化——由传感器来测量机械的动作，并转变为电信号送至计算机，再由计算机做出决策，控制某些执行元件动作。

机电一体化的目的是使系统（产品）功能增强、效率提高、可靠性提高，节省材料和能源，并使产品结构向轻、薄、短、小巧化方向发展，不断满足人们生活的多样化需求和生产的省时省力、自动化需求。因此，机电一体化的研究方法应该是改变过去那种拼拼凑凑的"混合"式设计法，从系统的角度出发，采用现代设计分析方法，充分发挥边缘学科技术的优势。

由于机电一体化技术对现代工业和技术的发展具有巨大的推动力，因此世界各国均将其作为工业技术发展的重要战略之一。从 20 世纪 70 年代起，在发达国家兴起了机电一体化热潮。20 世纪 90 年代，中国也把机电一体化技术列为重点发展的十大高新技术产业之一。

机电一体化技术在制造业的应用从一般的数控机床、加工中心和机械手发展到智能机器人、柔性制造系统（FMS）、无人生产车间，以及将设计、制造、销售、管理集于一体的计算机集成制造系统（CIMS）。机电一体化产品涉及工业生产、科学研究、人民生活、医疗卫生等各个领域，如集成电路自动生产线、激光切割设备、印刷设备、家用电器、汽车电子化、电梯、微型机械、飞机、雷达、医学仪器、环境监测等。

机电一体化技术是其他高新技术发展的基础，机电一体化的发展依赖于其他相关技术的发展。可以预料，随着信息技术、材料技术、生物技术等新兴学科的高速发展，在数控机床、机器人、微型机械、航空航天装备、海洋工程装备及高技术船舶、先进轨道交通装备、节能与新能源汽车、电力装备、农机装备家用智能设备、医疗设备、现代制造系统等产品及领域，机电一体化技术将得到更加蓬勃的发展。

二、机电一体化系统的组成

传统的机械产品一般由动力源、传动机构和工作机构等组成。机电一体化系统是在传统机械产品的基础上发展起来的，是机械与电子、信息技术结合的产物，它除了包含传统机械产品的组成部分以外，还含有与电子技术和信息技术相关的组成要素。一个典型的机电一体化系统应包含以下几个基本要素：机械本体、动力与驱动单元、执行机构单元、传感与检测单元、控制及信息处理单元、系统接口等部分。这些部分可以归纳为：结构组成要素、动力组成要素、运动组成要素、感知组成要素、智能组成要素。这些组成要素内部及其之间，形成通过接口耦合来实现运动传递、信息控制、能量转换等有机融合的一个完整系统。

（一）机械本体

所有的机电一体化系统都含有机械部分，它是机电一体化系统的基础——起着支承系统中其他功能单元、传递运动和动力的作用。机电一体化系统的机械本体包括机械传动装置和机械结构装置，机械子系统的主要功能是使构造系统的各子系统、零部件按照一定的空间和时间关系安置在一定的位置上，并保持特定的关系。为了充分发挥机电一体化的优点，必须使机械本体部分具有高精度、轻量化和高可靠性。过去的机械均以钢铁为基础材料，要实现机械本体的高性能，除了采用钢铁材料以外，还必须采用复合材料或非金属材料。因此，要求机械传动装置有高刚度、低惯量、较高的谐振频率和适当的阻尼性能，并对机械系统的结构形式、制造材料、零件形状等方面提出相应的要求。机械结构是机电一体化系统的机体，各组成要素均以机体为骨架进行合理布局，有机结合成一个整体，这不仅是系统内部结构的设计问题，也包括外部造型的设计问题。这就要求机电一体化系统整体布局合理，技术性能得到提高，功能得到增强，使用、操作方便，造型美观，色调协调，具有高效、多功能、可靠和节能、小型、轻量、美观的特点。

（二）动力与驱动单元

动力单元是机电一体化产品能量供应部分，其作用是按照系统控制要求，为系统提供能量和动力，使系统正常运行。提供能量的方式包括电能、气能和液压能，其中电能为主要供能方式。除了要求可靠性好以外，机电一体化产品还要求动力源的效率高，即用尽可能小的动力输入获得尽可能大的功能输出，这是机电一体化产品的显著特征之一。驱动单元是在控制信息的作用下，驱动各执行机构完成各种动作和功能的。

（三）传感与检测单元

传感与检测单元的功能就是对系统运行中所需要的本身和外界环境的各种参数及状态物理量进行检测，生成相应的可识别信号，并传输到信息处理单元，经过分析、处理后产生相应的控制信息。这一功能一般由专门的传感器及转换电路完成，主要包括各种传感器及其信号检测电路，其作用就是监测机电一体化系统工作过程中本身和外界环境有关参量的变化，并将信息传递给电子控制单元，电子控制单元根据检测到的信息向执行器发出相应的控制指令。机电一体化系统的要求：传感器精度、灵敏度、响应速度和信噪比高；漂移小，稳定性高；可靠性好；不易受被测对象特征（如电阻、磁导率等）的影响；对抗恶劣环境条件（如油污、高温、泥浆等）的能力强；体积小，重量轻，对整机的适应性好；不受高频干扰和强磁场等外部环境的影响；操作性能好，现场维修处理简单；价格低廉。

（四）执行机构单元

执行机构单元的功能就是根据控制信息和指令驱动机械部件运动从而完成要求动作。执行机构是运动部件，它将输入的各种形式的能量转换为机械能。常用的执行机构可分为两类：一是电气式执行部件，按运动方式的不同又可分为旋转运动元件和直线运动元件，其中旋转运动元件主要指各种电动机；直线运动元件有电磁铁、压电驱动器等。二是气压和液压式执行部件，主要包括液压缸和液压马达等执行元件。根据机电一体化系统的匹配性要求，执行机构需要考虑改善系统的动、静态性能，一方面要求执行器效率高、响应速度快，另一方面要求对水、油、温度、尘埃等外部环境的适应性好，可靠性高。例如提高刚性、减小重量和保持适当的阻尼，应尽量考虑组件化、标准化和系列化，以提高系统的整体可靠性等。由于电工电子技术的高度发展，高性能步进驱动、直流和交流伺服驱动电机已大量应用于机电一体化系统。

（五）控制及信息处理单元

控制及信息处理单元是机电一体化系统的核心部分。其功能就是完成来自各传感器的检测信息的数据采集和外部输入命令的集中、储存、计算、分析、判断、加工、决策。根据信息处理结果，按照一定的程序和节奏发出相应的控制信息或指令，通过输出接口送往执行机构，控制整个系统有目的地运行，并达到预期的信息控制目的。对于智能化程度高的系统，还包含了知识获取、推理及知识自学习等以知识驱动为主的信息控制。控制及信息单元由硬件和软件组成，系统硬件一般由计算机、可编程逻辑控制器（PLC）、数控装置以及逻辑电路、A/D 与 D/A 转换、I/O（输入 / 输出）接口和计算机外部设备等组成；系统软件为固化在计算机存储器内的信息处理和控制程序，该程序根据系统正常工作的要求而编写。机电一体化系统对控制和信息处理单元的基本要求是提高信息处理速度和可靠性，增强抗干扰能力以及完善系统自诊断功能，实现信息处理智能化和小型、轻量、标准化等。

以上通常称为机电一体化的五大组成要素。在机电一体化系统中这些要素和它们内部各环节之间都遵循接口耦合、运动传递、信息控制、能量转换的原则。机电一体化产品的五个基本组成要素之间并非彼此无关或简单拼凑、叠加在一起，工作中它们各司其职、互相补充、互相协调，共同完成规定的功能，即在机械本体的支持下，由传感器检测产品的运行状态及环境变化，将信息反馈给电子控制单元，电子控制单元对各种信息进行处理，并按要求控制执行器的运动，执行器的能源则由动力部分提供。在结构上，各组成要素通过各种接口及相关软件有机地结合在一起，构成一个内部合理匹配、外部效能最佳的完整产品。

例如，日常使用的全自动照相机就是典型的机电一体化产品，其内部装有测光测距传感器，所测信号由微处理器进行处理，再根据信息处理结果控制微型电动机，并由微型电动机驱动快门、变焦及卷片倒片机构。这样，从测光、测距、调光、调焦、曝光到卷片、倒片、闪光及其他附件的控制都实现了自动化。

又如，汽车上广泛应用的发动机燃油喷射控制系统也是典型的机电一体化系统。分布在发动机上的空气流量计、水温传感器、节气门位置传感器、曲轴位置传感器、进气歧管绝对压力传感器、爆燃传感器、氧传感器等连续不断地检测发动机的工作状况和燃油在燃烧室的燃烧情况，并将信号传给电子控制装置 ECU。ECU 首先根据进气歧管绝对压力传感器或空气流量计的进气量信号及发动机转速信号，计算基本喷油时间，然后再根据发动机的水温、节气门开度等工作参数信号对其进行修正，确定当前工况下的最佳喷油持续时间，从而控制发动机的空燃比。此外，根据发动机的要求，ECU 还具有控制发动机的点火时间、怠速转速、废气再循环率、故障自诊断，等功能。

三、机电一体化系统的相关技术

机电一体化系统是多学科领域技术的综合交叉应用，是技术密集型的系统工程，其主要包括机械技术、传感检测技术、计算机与信息处理技术、自动控制技术、伺服驱动技术和系统总体技术等。现代机电一体化产品甚至还包含了光、声、磁、液压、化学、生物等技术的应用。

（一）机械技术

机械技术是机电一体化的基础。随着高新技术引入机械行业，机械技术面临着挑战和变革。在机电一体化产品中，机械技术（机械设计与机造技术）不再是单一地完成系统间的连接，而是要优化设计系统的结构、重量、体积、刚性和寿命等参数对机电一体化系统的综合影响。机械技术的着眼点在于如何与机电一体化技术相适应，利用其他高新技术来更新概念，实现结构上、材料上、性能上以及功能上的变更，以满足减少重量、缩小体积、提高精度、提高刚度、改善性能和增加功能的要求。

在机电一体化系统制造过程中，经典的机械理论与工艺应借助于计算机辅助技术，同时采用人工智能与专家系统等形成新一代机械制造技术，而原有的机械技术则以知识和技能的形式存在。

（二）传感检测技术

传感与检测装置是系统的感受器官，它与信息系统的输入端相连并将检测到的信息输送到信息处理部分。传感与检测是实现自动控制、自动调节的关键环节，它的功能越强，系统的自动化程度就越高。传感与检测的关键元件是传感器。传感器是将被测量（各种物理量、化学量和生物量等）变换成系统可识别的、与被测量有确定对应关系的有用电信号的一种装置。

现代工程技术要求传感器能快速、精确地获取信息，并能经受各种环境的影响。与计算机技术相比，传感器的发展显得迟缓，难以满足机电一体化技术发展的要求。不少机电一体化装置不能达到满意的效果或无法实现预期的设计，关键原因在于没有较好的传感器。传感检测技术研究的内容包括两方面：一是研究如何将各种被测量（物理量、化学量、生物量等）转换为与之成正比的电量；二是研究如何对转换后的电信号进行加工处理，如放大、补偿、标定、变换等。大力开展传感器的研究对于机电一体化技术的发展具有十分重要的意义。

（三）计算机与信息处理技术

信息处理技术包括信息的交换、存取、运算、判断和决策，实现信息处理的工具是计算机。这里，计算机相当于人类的大脑，指挥整个系统的运行。计算机技术包括计算机的软件技术和硬件技术，网络与通信技术，数据技术等。在机电一体化系统中，主要采用工业控制机（包括可编程序控制器、单片机、总线式工业控制机）等微处理器进行信息处理，可方便高效地实现信息交换、存取、运算、判断和决策。

在机电一体化系统中，计算机信息处理部分指挥整个系统的运行。信息处理是否正确、及时，直接影响到系统工作的质量和效率。计算机与信息处理技术已成为促进机电一体化技术发展和变革的最活跃的因素。

（四）自动控制技术

自动控制技术范围很广，机电一体化技术在基本控制理论指导下，对具体控制装置或控制系统进行设计，并对设计后的系统进行仿真和现场调试，最后使研制的系统可靠地投入运行。由于控制对象种类繁多，所以控制技术的内容极其丰富，有开环控制、闭环控制、传递函数、时域分析、频域分析、校正等基本内容，还有高精度位置控制、速度控制、自适应控制、自诊断、校正、补偿、再现、检索等，以满足机电一体化系统控制得稳、准、快要求。由于控制对象种类繁多，因而控制技术的内容极其丰富，例如定值控制、随动控制、自适应控制、预测控制、模糊控制、学习控制等。

随着微型机的广泛应用，自动控制技术越来越多地与计算机控制技术联系在一起，成为机电一体化中十分重要的关键技术，以解决现代控制理论的工程化与实用化以及优化控制模型的建立等问题。

（五）伺服驱动技术

"伺服"（Serve）即"伺候服侍"的意思。伺服驱动技术就是在控制指令的指挥下，控制驱动元件，使机械运动部件按照指令要求进行运动，并保持良好的动态性能。伺服驱动技术包括电动、气动、液压等各种类型的驱动装置，由微型计算机通过接口与传动装置相连接，控制它们的运动，带动工作机械做回转、直线以及其他各种复杂的运动。伺服驱动技术是直接执行操作的技术，伺服系统是实现电信号到机械动作的转换装置或部件，对系统的动态性能、控制质量和功能具有决定性影响。常见的伺服驱动有电液马达、脉冲油缸、步进电机、直流伺服电机和交流伺服电机等。由于变频技术的发展，交流伺服驱动技术取得突破性进展，为机电一体化系统提供了高质量的伺服驱动单元，极大地促进了机电一体化技术的发展。

（六）系统总体技术

系统总体技术是一种从整体目标出发，用系统的观点立于全局角度，将总体分解成相互有机联系的若干单元，并找出能完成各个功能的技术方案，再把功能和技术方案组成方案组进行分析、评价和优选的综合应用技术。系统总体技术解决的是系统的性能优化问题和组成要素之间的有机联系问题，即使各个组成要素的性能和可靠性很好，但如果整个系统不能很好地协调，那么系统也很难正常运行。

接口技术是系统总体技术的关键环节，主要包括电气接口、机械接口和人机接口。其中，电气接口实现系统间的信号联系；机械接口完成机械与机械部件、机械与电气装置的连接；人机接口则提供人与系统间的交互界面。

此外，机电一体化系统还与通信技术、软件技术、可靠性技术、抗干扰技术等密切相关。

四、机电一体化技术与其他相关技术的区别

机电一体化技术有着自身的显著特点和技术范畴，为了正确理解和运用机电一体化技术，必须认识机电一体化技术与其他技术之间的区别。

（一）机电一体化技术与传统机电技术的区别

传统机电技术的操作控制主要是通过具有电磁特性的各种器件来实现的，如继电器、接触器等，在设计中不考虑或很少考虑它们彼此间的内在联系。机械本体和电气驱动界限分明，整个装置是刚性的，不涉及软件和计算机控制。机电一体化技术以计算机为控制中心，在设计过程中强调机械部件和电器部间的相互作用和影响，整个装置在计算机控制下具有一定的智能性。机电一体化的本质特性仍然是一个机械系统，其最主要的功能仍然是进行机械能和其他形式能量的转换，利用机械能实现物料搬移或形态变化以及实现信息传递和变换。机电一体化系统与传统机械系统的不同之处是充分利用计算机技术、传感检测技术和可控驱动元件特性，实现机械系统的现代化、自动化、智能化。

（二）机电一体化技术与并行工程的区别

机电一体化技术在设计和制造阶段就将机械技术、微电子技术、计算机技术、控制技术和传感检测技术有机地结合在一起，十分注意机械和其他部件之间的相互作用。而并行工程各种技术的应用相对独立，只在不同技术内部进行设计制造，最后通过简单叠加完成整体装置。

（三）机电一体化技术与自动控制技术的区别

自动控制技术的侧重点是讨论控制原理、控制规律、分析方法和自动系统的构造等。机电一体化技术将自动控制原理及方法作为重要支承技术，将自控部件作为重要控制部件，应用自控原理和方法，对机电一体化装置进行系统分析和性能测算。机电一体化技术侧重于用微电子技术改变传统的控制方法与方案，采用更适合于被控对象的新方法进行优化设计，而不仅仅是把传统控制改变成计算机控制，它提出的新方法、新方案往往具有"革命性"和创新性。例如，从异步电动机控制机床进给到用计算机控制伺服电机控制机床进给，从机床主轴的反转制动到现代数控机床的主轴准停和主轴进给，从机床内链环的螺纹加工到具有编码器的自动控制与检测的螺纹加工，从汽车工业发动机化油器供油到电子燃油喷射，从纺织工业的有梭织机到喷气、喷水式无梭织机，从纹板笼头控制提花方式到电子计算机提花方式的转变等。

（四）机电一体化技术与计算机应用技术的区别

机电一体化技术只是将计算机作为核心部件应用，目的是提高和改善机电一体化系统的性能。计算机在机电一体化系统中的应用仅仅是计算机应用技术中的一部分，它还可以在办公、管理及图像处理等方面得到广泛应用。机电一体化技术研究的是机电一体化系统，而不是计算机应用本身。

五、机电一体化技术的特点

机电一体化技术体现在产品、设计、制造以及生产经营管理等方面的特点如下。

（一）简化机械结构，操作方便，提高精度

在机电一体化产品中，通常采用伺服电机来驱动机械系统，从而缩短甚至取消了机械传动链，这不但简化了机械结构，还减少了由于机械摩擦、磨损、间隙等引起的动态误差。有时也可以用闭环控制来补偿机械系统的误差，以提高系统的精度，实现最佳操作。

（二）易于实现多功能和柔性自动化

在机电一体化产品中，计算机控制系统，不但取代其他的信息处理和控制装置，而且易于实现自动检测、数据处理、自动调节和控制、自动诊断和保护，还可以自动显示、记录和打印等。

此外，计算机硬件和软件结合能实现柔性自动化，并具有较大的灵活性。

（三）产品开发周期缩短、竞争能力增强

机电一体化产品可以采用专业化生产的、高质量的机电部件，通过综合集成技术来设计和制造，因而不但产品的可靠性高，甚至在使用期限内无须修理，从而缩短了产品开发周期，增强了产品在市场上的竞争能力。

（四）生产方式向高柔性、综合自动化方向发展

各种机电一体化设备构成的 FMS 和 CIMS，使加工、检测、物流和信息流过程融为一体，形成人少或无人化生产线、车间和工厂。近年来，日本有些大公司已采用了所谓"灵活的生产体系"，即根据市场需要，在同一生产线上可分时生产批量小、型号或品种多的"系列产品家族"，如计算机、汽车、摩托车、肥皂和化妆品等系列产品。

（五）促进经营管理体制发生根本性的变化

由于市场的导向作用，产品的商业寿命日益缩短。为了占领国内、外市场和增强竞争能力，企业必须重视用户信息的收集和分析，迅速做出决策，迫使企业从传统的生产型向以经营为中心的决策管理体系转变，实现生产、经营和管理体系的全面计算机化。

第二节 机电一体化系统的设计

在机电一体化系统（或产品）的设计过程中，要坚持机电一体化技术的系统思维方法，从系统整体的角度出发分析和研究各个组成要素间的有机联系，确定系统各环节的设计方法，并用自动控制理论的相关手段，采用微电子技术控制方式，进行系统的静态特性和动态特性分析，实现机电一体化系统的优化设计。

一、机电一体化产品的分类

机电一体化产品所包括的范围极为广泛，几乎渗透到人们日常生活与工作的每一个角落，其主要产品如下：

大型成套设备：大型火力、水力发电设备，大型核电站，大型冶金轧钢设备，大型煤化、石化设备，制造大规模及超大规模集成电路设备等；

数控机床：数控机床、加工中心、柔性制造系统、柔性制造单元（FMC）、计算机集成制造系统等；

仪器仪表电子化：工艺过程自动检测与控制系统、大型精密科学仪器和试验设备、智能化仪器仪表等；

自动化管理系统；

电子化量具量仪；

工业机器人、智能机器人；

电子化家用电器；

电子医疗器械：病人电子监护仪、生理记录仪、超声成像仪、康复体疗仪器、数字 X 射线诊断仪、CT 成像设备等；

微计算机控制加热炉：工业锅炉、工业窑炉、电炉等；

电子化控制汽车及内燃机；

微计算机控制印刷机械；

微计算机控制食品机械及包装机械；

微计算机控制办公机械：复印机、传真机、打印机、绘图仪等；

电子式照相机；

微计算机控制农业机械；

微计算机控制塑料加工机械；

计算机辅助设计、制造、集成制造系统。

对于如此广泛的机电一体化产品可按用途和功能进行分类。其中，按用途可分为三类：第一类是生产机械，即以数控机床、工业机器人和柔性制造系统为代表的机电一体化产品；第二类是办公设备，主要包括传真机、打印机、计算机打字机、计算机绘图仪、自动售货机、自动取款机等办公自动化设备；第三类是家电产品，主要有电冰箱、摄像机、全自动洗衣机、电子照相机产品等。

二、机电一体化系统（产品）设计的类型

对于机电一体化系统（产品）设计的类型，可依据该系统与相关产品比较的新颖程度和技术独创性分为开发性设计、适应性设计和变参数设计。

（一）开发性设计

所谓开发性设计，就是在没有参考样板的情况下，通过抽象思维和理论分析，依据产品性能和质量要求设计出系统原理和制造工艺。开发性设计属于产品发明专利范畴。最初的电视机和录像机等都属于开发性设计。

（二）适应性设计

所谓适应性设计，就是在参考同类产品的基础上，在主要原理和设计方案保持不变的情况下，通过技术更新和局部结构调整使产品的性能、质量提高或成本降低的产品开发方式。这一类设计属于实用新型专利范畴，如用计算机控制的洗衣机代替机械控制的半自动洗衣机，用照相机的自动曝光代替手动调整等。

（三）变参数设计

所谓变参数设计，就是在设计方案和结构原理不变的情况下，仅改变部分结构尺寸和性能参

数，使其适用范围发生变化。例如，同一种产品的不同规格型号的相同设计。

三、机电一体化系统（产品）设计方案的常用方法

在进行机电一体化系统（产品）设计之前，要依据该系统的通用性、可靠性、经济性和防伪性等要求合理地确定系统的设计方案。拟订设计方案的方法通常有取代法、整体设计法和组合法。

（一）取代法

所谓取代法，就是指用电气控制取代原系统中的机械控制机构。该方法是改造旧产品、开发新产品或对原系统进行技术改造的常用方法，也是改造传统机械产品的常用方法。如用伺服调速控制系统取代机械式变速机构，用可编程序控制器取代机械凸轮控制机构及中间继电器，等等。这不但大大简化了机械结构和电气控制，而且提高了系统的性能和质量。

（二）整体设计法

整体设计法主要用于新系统（或产品）的开发设计。在设计时完全从系统的整体目标出发，考虑各子系统的设计。由于设计过程始终围绕着系统整体性能要求，各环节的设计都兼顾了相关环节的设计特点和要求，因此使系统各环节间接口有机融合、衔接方便，且大大提高了系统的性能指标和制约了仿冒产品的生产。该方法的缺点是设计和生产过程的难度较大，周期较长，成本较高，维修和维护难度较大。例如，机床的主轴和电机转子合为一体；直线式伺服电机的定子绕组埋藏在机床导轨之中；带减速装置的电动机和带测速的伺服电机等。

（三）组合法

组合法就是选用各种标准功能模块组合设计成机电一体化系统。例如，设计一台数控机床，可以依据机床的性能要求，通过对不同厂家的计算机控制单元、伺服驱动单元、位移和速度测试单元，以及主轴、导轨、刀架、传动系统等产品的评估分析，研究各单元间接口关系和各单元对整机性能的影响，通过优化设计确定机床的结构组成。用此方法开发的机电一体化系统（产品）具有设计研制周期短、质量可靠、生产成本低，有利于生产管理和系统的使用维护等优点。

四、机电一体化系统设计过程

所谓系统设计，就是运用系统思维综合各有关学科的知识、技术和经验，在系统分析的基础上，通过总体研究和详细设计等环节，落实到具体的项目上，以实现满足设计目标的产品研发过程。系统设计的基本原则是使设计工作获得最优化效果，在保证目的功能要求与适当使用寿命的前提下不断降低成本。

系统设计过程就是"目标—功能—结构—效果"的多次分析与综合的过程。其中，综合可理解为各种解决问题要素拼合的模型化过程，这是一种高度的创造行为。而分析则是综合的反行为，也是提高综合水平的必要手段。分析就是分解与剖析，对综合后的解决方案提出质疑、论证和改革。通过分析，排除不合适的方案或方案中不合适的部分，为改善、提高和评价做准备。综合与

分析是相互作用的。当一种基本设想（方案）产生后，接着就要分析它，找出改进方向。这个过程一直持续进行，直到一个方案继续进行或被否定为止。

（一）机电一体化系统的设计流程

机电一体化系统设计的流程可概括如下：

1. 确定系统的功能指标

机电一体化系统的功能是改变物质、信号或能量的形式、状态、位置及特征，归根结底应实现一定的运动并提供必要的动力。其实现运动的自由度数、轨迹、行程、精度、速度、稳定性等性能指标，通常要根据工作对象的性质，特别是根据系统所能实现的功能指标来确定。对于用户提出的功能要求系统一定要满足，反过来对于产品的多余功能或过剩功能则应设法剔除。即首先进行功能分析，明确产品应具有的工作能力，然后提出产品的功能指标。

2. 总体设计

机电一体化系统总体设计的核心是构思整机原理方案，即从系统的观点出发把控制器、驱动器、传感器、执行器融合在一起通盘考虑，各器件都采用最能发挥其特长的物理效应实现，并通过信息处理技术把信号流、物质流、能量流与各器件有机地结合起来，实现硬件组合的最佳形式——最佳原理方案。

3. 总体方案的评价、决策

通过总体设计的方案构思与要素的结构设计，可以得出不同的原理与结构方案，因此，必须对这些方案进行整体评价，择优采用。

4. 系统要素设计及选型

对于完成特定功能的系统，其机械主体、执行器等一般都要自行设计，而对驱动器、检测传感器、控制器等要素，既可选用通用设备，也可设计成专用器件。另外，接口设计问题也是机械技术和电子技术的具体应用问题。通常，驱动器与执行器之间、传感器与执行器之间的传动接口都是机械传动机构，即机械接口；控制器与驱动器之间的驱动接口则是电子传输和转换电路，即电子接口。

5. 可靠性、安全性复查

机电一体化产品既可能产生机械故障，又可能产生电子故障，而且容易受到电噪声的干扰，因此其可靠性和安全性问题尤为突出，这也是用户最关心的问题之一。因此，不仅在产品设计的过程中要充分考虑必要的可靠性设计与措施，在产品初步设计完成后，还应进行可靠性与安全性的检查和分析，对发现的问题采取及时有效的改进措施。

（二）机电一体化系统设计的途径

机电一体化系统设计的主要任务是创造出在技术和艺术上具有高技术经济指标与使用性能的新型机电一体化产品。设计质量和完成设计的时间在很大程度上取决于设计组织工作的合理完善，同时也取决于设计手段的合理化及自动化程度。因此，加快机电一体化系统设计的途径主要从以下两个方面来考虑：

第一，针对具体的机电一体化产品设计任务，安排既有该产品专业知识又有机电一体化系统设计能力的设计人员担任总体负责。每个设计人员除了具备机电一体化系统设计的一般能力之外，应在一定的方向上提高、积累经验，成为某个方面设计工作的专业化人员。这种专业化对于提高机电一体化产品的设计水平和加快设计速度都是十分有益的。

熟练地采用各种标准化和规范化的组件、器件和零件对于提高设计质量和设计工作效率有很大的意义。机电一体化系统的产品虽然是各种高技术综合的结果，但无论是机械工程还是电子工程中都有很多标准化和规范化的组件、器件或零件，能否合理地采用这些标准器件，是衡量机电一体化系统设计人员设计能力的一个重要标志。

设计人员和工艺人员在设计工作的各个阶段都应保持经常性的工作接触，这对缩短设计时间、提高设计质量能起到较大的帮助作用。

第二，选择哪一种手段实现设计的合理化，主要取决于主设计的规模和特点，同时也受设计部门本身的设计手段限制。

随着工业技术的高度发展和人民生活水平的提高，人们迫切要求大幅度提高机电一体化系统设计工作的质量和速度，因此在机电一体化系统设计中推广和运用现代设计方法，提高设计水平，是机电一体化系统设计发展的必然趋势。现代设计方法与用经验公式、图表和手册为设计依据的传统方法不同，它以计算机为手段，其设计步骤通常是：设计预测→信号分析→科学类比→系统分析设计→创造设计→选择各种具体的现代设计方法（如相似设计法、模拟设计法、有限元法、可靠性设计法、动态分析法、优化设计法、模糊设计法等）→机电一体化系统设计质量的综合评价。

（三）机电一体化系统设计的过程

机电一体化系统是从简单的机械产品发展而来的，其设计方法、程序与传统的机械产品类似，一般要经过市场调研、总体方案设计、详细设计、样机试制与试验、小批量生产和大批量生产（正常生产）几个阶段。

1. 市场调研

在设计机电一体化系统之前，必须进行详细的市场调研。市场调研包括市场调查和市场预测。所谓市场调查，就是运用科学的方法，系统地、全面地收集所设计产品市场需求和经销方面的情况和资料，分析研究产品在供需双方之间进行转移的状况和趋势；市场预测就是在市场调查的基础上，运用科学方法和手段，根据历史资料和现状，通过定性的经验分析或定量的科学计算，对市场未来的不确定因素和条件做出预计、测算和判断，为产品的方案设计提供依据。

市场调研的对象主要为产品潜在的用户，调研的主要内容包括市场对同类产品的需求量、该产品潜在的用户、用户对该产品的要求（该产品有哪些功能，具有什么性能等）和所能承受的价格范围，等等。此外，目前国内外市场上销售的同类产品的情况，如技术特点、功能、性能指标、产销量及价格、在使用过程中存在的问题等也是市场调研需要调查和分析的信息。

市场调研一般采用实地走访调查、类比调查、抽样调查或专家调查法等方法。所谓走访调查，就是直接与潜在的经销商和用户接触，搜集查找与所设计产品有关的经营信息和技术经济信息。类比调查就是调查了解国内外其他单位开发类似产品的过程、速度和背景等情况，并分析比较其与自身环境条件的相似性和不同点，以此推测该种技术和产品开发的可能性和前景。抽样调查就是通过在有限范围调查和搜集的资料、数据来推测总体的方法，在抽样调查时要注意问题的针对性、对象的代表性和推测的局限性。专家调查法就是通过调查表向有关专家征询对该产品的意见。

最后对调研结果进行仔细的分析，撰写市场调研报告。市场调研的结果应能为产品的方案设计与细化设计提供可靠的依据。

2. 总体方案设计

（1）产品方案构思

一个好的产品构思，不仅能带来技术上的创新、功能上的突破，还能带来制造过程的简化、使用的方便，以及经济上的高效益。因此，机电一体化产品设计应鼓励创新，充分发挥设计人员的创造能力和聪明才智来构思新的方案。产品方案构思完成后，以方案图的形式将设计方案表达出来。方案图应尽可能简洁地反映出机电一体化系统各组成部分的相互关系，同时应便于后面的修改。

（2）方案的评价

应对多种构思和多种方案进行筛选，选择较好的可行性方案进行分析组合和评价，再从中挑选几个方案按照机电一体化系统设计评价原则和评价方法进行深入的综合分析评价，最后确定实施方案。如果找不到满足要求的系统总体方案，则需要对新产品目标和技术规范进行修改，重新确定系统方案。

3. 详细设计

详细设计就是根据综合评价后确定的系统方案，从技术上将其细节全部逐层展开，直至完成产品样机试制所需全部技术图纸及文件的过程。根据系统的组成，机电一体化系统详细设计的内容包括机械本体及工具设计、检测系统设计、人—机接口与机—电接口设计、伺服系统设计、控制系统及系统总体设计。根据系统的功能与结构，详细设计又可以分解为硬件系统设计与软件系统级设计。除了系统本身的设计以外，在详细设计过程中还需完成后备系统的设计、设计说明书的编写和产品出厂及使用文件的设计等内容。在机电一体化系统设计过程中，详细设计是最烦琐费时的过程，需要反复修改，逐步完善。

4. 样机试制与试验

完成产品的详细设计后，即可进入样机试制与试验阶段。根据制造的成本和性能试验的要求，一般需要制造几台样机供试验使用。样机的试验分为实验室试验和实际工况试验，通过试验考核样机的各种性能指标及其可靠性。如果样机的性能指标和可靠性不满足设计要求，则要修改设计，重新制造样机，重新试验；如果样机的性能指标和可靠性满足设计要求，则进入产品的小批量生产阶段。

5. 小批量生产

产品的小批量生产阶段实际就是产品的试生产试销售阶段。这一阶段的主要任务是跟踪调查产品在市场上的情况，收集用户意见，发现产品在设计和制造方面存在的问题，并反馈给设计、制造和质量控制部门。

6. 大批量生产

经过小批量试生产和试销售的考核，排除产品设计和制造中存在的各种问题后，即可投入大批量生产。

第三节 机电一体化的发展趋势

一、机电一体化的技术现状

机电一体化的发展大体可分为三个阶段。

第一，20世纪60年代以前为第一阶段，这一阶段称为初级阶段。

这一时期，人们自觉不自觉地利用电子技术的初步成果来完善机械产品的性能。特别是在第二次世界大战期间，战争刺激了机械产品与电子技术的结合，这些机电结合的军用技术在战后转为民用，对战后经济的恢复起了积极的作用。那时的研制和开发从总体上还处于自发状态。由于当时电子技术的发展尚未达到一定水平，机械技术与电子技术的结合还不可能广泛和深入发展，已经开发的产品也无法大量推广。

第二，20世纪70～80年代为第二阶段，可称为蓬勃发展阶段。

这一时期，计算机技术、控制技术、通信技术的发展，为机电一体化的发展奠定了技术基础。大规模、超大规模集成电路和微型计算机的迅猛发展，为机电一体化的发展提供了充分的物质基础。这个时期的特点是：① Mechatronics 一词首先在日本被普遍接受，大约到20世纪80年代末期在世界范围内得到比较广泛的承认；②机电一体化技术和产品得到了极大发展；③各国均开始对机电一体化技术和产品给以很大的关注和支持。

第三，20世纪90年代后期，开始了机电一体化技术向智能化方向迈进的新阶段，机电一体化进入深入发展时期。

一方面，光学、通信技术等进入了机电一体化，微细加工技术也在机电一体化中崭露头角，出现了光机电一体化和微机电一体化等新分支；另一方面，人们对机电一体化系统的建模设计、分析和集成方法，以及机电一体化的学科体系和发展趋势都进行了深入研究。同时，由于人工智能技术、神经网络技术及光纤技术等领域取得了巨大进步，也为机电一体化技术开辟了发展的新天地。进入"工业4.0"时代后，制造业向智能化转型，这些研究将促使机电一体化进一步建立完整的基础和逐渐形成完整的科学体系。

我国是发展中国家，与发达国家相比工业技术水平存在一定差距，但有广阔的机电一体化应用开拓领域和技术产品潜在市场。改革开放以来，面对国际市场激烈竞争的形势，国家和企业充分认识到机电一体化技术对我国经济发展具有战略意义，因此十分重视机电一体化技术的研究、应用和产业化。在利用机电一体化技术开发新产品和改造传统产业结构及装备方面都有明显进展，取得了较大的社会经济效益。

在发展数控技术的同时，我国已研制成功了用于喷漆、焊接、搬运，以及能前后行走的、能爬墙、能上下台阶、能在水下作业的多种类型机器人。在 CIMS 研究方面，我国已在清华大学建成国家 CIMS 工程研究中心，并在一些著名大学和研究单位建立了 C1MS 单元技术实验室和 CIMS 培训中心，目前已有数十家企业在国家立项实施 CIMS。近年来，我国在高铁、航空航天、军事装备及汽车等领域亦取得诸多国际上标志性成果，形成自主知识产权及品牌。上述成果的取得使我国在制造业机电一体化的研究和应用方面积累了一定的经验，这必将推动我国机电一体化技术向更高层次纵深发展。

二、机电一体化技术的发展趋势

随着科学技术的发展和社会经济的进步，人们对机电一体化技术提出了许多新的和更高的要求。机械制造自动化中的计算机数控、柔性制造、计算机集成制造及机器人技术的发展代表了机电一体化技术的发展水平。

为了提高机电产品的性能和质量，发展高新技术，现在对越来越多的零件制造精度的要求越来越高，其形状也越来越复杂，如高精度轴承的滚动体圆度要求小于 0.2；液浮陀螺球面的球度要求为 0.1 ~ 0.5；激光打印机的平面反射镜和录像机磁头的平面度要求为 0.4，粗糙度为 0.2；等等。这些均要求数控设备具有高性能、高精度和稳定加工复杂形状零件表面的能力。因而新一代机电一体化产品正朝着高性能化、智能化、系统化、模块化、网络化、人格化，以及轻量化、微型化、绿色化方向发展。

（一）机电一体化的高性能化

高性能化一般包含高速度、高精度、高效率和高可靠性等趋势。现代数控设备就是以此"四高"为基础，为满足生产急需而诞生的。它采用 32 位多 CPU 结构，以多总线连接，以 32 位数据宽度进行高速数据传递。因而，在相当高的分辨率情况下，系统仍有较高的速度，其可控及联动坐标达 16 轴，并且有丰富的图形功能和自动程序设计功能。为获取高效率，减少辅助时间，必须在主轴转速进给率、刀具交换、托板交换等关键部分实现高速化；为提高速度，一般采用实时多任务操作系统，进行并行处理，使运算能力进一步加强，通过设置多重缓冲器，保证连续微小加工段的高速加工。对于复杂轮廓，通常采用快速插补运算将加工形状用微小线段来逼近。在高性能数控系统中，除了具有直线、圆弧、螺旋线插补等一般功能外，还配置有特殊函数插补运算，如样条函数插补等。微位置段命令用样条函数来逼近，保证了位置、速度、加速度都具有良好的性能，并设置专门函数发生器、坐标运算器进行并行插补运算。对于高速度，超高速通信技术、全数字伺服控制技术均是其重要方面。

高速度和高精度是机电一体化的重要指标。其中，高分辨率、高速响应的绝对位置传感器是实现高精度的检测部件。若采用这种传感器并通过专用微处理器细分处理，则可达到极高的分辨率。当采用交流数字伺服驱动系统时，其位置、速度及电流环都实现了数字化，几乎不受机械载荷变动影响的高速响应伺服系统和主轴控制装置。与此同时，还出现了所谓高速响应内装式主轴电机，它把电机作为一体装入主轴之中，实现了机电融合一体。这样可使系统得到极佳的高速度和高精度。

至于系统可靠性方面，一般采用冗余、故障诊断、自动检错、系统自动恢复以及软 / 硬件可靠性等技术，使得机电一体化产品具有高性能。对于普及经济型及升级换代提高型的机电一体化产品，因其组成部分，如命令发生器、控制器、驱动器、执行器以及检测传感器等都在不断采用具有高速度、高精度、高分辨率、高速响应和高可靠性的零部件，所以产品的性能也在不断提高。

（二）机电一体化的智能化趋势

在机电一体化技术中人们对人工智能的研究日益重视，其中，无人驾驶的飞机、无人驾驶的汽车、机器人与数控机床的智能化就是人工智能在机电一体化技术中的重要应用。智能机器人通过视觉、触觉和听觉等传感器检测工作状态，根据实际变化过程反馈信息并做出判断与决定。数控机床的智能化体现在依靠各类传感器对切削加工前后和加工过程中的各种参数进行监测，并通过计算机系统做出判断，自动对异常现象进行调整与补偿，以保证顺利加工出合格的产品。目前，国外数控加工中心多具有以下智能化功能：对刀具长度、直径的补偿和刀具破损的监测，对切削过程的监测，工件自动检测与补偿等。随着制造自动化程度的提高，信息量与柔性也同样提高，并出现了智能制造系统（IMS）控制器模拟人类专家的智能制造活动。该控制器能对制造中的问题进行分析、判断、推理、构思和决策，可取代或延伸制造工程中人的部分脑力劳动，并对人类专家的制造智能进行收集、存储、完善、共享、继承和发展。

总的来说，机电一体化的智能化趋势包括以下几个方面：

1. 诊断过程的智能化

诊断功能的强弱是评价一个系统性能的重要智能指标之一。引入人工智能的故障诊断系统，能采用各种推理机制准确判断故障所在，并具有自动检错、纠错与系统恢复功能，大大提高了系统的有效度。

2. 人机接口的智能

智能化的人机接口，可以大大简化操作过程，其中包含多媒体技术在人机接口智能化中的有效应用。

3. 自动编程的智能化

操作者只需输入加工工件素材的形状和需加工形状的数据，就可自动生成全部加工程序，其中包含：①素材形状和加工形状的图形显示；②自动工序的确定；③使用刀具、切削条件的自动确定；④刀具使用顺序的变更；⑤任意路径的编辑；⑥加工过程干涉校验等。

4.加工过程的智能化

①建立智能工艺数据库，当加工条件变更时，系统自动设定加工参数。②将机床制造时的各种误差预先存入系统中，利用反馈补偿技术对静态误差进行补偿。③对加工过程中的各种动态数据进行采集，并通过专家系统分析进行实时补偿或在线控制。

（三）机电一体化的系统化趋势

机电一体化的系统化特征为：①进一步采用开放式和模式化的总线结构，使系统可以灵活组态，进行任意剪裁和组合，同时寻求实现多坐标多系列控制功能的 NC 系统。②大大加强机电一体化系统的通信功能。除 RS-232 等常用通信方式外，实现远程及多系统通信联网需要的局部网络（LAN）也逐渐被采用，且标准化 LAN 的制造自动化协议（MAP）已开始进入 NC 系统，从而可实现异型机异网互联及资源共享。

（四）机电一体化的轻量化及微型化发展趋势

一般地，对于机电一体化产品，除了机械主体部分外，其他部分均涉及电子技术。随着片式元器件（SMD）的发展，表面组装技术（SMT）正在逐渐取代传统的通孔插装技术（THT）成为电子组装的重要手段，目前，电子设备正朝着小型化、轻量化、多功能和高可靠性方向发展。自 20 世纪 80 年代以来，SMT 发展异常迅速。1993 年，60% 以上的电子设备采用了 SMT。同年，世界电子元件片式化率达到 45% 以上。因此，机电一体化中具有智能、动力、运动、感知特征的组成部分将逐渐向轻量化、小型化方向发展。

此外，20 世纪 80 年代末期，微型机械电子学及相应结构、装置和系统的开发研究取得了综合成果，科学家利用集成电路的微细加工技术，将工作机构与其驱动器、传感器、控制器与电源集成在一个很小的多晶硅上，使整个装置的尺寸缩小到几毫米甚至几百微米，从而获得完备的微型电子机械系统。这表明机电一体化技术已进入微型化的研究领域。目前，这种微型机电一体化系统已在工业、农业、航天、军事、生物医学、航海及家庭服务等各个领域被广泛应用，它的发展将使现行的某些产业或领域发生深刻的技术革命。

第二章 机械技术

第一节 机械技术基本知识

传统的机械系统和机电一体化中机械系统的主要功能都是用来完成一系列相互协调的机械运动。但是二者的组成不同，导致其各自实现运动的方式不同。传统机械系统一般由动力件、传动件和执行件三部分加上电气、液压和机械等控制部分组成。机电一体化系统中的机械系统则是由计算机协调与控制的，用于完成包括机械力、运动、能量流等动力学任务和机电部件信息流相互联系的系统。机电一体化中的机械系统应满足以下三方面的要求：精度高；动作响应快；稳定性好。简而言之，就是要满足"稳、准、快"的要求。此外，还要满足刚度大、惯量小等要求。

为了满足以上要求，在设计和制造机电一体化机械系统时常采用精密机械技术。概括地讲，机电一体化中的机械系统一般由以下五部分组成：

传动机构：主要功能是用来完成转速与转矩的匹配，传递能量和运动。传动机构对伺服系统的伺服特性有很大影响。

导向机构：主要起支承和导向作用。导向机构限制运动部件，使其按照给定的运动要求和方向运动。

执行机构：主要功能是根据操作指令完成预定的动作。执行机构需要具有高的灵敏度、精确度和良好的重复性、可靠性。

轴系：主要作用是传递转矩和回转运动。轴系由轴、轴承等部件组成。

机座或机架：主要作用是支承其他零部件的重量和载荷，同时保证各零部件之间的相对位置。

第二节 传动机构

一、传动机构的性能要求

传动机构是一种把动力机产生的运动和动力传递给执行机构的中间装置，是转矩和转速的变换器，其目的是使驱动电动机与负载之间在转矩和转速上得到合理的匹配。在机电一体化系统中，伺服电动机的伺服变速功能在很大程度上代替了传动机构中的变速机构，大大简化了传动链。机电一体化系统中的机械传动装置已成为伺服系统的组成部分，因此，机电一体化机械系统应具有良好的伺服性能，要求机械传动部件转动惯量小、摩擦小、阻尼大小合理、刚度大、抗震性好、间隙小，并满足小型、轻量、高速、低噪声和高可靠性等要求。

为了达到以上要求，机电一体化系统的传动机构主要采取以下措施：

第一，采用低摩擦阻力的传动部件和导向支承部件，如采用滚珠丝杠、滚动导轨、静压导轨等。

第二，减小反向死区误差，如采取措施消除传动间隙、减少支承变形等。

第三，选用最佳传动比，以减少等效到执行元件输出轴上的等效转动惯量，提高系统的加速能力。

第四，缩短传动链，提高传动与支承刚度，以减小结构的弹性变形，比如用预紧的方法提高滚珠丝杠副和滚动导轨副的传动与支承刚度。

第五，采用适当的阻尼比，系统产生共振时，系统的阻尼越大则振幅越小，并且衰减较快。但是，阻尼过大系统的稳态误差也较大，精度低。所以，在设计传动机构时要合理地选择其阻尼大小。

另外，随着机电一体化技术的发展，对传动机构提出了一些新的要求，主要有以下三方面：

（一）精密化

虽然不是越精密越好，但是为了适应产品的高定位精度及其他相关要求，对机电一体化系统传动机构的精密度要求越来越高。

（二）高速化

为了提高机电一体化系统的工作效率，传动机构应能满足高速运动的要求。

（三）小型化、轻量化

在精密化和高速化的要求下，机电一体化系统的传动机构必然要向小型化、轻量化的方向发展，以提高其快速响应能力、减小冲击，降低能耗。

二、丝杠螺母传动

丝杠螺母副是将旋转运动转化为直线运动的机构。丝杠螺母传动按照螺母与丝杠之间的配合方式，可分为滑动丝杠螺母传动和滚动丝杠螺母传动。滑动丝杠螺母传动机构的优点是结构简单、加工方便、成本低、能自锁，缺点是摩擦阻力大、易磨损、传动效率低，低速时易出现爬行。滚动丝杠螺母传动的滚动体为球形时又称为滚珠丝杠副，其优点是摩擦因数小、传动效率高、磨损小、精度保持性好，由于具有以上优点，滚珠丝杠副在机电一体化系统中得到了广泛应用。滚珠丝杠副的缺点是结构复杂、制造成本高，安装调试比较困难，并且不能自锁。本节主要介绍滚珠丝杠副。

（一）滚珠丝杠副的组成和特点

滚珠丝杠副由带螺旋槽的丝杠与螺母及中间传动元件滚珠组成。丝杠转动时，带动滚珠沿螺纹滚道滚动，为防止滚珠从滚道端面掉出，在螺母的螺旋槽两端设有滚珠回程引导装置构成滚珠的循环返回通道，从而形成滚珠流动闭合通路。滚珠丝、杠副与滑动丝杠副相比，具有以下优点：

运动平稳，灵敏度高，低速时无爬行现象；

定位精度和重复定位精度高；

使用寿命长，为滑动丝杠的 4 ~ 10 倍；

不自锁，可逆向传动，即螺母为主动，丝杠为被动，旋转运动变为直线运动。

（二）滚珠丝杠副的结构类型

滚珠丝杠副中滚珠的循环方式有两种：内循环和外循环。

内循环方式的滚珠在循环过程中始终与丝杠表面保持接触，使滚珠成若干个单圈循环。这种形式的结构紧凑，刚度好，滚珠流通性好，摩擦损失小，但制造较困难。适用于高灵敏度、高精度的进给系统，不宜用于重载传动系统中。

外循环方式的滚珠在循环过程结束后通过螺母外表面上的螺旋槽或插管返回丝杠螺母间重新进入循环。常见的插管式外循环结构形式，这种形式结构简单，工艺性好，承载能力较大，但径向尺寸较大。外循环方式目前应用最为广泛，可用于重载传动系统中。

（三）滚珠丝杠副轴向间隙的调整与预紧

滚珠丝杠副除了对本身单一方向的传动精度有要求外，对其轴向间隙也有严格要求，以保证其反向传动精度。滚珠丝杠副的轴向间隙是承载时在滚珠与滚道型面接触点的弹性变形所引起的螺母位移量和螺母原有间隙的总和。换向时，轴向间隙会引起空回，影响传动精度。因此通常采用双螺母预紧的方法，把弹性变形控制在最小限度内，以减小或消除轴向间隙，同时可以提高滚珠丝杠副的刚度。

三、齿轮传动

齿轮传动部件是转矩、转速和转向的变换器。齿轮传动具有结构紧凑、传动精确、强度大、能承受重载、摩擦小、效率高等优点。随着电动机直接驱动技术在机电一体化系统中的广泛应用，齿轮传动的应用有减少的趋势，本小节仅就机电一体化系统设计中常遇到的一些问题进行分析。

（一）齿轮传动比的最佳匹配

机电一体化系统中的机械传动装置不仅仅是用来解决伺服电动机与负载间的转速、转矩匹配问题，更重要的是为了提高系统的伺服性能。因此，在机电一体化系统中通常根据负载角加速度最大原则来选择总传动比，以提高伺服系统的响应速度。

在实际应用中，为了提高系统抗干扰力矩的能力，通常选用较大的传动比。

在计算出传动比后，根据对传动链的技术要求，选择传动方案，使驱动部件和负载之间的转矩、转速达到合理匹配。各级传动比的分配原则主要有以下三种：

1. 最小等效转动惯量原则

利用该原则所设计的齿轮传动系统，换算到电动机轴上的等效转动惯量为最小。

按此原则计算得到的各级传动比按"先小后大"次序分配。大功率传动装置传递的转矩大，各级齿轮的模数、齿宽直径等参数逐级增加，以上计算公式不再适用，但各级传动比分配的原则仍是"先小后大"。

2. 质量最轻原则

对于小功率传递系统，假定各主动齿轮模数、齿数均相等，使各级传动比也相等，即可使传动装置的质量最轻。对于大功率传动系统，因其传递的扭矩大，齿轮的模数、齿宽等参数要逐级增加，此时要根据经验、类比的方法，并使其结构紧凑等要求来综合考虑传动比。此时，各级传动比一般应以"先大后小"的原则来确定。

3. 输出轴转角误差最小原则

在减速传动链中，从输入端到输出端的各级传动比应为"先小后大"，并且末端两级的货动比应尽可能大一些，齿轮的精度也应该提高，这样可以减少齿轮的加工误差、安装误差和回转误差对输出转角精度的影响。

对以上三种原则，应该根据具体情况综合考虑。对于以提高传动精度和减小回程误差为主的降速齿轮传动链，可按输出轴转角误差最小原则设计；对于升速传动链，则应在开始几级就增速；对于要求运动平稳、起停频繁和动态性能好的伺服降速传动链，可按最小等效转动惯量和输出轴转角误差最小原则进行设计；对于负载变化的齿轮传动装置，各级传动比最好采用不可约的比数，避免同时啮合；对于要求重量尽可能轻的降速传动链，可按重量最轻原则进行设计。

（二）齿轮传动间隙的调整方法

齿轮传动过程中，主动轮突然改变方向时，从动轮不能马上随之反转，而是有一个滞后量，使齿轮传动产生回差，回差产生的主要原因是齿轮副本身的间隙和加工装配的误差。圆柱齿轮传动间隙调整方法主要有以下几种：

1. 偏心套（轴）调整法

这种调整方法结构简单，但侧隙不能自动补偿。

2. 轴向垫片调整法

该方法的特点为结构简单，但侧隙也不能自动补偿。

（三）谐波齿轮传动

谐波齿轮传动是由美国学者麦塞尔（Walt Musser）发明的一种传动技术，它的出现为机械传动技术带来了重大突破。谐波齿轮传动具有结构简单、传动比大（几十至几百）、传动精度高、回程误差小、噪声低、传动平稳、承载能力强、效率高等优点，因此在机器人、机床分度机构、航空航天设备、雷达等机电一体化系统中得到了广泛的应用。比如，美国 NASA 发射的火星机器人——火星探测漫游者，使用了 19 套谐波传动装置。

1.谐波齿轮的原理

谐波齿轮传动的原理是依靠柔性齿轮所产生的可控制弹性变形波，引起齿间的相对位移来传递动力和运动。

柔性齿轮、刚性齿轮、波发生器三者中，波发生器为主动件，柔性齿轮或刚性齿轮为从动件。在谐波齿轮传动中，刚性齿轮的齿数略大于柔性齿轮的齿数，波发生器的长度比未变形的柔性齿轮内圆直径大，当波发生器装入柔性齿轮内圆时，迫使柔性齿轮产生弹性变形而呈椭圆状，使其长轴处柔性齿轮轮齿插入刚性齿轮的轮齿槽内，成为完全啮合状态；而其短轴处两轮轮齿完全不接触，处于脱开状态。啮合与脱开之间的过程则处于啮出或啮入状态。当波发生器连续转动时，迫使柔性齿轮不断产生变形，使两轮轮齿在进行啮入、啮合、啮出、脱开的过程中不断改变各自的工作状态，产生了所谓的错齿运动，从而实现了主动件波发生器与柔性齿轮的运动传递。

2.谐波齿轮的传动比

谐波齿轮传动的波形发生器相当于行星轮系的转臂，柔轮相当于行星轮，刚轮则相当于中心轮。因此，谐波齿轮传动的传动比可以应用行星轮系求传动比的方式来计算。

3.谐波齿轮的设计与选择

目前尚无谐波减速器的国家标准，不同生产厂家之间的标准代号也不尽相同。设计时可根据需要单独购买不同减速比、不同输出转矩的谐波减速器中的三大构件，并根据其安装尺寸与系统的机械构件相连接。

四、挠性传动

机电一体化系统中采用的挠性传动件有同步带传动、钢带传动和绳轮传动。

（一）同步带传动

同步带传动在带的工作面及带轮的外周上均制有啮合齿，由带齿与轮齿的相互啮合实现传动。同步带传动是一种兼有链、齿轮、V 带优点的新型传动。具有传动比准确，传动效率高、能吸振、噪声小、传动平稳、能高速传动、维护保养方便等优点。缺点有安装精度要求高、中心距要求严格，并且具有一定蠕变性。同步带传动部件有国家标准，并有专门生产厂家生产。

（二）钢带传动和绳轮传动

钢带传动和绳轮传动均属于摩擦传动，主要应用在起重机、电梯、索道等设备中。钢带传动的特点是钢带与带轮间接触面积大、无间隙、摩擦阻力大，无滑动，结构简单紧凑、运行可靠、噪声低、驱动力大、寿命长，无蠕变。钢带挂在驱动轮上，磁头固定在往复运动的钢带上，此传动方式结构紧凑、磁头移动迅速、运行可靠。

绳轮传动具有结构简单、传动刚度大、结构柔软、成本较低、噪声低等优点。其缺点是带轮较大、安装面积大、加速度不能太高。

（三）挠性轴传动

挠性轴传动又称为软轴传动。挠性轴由几层缠绕成螺旋线的钢丝制成，相邻两层钢丝的旋向相反。挠性轴输入端转向要与轴的最外层钢丝旋向一致，这样可使钢丝趋于缠紧。挠性轴外层有保护软套管，护套的主要作用为引导和固定挠性轴的位置，使其位置稳定，不打结，不发生横向弯曲，另一方面可以防潮、防尘和储存润滑油。

挠性轴具有良好的挠性，能在轴线弯曲状态下灵活地将旋转运动和转矩传递到任何位置。因此，挠性轴适用于两个传动机构不在同一条直线上或两个部件之间有相对位置的情况下传动。

五、间歇传动

机电一体化系统中常见的间歇传动部件有棘轮传动、槽轮传动和蜗形凸轮传动。间歇传动部件的作用是将原动机构的连续运动转换为间歇运动。

第三节 导向机构

机电一体化系统的导向机构为各运动机构提供可靠的支承，并保证其正确的运动轨迹，以完成其特定方向的运动。简而言之，导向机构的作用为支承和导向。机电一体化系统的导向机构是导轨，一副导轨主要由两部分组成，在工作时一部分固定不动，称为支承导轨（或导轨），另一部分相对支承导轨做直线或回转运动，称为运动导轨（或滑块）。

一、导向机构的性能要求与分类

（一）导轨的性能要求

机电一体化系统对导轨的基本要求是导向精度高、刚度足够大、运动轻便平稳、耐磨性好和结构工艺性好等。

导向精度：指运动导轨沿支承导轨运动的直线度。影响导向精度的因素有导轨的几何精度、结构形式、刚度、热变形等。

刚度：导轨受力变形会影响导轨的导向精度及部件之间的相对位置，因此要求导轨应有足够的刚度。

低速运动平稳性：指导轨低速运动或微量位移时不出现爬行现象。爬行是指导轨低速运动时，速度不是匀速，而是时快时慢，时走时停。爬行产生的原因是静摩擦因数大于动摩擦因数。

耐磨性：指导轨在长期使用过程中能否保持一定的导向精度。导轨在工作过程中难免有所磨损，所以应力求减少磨损量，并在磨损后能自动补偿或便于调整。

其他方面：导轨应结构简单、工艺性好，并且热变形不应太大，以免影响导轨的运动精度，甚至卡死。

（二）导轨的分类及特点

常用的导轨种类很多，按导轨接触面间的摩擦性质可分为滑动导轨、滚动导轨、流体介质摩擦导轨等。按其结构特点可分为开式导轨（借助重力或弹簧强力保证运动件与支承导轨面之间的接触）和闭式导轨（只靠导轨本身的结构形状保证运动件与支承导轨面之间的接触）。

一般滑动导轨静摩擦系数大，并且动、静摩擦系数差值也大，低速易爬行，不满足机电一体化设备对伺服系统快速响应性、运动平稳性等要求，因此，在数控机床等机电一体化设备中使用较少。

二、滚动直线导轨

（一）滚动直线导轨的特点

滚动直线导轨副是在滑块与导轨之间放入适当的滚动体，使滑块与导轨之间的滑动摩擦变为滚动摩擦，大大降低二者之间的运动摩擦阻力。滚动导轨适用于工作部件要求移动均匀、动作灵敏和定位精度高的场合，因此在高精密的机电一体化产品中应用广泛。目前各种滚动导轨基本已实现生产的标准化、系列化，用户及设计人员只需了解滚动直线导轨的特点，掌握选用方法即可。

滚动导轨的特点：

摩擦因数低，摩擦因数为滑动导轨的 1/50 左右。动静摩擦因数差小，不易爬行，运动平稳性好；

刚度大。滚动导轨可以预紧，以提高刚度；

寿命长。由于是纯滚动，摩擦因数为滑动导轨的 1/50 左右，磨损小，因而寿命长，功耗低，便于机械小型化。

（二）滚动直线导轨的选用

在设计选用滚动直线导轨时，应对其使用条件，包括工作载荷、精度要求、速度、工作行程、预期工作寿命等进行计算，并且还要考虑其刚度、摩擦特性及误差平均作用、阻尼特征等因素，从而达到正确合理的选用，以满足设备技术性能的要求。

三、塑料导轨

所谓塑料导轨，指床身仍是金属导轨，在运动导轨面上贴上一层、或涂覆一层耐磨塑料的制品。塑料导轨也称贴塑导轨。采用塑料导轨的主要目的有以下两点：

克服金属滑动导轨摩擦因数大、磨损快、低速易爬行等缺点；

保护与其对磨的金属导轨面的精度，延长其使用寿命。

塑料导轨一般用在滑动导轨副中较短的导轨面上。塑料导轨的应用形式主要有以下几种；

（一）塑料导轨软带

塑料导轨软带的材料以聚四氟乙烯为基体，加入青铜粉、二硫化铜和石墨等填充剂混合烧结，并做成软带状。使用时采用黏结材料将其贴在所需处作为导轨表面。

塑料导轨软带有以下特点：

摩擦因数低且稳定：其摩擦因数比铸铁导轨低一个数量级；

动静摩擦因数相近：其低速运动平稳性比铸铁导轨好；

吸收振动：由于材料具有良好的阻尼性，其抗震性优于接触刚度较低的滚动导轨；

耐磨性好：由于材料自身具有润滑作用，因而在无润滑情况下也能工作；

化学稳定性好：耐高低温、耐强酸强碱、耐强氧化剂及各种有机溶剂；

维护修理方便：导轨软带使用方便，磨损后更换容易；

经济性好：结构简单、成本低，成本约为滚动导轨的 1/20。

（二）金属塑料复合导轨

金属塑料复合导轨分为三层，内层钢背保证导轨板的机械强度和承载能力。钢背上镀铜烧结球状青铜粉或铜丝网形成多孔中间层，以提高导轨板的导热性，然后用真空浸渍法，使塑料进入孔或网中。当青铜与配合面摩擦发热时，由于塑料的热胀系数远大于金属，因而塑料将从多孔层的孔隙中挤出，向摩擦表面转移补充，形成厚 0.01 ~ 0.05mm 的表面自润滑塑料层—外层。金属塑料导轨板的特点是：摩擦特性优良，耐磨损。

（三）塑料涂层

摩擦副的两配对表面中，若只有一个摩擦面磨损严重，则可把磨损部分切除，涂敷配制好的胶状塑料涂层，利用模具或另一摩擦表面使涂层成形，固化后的塑料涂层即成为摩擦副中配对面之与另一金属配对面组成新的摩擦副，利用高分子材料的性能特点，达到良好的工作状态。

四、流体静压导轨

流体静压导轨是指借助于输入到运动件和固定件之间微小间隙内流动着的黏性流体来支承载荷的滑动支承，包括液体静压导轨和气体静压导轨。流体静压导轨利用专用的供油（供气）装置，将具有一定压力的润滑油（压缩空气）送到导轨的静压腔内，形成具有压力的润滑油（气）层，利用静压腔之间的压力差，形成流体静压导轨的承载力，将滑块浮起，并承受外载荷。流体静压导轨具有多个静压腔，支承导轨和运动导轨间具有一定的间隙，并且具有能够自动调节油腔间压力差的零件，该零件称为节流器。

静压导轨间充满了液体（或气体），支承导轨和运动导轨被完全隔开，导轨面不接触，因此静压导轨的动、静摩擦因数极小，基本无磨损、发热问题，使用寿命长；在低速条件下无爬行现象；速度或载荷变化对油膜或气膜的刚度影响小，并且油膜或气膜对导轨制造误差有均化作用；工作稳定且抗震性好。但其结构比较复杂，需要有一套供油（供气）装置，调整比较麻烦，成本较高。

（一）液体静压导轨

液体静压导轨由支承导轨、运动导轨、节流器和供油装置组成。液体静压导轨分为开式和闭式两种。

在静压导轨各方向及导轨面上都开有油腔，液压泵输出的压力油经过六个节流器后压力下降并分别流到对应的六个油腔。

（二）气体静压导轨

气体静压导轨的工作原理和液体静压导轨相同，只是其工作介质不同，液体静压导轨的工作介质为润滑油，气体静压导轨的工作介质为空气。由于气体具有可压缩性、黏度低，比起相同尺寸的液体静压导轨，气体静压导轨的刚度较低，阻尼较小。

第四节 执行机构

一、执行机构的基本要求

执行机构是利用某种驱动能源，在控制信号作用下，提供直线或旋转运动的驱动装置。执行机构是机电一体化系统及产品实现其主功能的重要环节，它应能快速地完成预期的动作，并应具有响应速度快，动态特性好，灵敏等特点。对执行机构的要求有：惯量小、动力大；体积小、质量轻；便于维修、安装；易于计算机控制。

机电一体化系统常用的执行机构主要有电磁执行机构、微动执行机构、工业机械手，以及液压和气动执行机构。

二、电磁执行机构

随着机电一体化技术的高速发展，对各类系统的定位精度也提出了更高的要求。在这种情形下，传统的旋转电机加上一套变换机构（比如滚珠丝杠螺母副）组成的直线运动装置，由于具有"间接"的性质，往往不能满足系统的精度要求。而直线电动机的输出直接为直线运动，不需要把旋转运动变成直线运动的附加装置，其传动具有"直接"的性质。

在结构上，直线电动机可以认为是由一台旋转电动机沿径向剖开，然后拉直演变而成。永磁无刷旋转电动机的两个基本部件是定子（线圈）和转子（永磁体）。在无刷直线电动机中，将旋转电动机的转子沿径向剖开并拉直，则成为直线电动机的永磁体轨道（也称为直线电动机的定子）；将旋转电动机的定子沿径向剖开并拉直，则成为直线电动机的线圈（也称为直线电动机的动子）。

在大多数无刷直线电动机的应用中，通常是永磁体保持静止，线圈运动，其原因是这两个部件中线圈的质量相对较小，但有时将运动与静止件反过来布置会更有利并完全可以接受。在这两种情况下，基本电磁工作原理是相同的，并且与旋转电动机完全一样。目前有两种类型的直线电动机：无铁芯电动机和有铁芯电动机，每种类型电动机均具有取决于其应用的最优特征和特性。有铁芯电动机有一个绕在硅钢片上的线圈，以便通过一个单侧磁路，产生最大的推力；无铁芯电机没有铁芯或用于缠绕线圈的长槽，因此，无铁芯电机具有零齿槽效应、非常轻的质量，以及在线圈与永磁体之间绝对没有吸引力。这些特性非常适合用于需要极低轴承摩擦力、轻载荷高加速度，以及能在极小的恒定速度下运行（甚至是在超低速度下）的情况。模块化的永磁体由双排永磁体组成，以产生成最大的推力，并形成磁通返回的路径。

与旋转电动机相比，直线电动机有如下几个特点：

（一）结构简单

直线电动机不需要把旋转运动变成直线运动的中间传递装置，使得系统本身的结构大为简化，重量和体积均大大下降。

（二）极高的定位精度

直线电动机可以实现直接传动，消除了中间环节所带来的各种误差，定位精度仅受反馈分辨率的限制，通常可达到微米以下的分辨率。并且，因为消除了定、动子间的接触摩擦阻力，大大地提高了系统的灵敏度。

（三）刚度高

在直线电动机系统中，电机被直接连接到从动负载上。在电动机与负载之间，不存在传动间隙，实际上也不存在柔度。

（四）速度范围宽

由于直线电动机的定子和动子为非接触式部件，不存在机械传动系统的限制条件，因此，很容易达到极高和极低的速度。相比之下，机械传动系统（如滚珠丝杠副）通常将速度限制为 $0.5 \sim 0.7\text{m/s}$。

（五）动态性能好

除了高速能力外，直接驱动直线电动机还具有极高的加速度。大型电动机通常可得到 $3 \sim 5\text{g}$ 的加速度，而小型电动机通常很容易得到超过 10g 的加速度。

三、微动执行机构

微动执行机构是一种能在一定范围内精确、微量地移动到给定位置或实现特定的进给运动的机构，在机电一体化产品中，它一般用于精确、微量地调节某些部件的相对位置。微动执行机构应该能满足以下要求：灵敏度高，最小移动量能达到移动要求；传动灵活、平稳，无空行程与爬行现象，制动后能保持在稳定的位置；抗干扰能力强，响应速度快；能实现自动控制；良好的结构工艺性。微动执行机构按照运动原理可分为热变形式、磁致伸缩式和压电陶瓷式。

（一）热变形式

热变形式微动执行机构利用电热元件作为动力源，通过电热元件通电后产生的热变形实现微小位移。

热变形微动机构具有高刚度和无间隙的优点，并可通过控制加热电流得到所需微量位移；

但由于热惯性以及冷却速度难以精确控制等原因，这种微动系统只适用于行程较短且使用频率不高的场合。

（二）磁致伸缩式

磁致伸缩式微动执行机构是利用某些材料在磁场作用下具有改变尺寸的磁致伸缩效应，来实现微量位移。

磁致伸缩式微动机构的特征有重复精度高、无间隙、刚度好、惯量小、工作稳定性好、结构简单紧凑。但由于工程材料的磁致伸缩量有限，该类机构所提供的位移量很小，因而该类机构适用于精确位移调整、切削刀具的磨损补偿及自动调节系统。

（三）压电陶瓷式

压电陶瓷式微动执行机构是利用压电材料的逆压电效应产生位移的。一些晶体在外力作用下会产生电流，反过来在电流作用下会产生力或变形，这些晶体称为压电材料，这种现象称为压电效应。压电效应是一种机械能与电能互换的现象，分为正压电效应和逆压电效应。对压电材料沿一定的方向施加外力，其内部会产生极化现象，在两个相对的表面上出现正负相反的电荷，这种现象称为正压电效应；相反，沿压电材料的一定方向施加电场，压电材料会沿电场方向伸长，这种现象称为逆压电效应。工程上常用的压电材料为压电陶瓷。利用压电陶瓷的逆压电效应可以做成压电微动执行器件。对压电器件要求其压电灵敏度高、线性好、稳定性好和重复性好。

压电器件的主要缺点是变形量小，为获得需要的驱动量常要加较高的电压，一般大于800V。增大压电陶瓷所用方向的长度、减少压电陶瓷厚度、增大外加电压、选用压电系数大的材料均可以增大压电陶瓷长度方向变形量。另外，也可用多个压电陶瓷组成压电堆，采用并联接法，以增大伸长量。

四、工业机械手末端执行器

末端执行器安装在机械手的手腕或手臂的机械接口上，是直接执行作业任务的装置。末端执行器根据用途不同可分为三类：机械夹持器、吸附式末端执行器和灵巧手。

（一）机械夹持器

机械夹持器具有夹持和松开的功能。夹持工件时，有一定的力约束和形状约束，以保证被夹工件在移动、停留和装入过程中，不改变姿态。松开工件时，应完全松开。机械夹持器的组成部分包括手指、传动机构和驱动装置。手指是直接与工件接触的部件，夹持器松开和夹紧工件是通过手指的张开和闭合来实现的。传动机构向手指传递运动和动力，以实现夹紧和松开动作。驱动装置是向传动机构提供动力的装置，一般有液压、气动、机械等驱动方式。根据手指夹持工件时的运动轨迹的不同，机械夹持器分为圆弧开合型、圆弧平行开合型和直线平行开合型。

（二）吸附式末端执行器

吸附式末端执行器可分为气吸式和磁吸式两类。气吸式末端执行器利用真空吸力或负压吸力吸持工件，它适用于抓取薄片及易碎工件的情形，吸盘通常由橡胶或塑料制成；磁吸式末端执行器则是利用电磁铁和永久磁铁的磁场力吸取具有磁性的小五金工件。

真空吸附式末端执行器（真空吸附手），抓取工件时，橡胶吸盘与工件表面接触，橡胶吸盘起到密封和缓冲的作用，通过真空泵抽气来达到真空状态，在吸盘内形成负压，实现工件的抓取。松开工件时，吸盘内通入大气，失去真空状态后，工件被放下。该吸附式末端执行器结构简单、价格低廉，常用于小件搬运，也可根据工件形状、尺寸、重量的不同将多个真空吸附手组合使用。

电磁吸附式末端执行器，又称为电磁吸附手，它利用通电线圈的磁场对可磁化材料的作用来实现对工件的吸附。该执行器同样具有结构简单，价格低廉的特点。电磁吸附手的吸附力是由通电线圈的磁场提供的，所以可用于搬运较大的可磁化材料的工件。吸附手的形状可根据被吸附工件表面形状来设计，既可用于吸附平坦表面工件又可用于吸附曲面工件。

（三）灵巧手

灵巧手是一种模仿人手制作的多指多关节的机器人末端执行器。它可以适应物体外形的变化，对物体进行任意方向、任意大小的夹持力，可以满足对任意形状、不同材质物体的操作和抓持要求，但是其控制、操作系统技术难度大。

第五节 轴系

一、轴系的性能要求与分类

轴系由轴、轴承及安装在轴上的传动件组成。轴系的主要作用是传递扭矩及传递精确的回转运动。轴系分为主轴轴系和中间传动轴轴系。对中间传动轴轴系性能一般要求不高，而随着机电一体化技术的发展，主轴的转速越来越高，所以对于完成主要作用的主轴轴系的旋转精度、刚度、抗震性及热变形等性能的要求较高。

（一）回转精度

回转精度是指装配后，在无负载、低速旋转的条件下，轴前端的径向和轴向圆跳动量。回转精度的大小取决于轴系各组成零件及支承部件的制造精度与装配调整精度。主轴的回转误差对加工或测量的精度影响很大。在工作转速下，其回转精度取决于其转速、轴承性能以及轴系的动平衡状态。

（二）刚度

轴系的刚度反映轴系组件抵抗静、动载荷变形的能力。载荷为弯矩、转矩时，相应的变形量为挠度、扭转角，其刚度为抗弯刚度和抗扭刚度。设计轴系时除了对强度进行验算之外，还必须进行刚度验算。

（三）抗震性

轴系的振动表现为强迫振动和自激振动两种形式。其振动原因有轴系组件质量不匀引起的不平衡、轴单向受力等。振动直接影响旋转精度和轴承寿命。对高速运动的轴系必须以提高其静刚度、动刚度、增大轴系阻尼比等措施来提高抗震性。

（四）热变形

轴系受热会使轴伸长或使轴系零件间间隙发生变化，影响整个传动系统的传动精度、回转精度及位置精度。另外，温度的上升会使润滑油的黏度降低，使静压轴承或滚动轴承的承载能力下降。因此应采取措施将轴系部件的温升限制在一定范围之内，常用的措施有将热源与主轴组件分离、减少热源的发生量、采用冷却散热装置等。

根据主轴轴颈与轴套之间的摩擦性质不同，机电一体化系统常用的轴系可以分为滚动轴承轴系、流体静压轴承轴系和磁悬浮轴承轴系。

二、滚动轴承

滚动轴承是指在滚动摩擦下工作的轴承。轴承的内圈与外圈之间放入滚球、滚柱等滚动体作为介质。常见的滚动轴承按受力方向不同可分为向心轴承、推力轴承和向心推力轴承。

近二三十年来，陶瓷球轴承逐渐发展兴起，并走上了工程应用。陶瓷球轴承的结构和普通滚动轴承一样。陶瓷球轴承分为全陶瓷轴承（套圈、滚动体均为陶瓷）和复合陶瓷轴承（仅滚动体为陶瓷，套圈为金属）两种。

陶瓷轴承具有以下特点：陶瓷耐腐蚀，适宜用于有腐蚀性介质的恶劣环境；陶瓷的密度比钢小，质量轻，可减少因离心力产生的动载荷，使用寿命大大延长；陶瓷硬度高，耐磨性高，可减少因高速旋转产生的沟道表面损伤；陶瓷的弹性模量高，受力弹性小，可减少因载荷大所产生的变形，因此有利于提高工作速度，并达到较高的精度。

三、流体静压轴承

流体静压轴承的工作原理和流体静压导轨相似。流体静压轴承也分为液体静压轴承和气体静压轴承。

（一）液体静压轴承

液体静压轴承系统包括四部分：静压轴承、节流器、供油装置和润滑油。油泵未工作时，油腔内没有油，主轴压在轴承上。油泵起动以后，从油泵输出的具有一定压力的润滑油通过各个节流器进入对应的油腔内，由于油腔是对称分布的，若不计主轴自重，主轴处于轴承的中间位置，此时，轴与轴承之间各处的间隙相同，各油腔的压力相等。主轴表面和轴承表面被润滑油完全隔开，轴承处于全液体摩擦状态。

（二）气体静压轴承

气体静压轴承的工作原理和液体静压轴承相同。液体静压轴承的转速不宜过大，否则润滑油发热较严重，使轴承结构产生变形，影响精度，而气体的黏度远小于润滑油，气体静压轴承的转速可以很高。并且空气具有不需回收、不污染环境的特点。气体静压轴承主要用于超精密机床、精密测量仪器、医疗器械等场合，例如牙医使用的牙钻。

四、磁悬浮轴承

磁悬浮轴承是利用电磁力，将被支承件稳定悬浮在空间，使支承件与被支承件之间没有机械接触的一种高性能机电一体化轴承。磁悬浮轴承由控制器、功率放大器、转子、定子和传感器组成，工作时通过传感器检测到转子的偏差信号，通过控制器进行调节并发出信号，然后采用功率放大器控制线圈的电流，从而控制线圈产生的磁场以及作用在转子上的电磁力，使其保持在正确的位置上。

第六节 机座和机架

机电一体化系统的基座或机架的作用是支承和连接设备的零部件，使这些零部件之间保持规定的尺寸和形位公差要求。机座或机架的基本特点是尺寸较大、结构复杂、加工面多，几何精度和相对位置精度要求较高。一般情形下，机座多采用铸件，机架多由型材装配或焊接而成。设计基座或机架时主要从以下几点进行考虑：

刚度：机座或机架的刚度是指其抵抗载荷变形的能力。刚度分为静刚度和动刚度，抵抗恒定载荷变形的能力称为静刚度；抵抗动态载荷变形的能力称为动刚度。如果机座或机架的刚度不够，则在工件的重力、夹紧力、惯性力和工作载荷等的作用，就会产生变形、振动或爬行，而影响产品的定位精度、加工精度及其他性能。

机座或机架的静刚度：主要是指它们的结构刚度和接触刚度。机电一体化系统的动刚度与其静刚度、阻尼及固有频率有关。对机电一体化系统来说，影响其性能的往往是动态载荷，当机座或机架受到振源影响时，整机会发生振动，使各主要部件及其相互间产生弯曲或扭转振动，尤其是当振源振动频率与机座或机架的固有振动频率接近或重合时，将产生共振，严重影响机电一体化系统的工作精度。因此，应该重点关注机电一体化系统的动刚度，系统的动刚度越大，抗震性越好。

为提高机架或机座的抗震性，可采取如下措施：提高系统的静刚度，即提高系统固有频率，以避免产生共振；增加系统阻尼；在不降低机架或机座静刚度的前提下，减轻质量以提高固有频率；采取隔振措施。

热变形：机电一体化系统运转时，电动机等热源散发的热量、零部件之间因相对运动而产生的摩擦热和电子元器件的发热等，都将传到机座或机架上，引起机座或机架的变形，影响其精度。为了减小机座或机架的热变形，可以控制热源的发热，比如改善润滑，或采用热平衡的办法，控制各处的温度差，减小其相对变形。

其他方面：除以上两点外，还要考虑机械结构的加工以及装配的工艺性和经济性。设计机座或机架时还要考虑人机工程方面的要求，要做到造型精美、色彩协调、美观大方。

第七节 机构简图的绘制

机电一体化系统机械结构设计的第一步往往是方案设计，即首先设计、分析其机械原理方案，这一设计阶段的重点在于机构的运动分析，机构的具体结构、组成方式等在这一设计阶段并不影响机构的运动特性。因此，机构的运动原理往往用机构简图来绘制。机构简图是指用简单符号和线条代表运动副和构件，绘制出表示机构的简明图形。

直角坐标机器人可以在三个互相垂直的方向上做直线伸缩运动。这种形式的机器人三个方向的运动均是独立的，控制方便，但占地面积较大。

圆柱坐标机器人可以在一个绕基座轴的方向上做旋转运动和两个在相互垂直方向上的方向上做直线伸缩运动。它的运动范围为一个圆柱体，与直角坐标机器人相比，其占地面积小，活动范围广。

极坐标机器人的运动范围由一个直线运动和两个回转运动组成。其特点类似于圆柱坐标机器人。

多关节机器人由多个旋转或摆动关节组成，其结构近似于人的手臂。多关节机器人动作灵活、工作范围广，但其运动主观性较差。

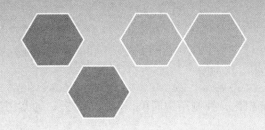

第三章 计算机控制技术

随着微电子技术和计算机技术的发展，计算机在速度、存储量、位数接口和系统应用软件方面有着很大的提高。同时批量生产技术的进步使计算机的成本大幅度下降，计算机因其优越的特性而广泛地应用于工业、农业、国防及日常生活的各个领域。例如数控机床、工业机器人、飞机和大型游轮的自动驾驶等。

机电一体化与非机电一体化产品本质的区别在于前者是具有计算机控制的伺服系统。计算机作为伺服系统的控制器，将来自各传感器的检测信号与外部输入的命令进行采集存储分析、转换和处理，然后根据处理结果发出指令控制整个系统的运行。同模拟控制器相比，计算机能够实现更为复杂的控制理论和算法，具有更好的柔性和抗干扰能力。

第一节 计算机控制系统

自动控制系统通常由被控对象、检测传感装置和控制器等组成。控制器既可以由模拟控制器组成，也可以由数字控制器组成，数字控制器大多是用计算机实现的。因此计算机控制系统指的是采用了数字控制器的自动控制系统。在计算机控制系统中，用计算机代替自动控制系统中的常规控制设备，对动态系统进行调节和控制，实现对被控对象的有效控制。

一、计算机控制系统概述

计算机控制系统包括控制计算机（硬件、软件和网络）和生产过程（被控对象、检测传感器、执行机构）两大部分。典型的计算机闭环控制系统的过程（被控对象）输出信号是连续时间信号，用测量传感器检测被控对象的被测参数（如温度、压力、流量、速度、位置等物理量），通过变送器将这些量变换成一定形式的电信号，由模—数（A–D）转换器转换成数字量反馈给控制器。控制器将反馈信号对应的数字量与设定值比较，控制器根据差值产生控制量，经过数—模（D–A）转换器转换成连续控制信号，以来驱动执行机构，以使被控对象的被控参数值与设定值保持一致。这就构成了计算机闭环控制系统。

具有变送器和测量元件的反馈通道断开时，被控对象的输出与系统的设定值之间没有联系，这就是计算机开环控制。它的控制是直接根据给定信号去控制被控对象，这种系统本质上不会自动消除控制系统的误差。它与闭环控制系统相比，控制结构简单，但性能较差，通常用于对控制要求不高的场合。

计算机控制系统可以充分发挥计算机强大的计算、逻辑判断和记忆等信息加工能力。只要运用微处理器的各种指令，就能编出相应控制算法的程序，微处理器执行该程序就能实现对被控参数的控制。由于计算机处理的输入 / 输出信号都是数字量，因此在计算机控制系统中，需要有将模拟信号转换为数字信号的 A–D 转换器，以及将数字信号转换为模拟信号的 D–A 转换器。除了这些硬件之外，计算机控制系统的核心是控制程序。

计算机控制系统执行控制程序的过程如下：

实时数据采集：对被控参数按一定的采样时间间隔进行检测，并将结果输入计算机。

实时计算：对采集到的被控参数进行处理后，按预先设计好的控制算法进行计算，决定当前的控制量。

实时控制：根据实时计算得到的被控量，通过 D–A 转换器将控制信号作用于执行机构。

实时管理：根据采集到的被控参数和设备的状态，对系统的状态进行监督和管理。

由以上可知，计算机控制系统是一个实时控制系统，计算机实时控制系统要求在一定的时间内完成输入信号采集、计算和控制输出，如果超出这个时间，也就失去了控制的时机，控制也就失去了意义。上述测、算、控、管的过程不断重复，使整个系统按照一定的动态品质指标进行工作，并且对被控参数和设备状态进行监控，对异常状态及时监督并做出迅速的处理。

由上面的分析可知，在计算机控制系统中存在着两种截然不同的信号，即连续信号和数字（离散）信号。以计算机为核心的控制器的输入 / 输出信号和内部处理都是数字信号，而生产过程的输入 / 输出信号都是离散信号，因而对于计算机控制系统的分析和设计就不能采用连续控制理论，需要运用离散控制理论对其进行分析和设计。

二、计算机控制系统的组成

计算机控制系统由控制计算机和生产过程两大部分组成，控制计算机是计算机控制系统中的核心装置，是系统中信号处理和决策的机构，相当于控制系统的神经中枢。生产过程中包含了被控对象、执行机构、测量变送等装置。从控制的角度看，可以将生产过程看作广义对象，虽然计算机控制系统中被控对象和控制任务多种多样，但是就系统中的计算机而言，计算机控制系统其实也就是计算机系统，被控对象可以看作是计算机外围设备。计算机控制系统和一般的计算机系统一样，也是由硬件和软件两部分组成的。

（一）系统硬件

计算机控制系统的硬件主要由主机、外围设备、过程输入 / 输出通道和生产过程组成。

1. 主机

主机由 CPU 和内存储器（RAM 和 ROM）通过系统总线连接而成，是整个控制系统的核心。

它按照预先存储在内存中的程序指令,由过程输入通道不断地获取反映被控对象运行工况的信息,并按程序中规定的控制算法,或操作人员通过键盘输入的操作命令自动地发出控制命令,以实现对被控对象的自动控制。

2. 常规外围设备

计算机的常规外围设备有四类:输入设备、输出设备、外存储器和网络通信设备。

输入设备最常用的有键盘,用来输入(或修改)程序、数据和操作命令。鼠标也是一种常见的图形界面输入装置。

输出设备通常有 CRT、LED 和 LED 显示器、打印机和记录仪等。它们以字符、图形、表格等形式反映被控对象的运行工况和有关控制信息。

外存储器最常用的是磁盘(包括硬盘和软盘)、光盘和磁带机。它们具有输入和输出两种功能,用来存储程序、数据库和备份重要的数据,作为内存储器的后备存储器。

网络通信设备用来与其他相关计算机控制系统或计算机管理系统进行联网通信,形成规模更大、功能更强的网络分布式计算机控制系统。

以上的常规外围设备通过接口和主机连接便构成通用计算机,若要用于控制,还需配备过程输入 / 输出通道构成控制计算机。

3. 过程输入 / 输出通道

过程输入 / 输出通道又简称过程通道。被控对象的过程参数一般是非电物理量,必须经过传感器(又称一次仪表)变换为等效的电信号。为了实现计算机对生产过程的控制,必须在计算机和生产过程之间设置信息传递和变换的连接通道。过程输入 / 输出通道分为模拟量和数字量(开关量)两大类型。

4. 生产过程

生产过程包括被控对象及其测量变送仪表和执行机构。测量变送仪表将被控对象需要监视和控制的各种参数(如温度、流量、压力、液位、位置、速度等)转换为电的模拟信号(或数字信号),而执行机构将过程通道输出的模拟控制信号转换为相应的控制动作,从而改变被控对象的被控量。在计算机控制系统设计过程中,检测变送仪表、电动和气动执行机构、电气传动的交流、直流驱动装置是需要熟悉和掌握的内容。

(二)系统软件

计算机控制系统的硬件是完成控制任务的设备基础,而计算机的操作系统和各种应用程序是执行控制任务的关键,统称为软件。计算机控制系统的软件程序不仅决定其硬件功能的发挥,而且也决定着控制系统的控制品质和操作管理水平。软件通常由系统软件和应用软件组成。

1. 系统软件

系统软件是计算机的通用性、支承性的软件,是为用户使用、管理、维护计算机提供方便的程序的总称。它主要包括操作系统、数据管理系统、各种计算机语言编译和调试系统、诊断程序以及网络通信等软件。系统软件通常由计算机厂商和专门软件公司研制，可以从市场上购置。计算机控制系统的设计人员一般没有必要自行研制系统软件，但需要了解和学会使用系统软件，才能更好地开发应用软件。

2.应用软件

应用软件是计算机在系统软件支持下实现各种应用功能的专用程序。计算机控制系统的应用软件是设计人员针对某一具体生产过程而开发的各种控制和管理程序。其性能优劣直接影响控制系统的控制品质和管理水平。计算机控制系统的应用软件一般包括过程输入和输出的接口程序、控制程序、人机接口程序、显示程序、打印程序、报警和故障联锁程序、通信和网络程序等。

一般应用软件应由计算机控制系统设计人员根据所确定的硬件系统和软件环境来开发编写。

计算机控制系统中的控制计算机和通常用作信息处理的通用计算机相比，它要对被控对象进行实时控制和监视，其工作环境一般都较恶劣，而且需要长期不间断可靠地工作，这就要求计算机系统必须具有实时响应能力和很强的抗干扰能力以及很高的可靠性。除了选用高可靠性的硬件系统外，在选用系统软件和设计编写应用软件时，还应满足对软件的实时性和可靠性的要求。

三、计算机控制系统的特点

计算机控制系统与连续控制系统相比，具有如下特点：

控制规律的实现灵活、方便；

控制精度高；

控制效率高；

可集中操作显示；

可实现分级控制与整体优化，可通过计算机网络系统与上下位计算机相通信，进行分级控制，实现生产过程控制与生产管理的一体化与整体优化，提高企业的自动化水平；

存在着采样延迟。

四、计算机控制系统的类型

在生产过程中，根据被控对象的特点和控制功能，计算机控制系统有各种各样的结构和形式。

按计算机参与的形式，可以分为开环和闭环控制系统。

按采用的控制方案，又分为程序和顺序控制、常规控制、高级控制（最优、自适应、预测、非线性等）、智能控制（Fuzzy控制、专家系统和神经网络等）。

计算机控制系统的分类不是严格地按照其结构或者功能进行分类的。计算机控制系统的分类，是根据计算机控制系统的发展历史和在实际应用中的状态，并参考以往的文献资料进行分类的。

一般可分为六大类，即数据采集系统、直接数字控制系统、监督控制系统、集散控制系统、现场总线控制系统和计算机集成制造系统。

（一）采集和监视系统（Data Acqulsition System，DAS）

计算机在数据采集和处理时，主要是对大量的过程参数进行巡回检测、数据记录、数据计算、数据统计和处理、参数的越限报警及对大量数据进行积累和实时分析。这种应用方式，计算机不直接参与过程控制，对生产过程不直接产生影响。

数据采集系统功能如下：

1.生产过程的集中监视

DAS通过输入通道对生产过程的参数进行实时采集、加工处理，并以一定格式在CRT上显示，或通过打印机打印出来，实现生产过程的集中监视。

2.操作指导

DAS对采集到的数据进行分析处理，并以有利于指导生产过程的方式表示出来，实现生产过程的操作指导。

3.越限报警

DAS预先将各种工艺参数的极限存入计算机，DAS在数据采集过程中进行越限判断和报警，以确保生产过程安全。

（二）直接数字控制（Direct Digital Control，DDC）系统

它是用一台计算机不仅完成对多个被控参数的数据采集，而且能按一定的控制规律进行实时决策，并通过过程输出通道发出控制信号，实现对生产过程的闭环控制。为了操作方便，DDC系统还配置一个包括给定、显示、报警等功能的操作控制台。DDC系统中一台计算机不仅完成取代了多个模拟调节器，而且在各个回路的控制方案上，不需要改变硬件，只需要改变程序就可以实现多种较为复杂的控制规律。

直接数字控制系统特点如下：

计算机通过过程控制通道对工业生产过程进行在线实时控制；

计算机参与闭环控制，可完全替代模拟调节器，实现对多回路多参数的控制；

系统灵活性大、可靠性高，能实现各种从常规到先进的控制方式。

（三）监督计算机控制（Supervlsory Computer Control，SCO）系统

在这个系统中，计算机根据工艺参数和过程参数的检测值，按照所设定的控制算法进行计算，得出最佳设定值并直接传递给常规的模拟调节器或者DDC计算机，最后由模拟调节器或者DDC计算机控制生产过程。

在SCC系统中，计算机的主要任务是输入采样和计算设定值，由于它不参加频繁的输出控制，所以有时间进行复杂规律的控制算法计算。

SCC优点：可进行复杂规律的控制，当SCC出现故障时，下级仍可继续执行控制任务。

监督计算机控制系统特点如下：

SCC计算机输出不通过人去改变，而直接由控制器改变控制的设定值或参数，完成对生产过

程的控制。该系统类似计算机操作指导控制系统;

SCC 计算机可以利用有效的资源去完成生产过程控制的参数优化,协调各直接控制回路的工作,而不参与直接的控制;

监督计算机控制系统是安全性、可靠性较高的一类计算机控制系统,是计算机集散系统的最初、最基本的模式。

（四）集散控制系统（D1stributed Control System, DCS）

1. 集散控制系统概念

集散控制系统又称分布控制系统。该系统采用分散控制、集中操作、分级管理、分而自治、综合协调形成具有层次化体系结构的分级分布式控制;一般分为四级,即过程控制级、控制管理级、生产管理级和经营管理级。过程控制级是集散控制的基础,直接控制生产过程,在这级参与直接控制的可以是计算机,也可以是PLC或专用数字控制器,完成对现场设备的直接监测和控制。

2. 集散控制系统特点

由于生产过程控制分别由独立控制器进行控制,可以分散控制器故障,局部故障不会影响整个系统工作,提高了系统工作可靠性。

（五）现场总线控制系统（Fieldbus Control System, FCS）

1. 现场总线控制系统概念

现场总线控制系统:利用现场总线将各智能现场设备、各级计算机和自动化设备互联,形成了一个数字式全分散双向串行传输、多分支结构和多点通信的通信网络。

现场总线:一种数字通信协议,可以连接各智能设备以形成通信网络。

2. 现场总线控制系统特点

在现场总线控制系统中,生产过程现场的各种仪表、变送器、执行机构控制器等都配有分级处理器,属于智能现场设备。现场总线可以直接连接其他的局域网,甚至 Internet,可构成不同层次的复杂控制网络,它已经成为今后工业控制体系结构发展的方向之一;

FCS 是从 DCS 发展而来,仅变革了 DCS 的控制站,形成现场控制层,其他层不变。

（六）计算机集成制造系统（Computer Integrated Manufacturing System, CIMS）

1. 计算机集成制造系统概念

将工业生产的全过程集成由计算机网络和系统在统一模式进行,包括从设计、工艺、加工制造到产品的检验出厂一体化的模式。

2. 发展

随着现代市场需求和企业模式现代化,计算机集成制造已将制造集成转换为信息集成,并融入企业全面管理和市场营销。

3. 前景

尽管目前CIMS工程在企业的推广中存在许多困难，但它确实是企业真正走向现代化的方向。

4. 规模

CIMS是一项庞大的系统工程，需要有许多基础的应用平台支持，实现的是企业物流、资金流和信息流的统一。由于涉及面广，应用存在困难较多，许多CIMS工程在规划实施中都提出了整体规划分步实施策略。

第二节　工业控制计算机

控制器是机电一体化系统的中枢，它的主要任务是：按照编制的程序指令、完成机械工作状态或工业现场各种物理量状态的实时信息采集、加工和处理、分析、判读，做出相应的调节校正和控制决策，发出模拟或数字形式的控制信号，控制执行机构动作，实现机电一体化系统控制目标。当今，最能胜任这个任务的控制器就是用于工业现场控制的工业控制计算机。

一、工业控制计算机概述

工业控制计算机是用于工业现场的生产设备和工艺过程控制的计算机，如PLC、总线型工业控制计算机等都是专为工业环境下应用而设计的控制计算机，简称"工业控制机"或"工控机"。它的最大特点是抗干扰性强、电磁兼容性好、可靠性高、适应工业环境能力强。

工业控制计算机按被控工业对象的控制要求，接收并处理来自被测对象的各种物理参数，然后把处理结果输出至执行机构去控制生产过程，同时可对生产过程进行监督、管理。

二、工业控制计算机的特点

工业领域中，由于现场存在干扰，环境恶劣，普通计算机在工业现场不能正常运行，工业控制计算机的应用对象及使用环境的特殊性，决定了其要满足以下基本要求：

（一）完善的过程输入/输出功能

要保证所面向工业现场的各种机电设备、测量和控制的仪器仪表、执行机构正常运转，必须有丰富的模拟量和数字量的输入/输出通道，以方便计算机系统数据采集，及时反映过程控制参数的变化，要求做到信息传递快速、准确、灵敏。

（二）实时控制功能

工业控制计算机应具有时间与事件驱动能力，在工况发生变化时，能实时进行监视和控制。当被控参数出现偏差时，能迅速响应与纠偏，因此必须要有实时操作系统与中断系统。

（三）高可靠性

工业控制计算机需昼夜不停地连续工作，系统需要高可靠性和自诊断系统。一般要求工控机的平均无故障时间（MTBF）不低于上万小时，现有的工业控制机无故障工作时间已经达到了几十万小时。

（四）较强的环境适应性

工控机具有能在高温、低温、高湿、振动等恶劣环境下工作和抗电磁干扰、电源波动等的能力。

（五）丰富的应用软件

工控机的控制软件正向结构化、组态化方向发展。在进行控制时，一般需建立能正确反映生产过程规律的数学模型，寻找生产过程的最佳工况，编制标准控制算法及控制程序。

三、工业控制计算机的常用类型

在设计机电一体化系统时，必须根据控制方案、体系结构、复杂程度、系统功能等具体情况，正确'地选择工业控制计算机系统。按软硬件结构与应用特点，常用的工业控制计算机有三种类型：可编程序控制器（PLC）、总线工业控制计算机和单片机控制器或嵌入式单片机控制器。每种控制器都具有自己的性能特点。

第三节 Arduino

Arduino 是一个开源的开发平台，在全世界范围内成千上万的人正在用它开发制作一个又一个电子产品，这些电子产品包括从平时生活的小物件到时下流行的 3D 打印机，它降低了电子开发的门槛，即使是从零开始的入门者也能迅速上手，制作有趣的东西，这便是开源 Arduino 的魅力。通过本节的介绍，读者对 Arduino 会有一个更全面的认识。

一、Arduino 概述

什么是 Arduino？相信很多读者会有这个疑问，也需要一个全面而准确的答案。不仅是读者，很多使用 Arduino 的人也许对这个问题都难以给出一个准确的说法，甚至认为手中的开发板就是 Arduino，其实这并不准确。那么，Arduino 究竟该如何理解呢？

（一）Arduino 不只是电路板

Arduino 是一种开源的电子平台，该平台最初主要基于 AVR 单片机的微控制器和相应的开发软件，目前在国内正受到电子发烧友的广泛关注。自从 2005 年 Arduino 腾空出世以来，其硬件和开发环境一直进行着更新换代。现在 Arduino 已经有将近十年的发展历史，因此市场上称为 Arduino 的电路板已经有各式各样的版本了。Arduino 开发团队正式发布的是 Arduino Uno 和 Arduino Mega 2560。

Arduino 项目起源于意大利，该名字在意大利是男性用名，音译为"阿尔杜伊诺"，意思为"强壮的朋友"，通常作为专有名词，在拼写时首字母需要大写。其创始团队成员包括：Massimo

Banzi、David Cuartielles、Tom Igoe、Gianluca Martino、David Meil1s 和 Nicholas Zambetti 6 人。Arduino 的出现并不是偶然，Arduino 最初是为一些非电子工程专业的学生设计的。设计者最初为了寻求一个廉价好用的微控制器开发板，从而决定自己动手制作开发板，Arduino 一经推出，因其开源、廉价、简单易懂的特性迅速受到了广大电子迷的喜爱和推崇。几乎任何人，即便不懂计算机编程，利用这个开发板 Arduino 做出炫酷有趣的东西，比如对感测器探测做出一些回应、闪烁灯光、控制电动机等。

Arduino 的硬件设计电路和软件都可以在其官方网站上获得，正式的制作商是意大利的 SmartProjects（www.smartprj.com），许多制造商也在生产和销售他们自己的与 Arduino 兼容的电路板和扩展板，但是由 Arduino 团队设计和支持的产品需要始终保留着 Arduino 的名字。所以，Arduino 更加准确的说法是一个包含硬件和软件的电子开发平台，具有互助和奉献的开源精神以及团队力量。

（二）Arduino 程序的开发过程

由于 Arduino 主要是为了非电子专业和业余爱好者使用而设计的，所以 Arduino 被设计成一个小型控制器的形式，通过连接到计算机进行控制。Arduino 开发过程如下：

开发者设计并连接好电路；

将电路连接到计算机上进行编程；

将编译通过的程序下载到控制板中进行观测；

最后不断修改代码进行调试以达到预期效果。

（三）为什么要使用 Arduino

在嵌入式开发中，根据不同的功能开发者会用到各种不同的开发平台。而 Arduino 作为新兴开发平台，在短时间内受到很多人的欢迎和使用，这与其设计的原理和思想是密切相关的。

首先，Arduino 无论是硬件还是软件都是开源的，这就意味着所有人都可以查看和下载其源码、图表、设计等资源，并且用来做任何开发都可以。用户可以购买克隆开发板和基于 Arduino 的开发板，甚至可以自己动手制作一个开发板。但是自己制作的不能继续使用 Arduino 这个名称，可以自己命名，比如 Robotduino。

其次，正如林纳斯·本纳第克特·托瓦兹的 Linux 操作系统一样，开源还意味着所有人可以下载使用并且参与研究和改进 Arduino，这也是 Arduino 更新换代如此迅速的原因。全世界各种电子爱好者用 Arduino 开发出各种有意思的电子互动产品。有人用它制作了一个自动除草机，去上班的时候打开，不久花园里的杂草就被清除干净了！有人用它制作微博机器人，配合一些传感器监测植物的状态，并及时发微博来提醒主人，植物什么时间该浇水、施肥、除草等，非常有趣。

Arduino 可以和 LED、点阵显示板、电动机、各类传感器、按钮、以太网卡等各类可以输出输入数据或被控制的任何东西连接，在互联网上各种资源十分丰富，各种案例、资料可以帮助用户迅速制作自己想要制作的电子设备。

在应用方面，Arduino 突破了传统的依靠键盘、鼠标等外界设备进行交互的局限，可以更方便地进行双人或者多人互动，还可以通过 Flash、Processing 等应用程序与 Arduino 进行交互。

二、Arduino 硬件分类

在了解 Arduino 起源以及使用 Arduino 制作的各种电子产品之后，接下来对 Arduino 硬件和开发板，以及其他扩展硬件进行初步的了解和学习。

（一）Arduino 开发板

Arduino 开发板设计得非常简洁，包括一块 AVR 单片机、一个晶振或振荡器和一个 5V 的直流电源。常见的开发板通过一条 USB 数据线连接计算机。Arduino 有各式各样的开发板，其中最通用的是 Arduino Uno。另外，还有很多小型的、微型的、基于蓝牙和 WiFi 的变种开发板。还有一款新增的开发板叫作 Arduino Mega 2560，它提供了更多的 I/O 引脚和更大的存储空间，并且启动更加迅速。以 Arduino Uno 为例，Arduino Uno 的处理器核心是 ATmega 328，同时具有 14 路数字输入 / 输出口（其中 6 路可作为 PWM 输出），6 路模拟输入，一个 16MHz 的晶体振荡器，一个 USB 口，一个电源插座，一个 ICSP header 和一个复位按钮。

Arduino Uno 可以通过以下三种方式供电，自动选择供电方式：

外部直流电源通过电源插座供电；

电池连接电源连接器的 GND 和 VIN 引脚；

USB 接口直接供电，稳压器可以把输入的 7 ~ 12V 电压稳定到 5V。

在电源接口上方，一个右侧引出三个引脚，左侧一个比较大的引脚细看会发现上面有 AMS1117 的字样，其实这个芯片是一个三端 5V 稳压器，电源口的电源经过它稳压之后才给板子输入，其实电源适配器内已经有稳压器，但是电池没有。可以理解为它是一个安检员，一切从电源口经过的电源都必须过它这一关，这个 "安检员" 对不同的电源会进行区别对待。

首先，AMS1117 的片上微调把基准电压调整到 1.5% 的误差以内，而且电流限制也得到了调整，以尽量减少因稳压器和电源电路超载而造成的压力。其次，根据输入电压的不同而输出不同的电压，可提供 1.8V、2.5V、2.85V、3.3V、5V 稳定输出，电流最大可达 800mA，内部的工作原理这里不必去探究，读者只需要知道，当输入 5V 的时候输出为 3.3V，输入 9V 的时候输出才为 5V，所以必须采用 9V（9 ~ 12V 均可，但是过高的电源会烧坏板子）电源供电。如使用 5V 的适配器与 Arduino 连接，之后连接外设做实验，会发现一些传感器没有反应，这是因为某些传感器需要 5V 的信号源，可是板子最高输出只能达到 3.3V。

重置按钮和重置接口都用于重启单片机，就像重启计算机一样。若利用重置接口来重启单片机，应暂时将接口设置为 0V 即可重启。

GND 引脚为接地引脚，也就是 0V。A0 ~ A5 引脚为模拟输入的 6 个接口，可以用来测量连接到引脚上的电压，测量值可以通过串口显示出来。当然也可以用作数字信号的输入 / 输出。

Arduino 同样需要串口进行通信，串口指示灯在串口工作的时候会闪烁。Arduino 通信在编译程序和下载程序时进行，同时还可以与其他设备进行通信。而与其他设备进行通信时则需要连接 RX（接收）和 TX（发送）引脚。ATmega 328 芯片中内置的串口通信硬件是可以通过同步和异步模式工作的。同步模式需要专用的信号来表示时钟信息，而 Arduino 的串口（USART 外围设备，即通用同步 / 异步接收发送装置）工作在异步模式下，这和大多数 PC 的串口是一致的。数字引脚 0 和 1 分别标注着 RX 和 TX，表明这两个可以当作串口的引脚是异步工作的，即可以只接收、发送，或者同时接收和发送信号。

（二）Arduino 扩展硬件

与 Arduino 相关的硬件除了核心开发板外，各种扩展板也是重要的组成部分。Arduino 开发板可以通过盾板进行扩展。它们是一些电路板，包含其他的元件，如网络模块、GPRS 模块、语音模块等。在开发板两侧可以插其他引脚的地方就是可以用于安装其他扩展板的地方。它被设计为类似积木的形状，通过一层层的叠加而实现各种各样的扩展功能。例如 Arduino Uno 与 W5100 网络扩展板可以实现上网的功能，堆插传感器扩展板可以扩展 Arduino 连接传感器的接口。

（三）Arduino IDE 介绍

Arduino IDE（全称为 Integrated Development Environment）软件，译为集成开发环境。在安装完 Arduino IDE 后，进入 Arduino 安装目录，打开 arduino.exe 文件，进入初始界面。打开软件会发现这个开发环境非常简洁（上面提到的三个操作系统 IDE 的界面基本一致），依次显示为菜单栏、图形化的工具栏、中间的编辑区域和底部的状态区域。

Arduino IDE 界面工具栏，从左至右依次为编译、上传、新建程序、打开程序、保存程序和串口监视器（SerialMonitor）。

编辑器窗口选用一致的选项卡结构来管理多个程序，编辑器光标所在的行号在当前屏幕的左下角。

1. 文件菜单

写好的程序通过文件的形式保存在计算机时，需要使用文件（File）菜单，文件菜单常用的选项包括：

新建文件（New）；

打开文件（Open）；

保存文件（Save）；

文件另存为（Saveas）；

关闭文件（Close）；

程序示例（Examples）；

打印文件（Print）。

其他选项，如"程序库"是打开最近编辑和使用的程序，"参数设置"可以设置程序库的位置、语言、编辑器字体大小、输出时的详细信息、更新文件扩展名（用扩展名 .ino 代替原来的 .pde）。"上传"选项是对绝大多数支持的 Arduino I/O 电路板使用传统的 Arduino 引导装载程序来上传。

2. 编辑菜单

紧邻文件菜单右侧的是编辑（Edit）菜单，编辑菜单顾名思义是编辑文本时常用的选项集合。常用的编辑选项为恢复（Undo）、重做（Redo）、剪切（Cut）、复制（Copy）、粘贴（Paste）、全选（Select all）和查找（Find）。这些选项的快捷键也和 Microsoft Windows 应用程序的编辑快捷键相同。恢复为（Ctrl+Z）、剪切为（Ctrl+X）、复制为（Ctrl+C）、粘贴为（Ctrl+V）、全选为（Ctrl+A）、查找为（Ctrl+F）。此外，编辑菜单还提供了其他选项，如"注释（Comment）"和"取消注释（Uncomment）"，Arduino 编辑器中使用"//"代表注释。还有"增加缩进"和"减少缩进"选项、"复制到论坛"和"复制为 HTML"等选项。

3. 程序菜单

程序（Sketch）菜单包括与程序相关功能的菜单项。主要包括：

"编译 / 校验（Verify）"，和工具栏中的编译相同；

"显示程序文件夹（Show Sketch Folder）"，会打开当前程序的文件夹；

"增加文件（Add File）"，可以将一个其他程序复制到当前程序中，并在编辑器窗口的新选项卡中打开；

"导入库（Import Library）"，导入所引用的 Arduino 库文件。

4. 工具菜单

工具（Tools）菜单是一个与 Arduino 开发板相关的工具和设置集合。主要包括：

"自动格式化（Auto Format）"，可以整理代码的格式，包括缩进、括号，使程序更易读和规范。

"程序打包（Archive Sketch）"，将程序文件夹中的所有文件均整合到一个压缩文件中，以便将文件备份或者分享。

"修复编码并重新装载（Fix Encoding & Reload）"，在打开一个程序时发现由于编码问题导致无法显示程序中的非英文字符时使用的，如一些汉字无法显示或者出现乱码时，可以使用其他编码方式重新打开文件。

"串口监视器（Serial Monitor）"，是一个非常实用而且常用的选项，类似即时聊天的通信工具，PC 与 Arduino 开发板连接的串口"交谈"的内容会在该串口监视器中显示出来。在串口监视器运行时，如果要与 Arduino 开发板通信，需要在串口监视器顶部的输入栏中输入相应的字符或字符串，再单击发送（Send）按钮就能发送信息给 Arduino。在使用串口监视器时，需要先设置串口波特率，当 Arduino 与 PC 的串口波特率相同时，两者才能够进行通信。Windows PC 的串口波特率在计算机设备管理器的端口属性中设置。

"串口"，需要手动设置系统中可用的串口时选择，在每次插拔一个 Arduino 电路板时，这个菜单的菜单项就会自动更新，也可手动选择哪个串口接开发板。

"板卡"，用来选择串口连接的 Arduino 开发板型号，当连接不同型号的开发板时需要根据开发板的型号到"板卡"选项中选择相应的开发板。

"烧写 Bootloader"，将 Arduino 开发板变成一个芯片编程器，也称为 AVR1sP 烧写器。

5. 帮助菜单

帮助（Help）菜单是使用 Arduino IDE 时可以迅速查找帮助的选项集合，包括快速入门、问题排查和参考手册，可以及时帮助了解开发环境，解决遇到的一些问题。访问 Arduino 官方网站的快速链接也在帮助菜单中，下载 IDE 后首先查看帮助菜单是个不错的习惯。

四、常用的 Arduino 第三方软件介绍

Arduino 开发环境安装完成之后，一些第三方软件可以帮助读者更好地学习和使用 Arduino 制作电子产品。

（一）图形化编程软件 ArduBlock

ArduBlock 是一款专门为 Arduino 设计的图形化编程软件，由上海新车间创客研制开发。这是一款第三方 Arduino 官方编程环境软件，目前必须在 Arduino IDE 的软件下运行。但是区别于官方文本编辑环境，ArduBlock 是以图形化积木搭建的方式进行编程的。就如同小孩子玩的积木玩具一样，这种编程方式使得编程的可视化和交互性大大增强，而且降低了编程的门槛，让没有编程经验的人也能够给 Arduino 编写程序，让更多的人投身到新点子新创意的实践中来。

上海新车间是国内第一家创客空间。新车间开发的 ArduBlock 受到了国际同道的好评。

（二）Arduino 仿真软件 Virtual Breadboard

Virtual Breadboard 是一款专门的 Arduino 仿真软件，简称 VBB，中文名为"虚拟面包板"。这款软件主要通过单片机实现嵌入式软件的模拟和开发环境，它不但包括了所有 Arduino 的样例电路，可以实现对面包板电路的设计和布置，非常直观地显示出面包板电路，还可实现对程序的仿真调试。VBB 还支持 PIC 系列芯片、Netduino，以及 Java、VB、C++ 等主流的编程环境。

VBB 可以模拟 Arduino 连接各种电子模块，例如，液晶屏、舵机、逻辑数字电路、各种传感器以及其他的输入 / 输出设备。这些部件都可以直接使用，也可以通过组合，设计出更复杂的电路和模块。

使用 VBB 可以更加直观地了解电路设计，能够在设计出原型后快速实现。而且虚拟面板具有的可视性和模拟交互效果，可以实时地在软件上看到 LED、LCD 等可视模块的变化，同时可以确保安全，因为这不是实物操作不会引起触电或者烧毁芯片等问题。另外，用 VBB 设计出的作品也可以更快速地分享和整理，使学习和使用更加方便、简单。

还有其他不错的第三方软件如 Proteus，既可以进行 Arduino 仿真，又能画出标准的电路图和 PCB 图样，在国内外使用的人很多。读者如果有兴趣可以自行查阅资料下载学习。

五、Arduino 使用方法

（一）硬件连接

用对应的 USB 线连接开发板和计算机。

（二）驱动安装

XP 系统会提示"新硬件需要安装驱动"，直接关掉，选择手动安装。Win7 及以上系统会自动搜索驱动安装，大部分都能正确安装，如果不能正确安装，直接手动安装，方法同 XP。

USB 线插入计算机后会提示如上信息，单击"取消"，需要手动安装驱动程序。

手动打开 CH341 文件夹（驱动程序文件夹内）中的 CH341.exe，双击安装驱动，出现对话框单击"安装"即可。

在 XP 系统中，右键单击"我的计算机"→"属性"→"硬件"→"设备管理器"，出现虚拟串口 COM3，必须确认是 USB-SERIAL CH340 字样，否则表明驱动不正确。

（三）安装 IDE 软件

解压 IDE 开发软件，或去官网下载最新版本。此软件解压后需安装，双击 arduino.exe 文件安装软件。

安装好软件后，打开软件出现界面后，英文菜单可以通过参数设置变成中文菜单，仅能改成中文菜单，由于 Arduino 不支持中文编辑，编写中文注释需要用第三方编辑软件，比如 notepad++。

如果要完成自己的第一个作品，首先要在 IDE 的 TOOL 选项中选择板卡（单片机主板型号）。与自己所使用的主板型号相对应，选错会导致不能识别板卡，不能完成程序下载等任务。

六、Arduino 应用实例

（一）数字量输出（闪烁 LED）

1. 简介

闪烁 LED 是最简单却经典的程序之一。选择"File"→"Examples"→"01.Basics"→"Blink"，随即系统打开一个新的窗口，这个就是 Arduino 的程序。可以看出这个程序非常简洁，灰色部分的文字是注释（注释用于解释程序并对一些参数等信息进行说明，不参与实际运行）。该程序是正确无误的，下一步就是把这个程序编译成功并烧写到板卡中，让其运行。

单击项目上传，有两个执行过程：第一部分是编译，编译就是把高级语言变成计算机可以识别的二进制语言；第二部分是下载程序，即把编译好的二进制代码文件装入单片机对应的存储区。

2. 硬件连接

闪烁 LED 硬件连接图以 Arduino Nano 板卡为例，只需在数字输入 / 输出端与 GND 端，串联一个 220Ω 左右的电阻和一个 LED 发光二极管即可，接线时注意 LED 极性不要接反。

3. 程序基本结构说明

这个程序的基本内容如下所示，通过这个程序可以了解 Arduino 语言的特点。

```
int LED=13;                    // 定义 LED 引脚
void setup（ ）{
pinMode（LED，OUTPUT）；}       // 初始化端口
void loop（ ）{
digitalWrite（LED.HIGH）；      // 设定 LED 为高电平
delay（1000）；                 // 延时 1s，即 1000μs
digitalWrite（LED，LOW）；      // 设定 LED 为低电平
delay（1000）；                 // 延时 1s
}
```

4. 程序详细解释

程序是用英文编写的，它的格式和 C 语言一样。有 C 语言基础的读者容易看懂，Arduino 语言的特点是把所有寄存器的选择、修改、执行等工作编写成了库文件，用户不需要了解底层的内容就可以写出好的应用程序。

Arduino 也有关键字高亮功能，通过关键字可以看到程序的意图，关键字是内部规定的，不能修改，必须完全一样，否则系统会识别错误。

int LED=13；这句和 C 语言的定义是一样的效果，指定 LED 对应单片机硬件的第 13 引脚，开发板上对每个引脚都有标号标明。板卡的 LED 也连接到这个引脚。

void setup（ ）{}是一个函数，这个函数相当于 C 语言中的初始化函数，一些在主程序运行之前需要做的准备工作都在这里设置完成，比如端口输入或者输出功能，输出的标准或者推挽模式等。

pinMode（LED，OUTPUT）这个语句的功能是把 LED 引脚定义为输出，这样就可以用来驱动 LED，引脚状态有 OUTPUT（输出）和 INPUT（输入），拼写必须为大写。

函数 loop 就相当于 C 语言的主循环函数，所有需要循环执行的功能都在这里面操作。digitalWrite（LED.HIGH）：译为数字信号写入函数，通过这个函数可以对指定的端口写入数字信号 0 或 1，这里用 HIGH 和 LOW 表示 1 或 0。第一句是把 LED 端口置 1，从硬件角度看就是点亮 LED。

delay（1000），延时 1000ms，也就是延时 1s，如果延时 300ms，只要把对应的数字改成 300 即可，最小值为 1，这个函数的最小延时时长为 1ms。

digitalWrite（LED，LOW），熄灭 LED。delay（1000），然后延时 1s。

这样就完成了一个闪烁周期，由于 loop 内的语句是循环执行的，之后会重新从点亮 LED、延时 1s、熄灭 LED、延时 1s，反复循环。最终看到 LED 以周期 2s 的频率闪烁（亮 1s 灭 1s）。

（二）串口通信

利用 Arduino IDE 的串口工具，在计算机中显示想要显示的内容。

（三）PWM 应用（控制 LED 亮度）

PWM 是英文"Pulse Width Modulation"的缩写，简称脉宽调制。它是利用微处理器的数字输出来对模拟电路进行控制的一种非常有效的技术，广泛应用于测量、通信、功率控制与变换等许多领域。

脉冲宽度调制（PWM）是一种对模拟信号电平进行数字编码的方法，由于计算机不能输出模拟电压，只能输出 0 或 5V 数字电压值，因此可通过使用高分辨率计数器，利用方波的占空比被调制的方法来对一个具体模拟信号的电平进行编码。PWM 信号仍然是数字的，因为在给定的任何时刻，满幅值的直流供电要么是 5V（ON），要么是 0V（OFF）。电压或电流源是以一种通（ON）或断（OFF）的重复脉冲序列被加到模拟负载上的。通的时候即是直流供电被加到负载上的时候，断的时候即是供电被断开的时候。只要带宽足够，任何模拟值都可以使用 PWM 进行编码。输出的电压值是通过通和断的时间进行计算的。

PWM 的三个基本参数如下：

脉冲宽度变化幅度（最小值 / 最大值）；

脉冲周期（1s 内脉冲频率个数的倒数）；

电压高度（例如：0 ~ 5V）。

PWM 在一些情况下可以替代 DAC（数—模转换）功能。所以在 Arduino 里面使用函数 analogWrite（）；写模拟量，Arduino 的 PWM 是 8 位，换算成数字量是 0 ~ 255。PWM 使用芯片内部自带的 PWM 发生器功能，只有在主板上标有 PWM 的端口才能使用这个功能，否则此函数写无效。Uno 的 PWM 端口是 3、5、6、9、10、11。

（四）模型量信号读取（光敏电阻检测）

1. 简介

光敏电阻又称光导管，常用的制作材料为硫化镉，另外还有硒、硫化铝、硫化铅和硫化铋等材料。这些制作材料具有在特定波长的光照射下，其阻值迅速减小的特性。

通常，光敏电阻器都制成薄片结构，以便吸收更多的光能。当它受到光的照射时，半导体片（光敏层）内就激发出电子—空穴对，参与导电，使电路中电流增强。为了获得高的灵敏度，光敏电阻的电极常采用梳状图案，它是在一定的掩膜下向光电导薄膜上蒸镀金或铟等金属形成的。光敏电阻器通常由光敏层、玻璃基片（或树脂防潮膜）和电极等组成。光敏电阻器在电路中用字母"R"或"RL""RG"表示。

2. 主要参数与特性

（1）光电流、亮电阻

光敏电阻器在一定的外加电压下，当有光照射时，流过的电流称为光电流，外加电压与光电流之比称为亮电阻，常用"100LX"表示。

（2）暗电流、暗电阻

光敏电阻在一定的外加电压下，当没有光照射的时候，流过的电流称为暗电流。外加电压与暗电流之比称为暗电阻，常用"0LX"表示。

（3）灵敏度

灵敏度是指光敏电阻不受光照射时的电阻值（暗电阻）与受光照射时的电阻值（亮电阻）的相对变化值。

（4）光照特性

光照特性指光敏电阻输出的电信号随光照度而变化的特性。从光敏电阻的光照特性曲线可以看出，随着光照强度的增加，光敏电阻的阻值开始迅速下降。若进一步增大光照强度，则电阻值变化减小，然后逐渐趋向平缓。在大多数情况下，该特性为非线性。

（五）运动控制（舵机控制）

1. 简介

舵机是船舶上的一种大甲板机械。舵机的大小由外舾装按照船级社的规范决定，选型时主要考虑扭矩大小。在航天方面，舵机应用广泛。航天方面，导弹姿态变换的俯仰、偏航、滚转运动都是靠舵机相互配合完成的。舵机在许多工程上都有应用，不仅限于船舶。

2. 舵机基本组成

舵机主要由外壳、电路板、无核心电动机、齿轮与位置检测器所构成。其工作原理是由接收机发出信号给舵机，经由电路板上的 IC 判断转动方向，再驱动无核心电动机开始转动，透过减速齿轮将动力传至摆臂，同时由位置检测器送回信号，判断是否已经到达定位。位置检测器其实就是可变电阻，当舵机转动时电阻值也会随之改变，由检测电阻值便可知转动的角度。

一般的伺服电动机是将细铜线缠绕在三极转子上，当电流流经线圈时便会产生磁场，与转子外围的磁铁产生排斥作用，进而产生转动的作用力。依据物理学原理，物体的转动惯量与质量成正比，因此要转动质量越大的物体，所需的作用力也越大。舵机为求转速快、耗电小，于是将细铜线缠绕成极薄的中空圆柱体，形成一个重量极轻的五极中空转子，并将磁铁置于圆柱体内，这就是无核心电动机。

舵机的控制信号实际上是 PWM 信号，周期不变，高电平的时间决定舵机的实际位置。

标准的模拟舵机有三根接线：电源线 2 根，信号线 1 根。

舵机的控制信号为周期是 20ms 的脉宽调制（PWM）信号，其中脉冲宽度为 0.5 ~ 2.5ms，相对应舵盘的位置为 0 ~ 180°，呈线性变化。也就是说，给它提供一定的脉宽，它的输出轴就会保持在一个相对应的角度上，无论外界转矩怎样改变，直到给它提供一个另外宽度的脉冲信号，它才会改变输出角度到新的对应位置上。舵机内部有一个基准电路，产生周期为 20ms、宽度为 1.5ms 的基准信号，有一个比较器，将外加信号与基准信号相比较，判断出方向和大小，从而产生电动机的转动信号。由此可见，舵机是一种位置伺服的驱动器，转动范围不能超过180°，适用于那些需要角度不断变化并可以保持的驱动当中。

程序解读：舵机也使用内部函数库，使用这个库文件，舵机的控制非常简单。标准的舵机旋转角度是 0 ~ 180°，只需要输入对应的度数，电动机就会自动转到对应的位置，非常方便，完全不用理会其控制原理。

（六）直流电动机控制

1. 直流电动机简介

直流电动机是将直流电能转换为机械能的电动机，因其良好的调速性能而在电力拖动中得到广泛应用。

基本构造分为两部分，即定子与转子。定子包括主磁极、机座、换向极、电刷装置等。转子包括电枢铁心、电枢绕组、换向器、轴和风扇等。

2. 硬件连接图

直流电动机调速就是通过调节两端的电压进行调速。之前学过 PWM，这里使用通用的方法控制速度，实际是控制有效电压。

第四节 可编程序控制器

一、PLC 概述

（一）简介

可编程序控制器（Programmable Logic Controller，PLC），是将继电器逻辑控制技术与计算机技术相结合而发展起来的一种工业控制计算机系统。PLC 低端产品为继电器逻辑电路的替代品，而高端产品实际上就是一种高性能的计算机实时控制系统。PLC 以顺序控制为主，能完成各种逻辑运算、定时、计数、定位、算术运算和通信等功能，它既能控制开关量又能控制模拟量。PLC的最大特点是采用了无触点的存储程序电路代替传统的有触点继电器逻辑电路，将控制过程用简单的"用户逻辑语言"编程，并存入存储器中。运行时 PLC 一条一条地读取程序指令，依次控制各输入/输出点。目前，PLC 已广泛应用于数控机床、机器人和各种自动化生产线等顺序控制中。

目前 PLC 著名品牌有德国西门子公司（Siemens）、中国台湾台达（DELTA）、美国 A-B 公司（Allen-Bradley）、日本欧姆龙公司（OMRON）和日本三菱电机株式会社（MITSUB1sHI）等。

（二）PLC 的特点

1. 使用方便，编程简单

采用简明的梯形图、逻辑图或语句表等编程语言，无须计算机知识，因此系统开发周期短，现场调试容易。另外，可在线修改程序，改变控制方案而不拆动硬件。

2. 功能强，性能价格比高

一台小型 PLC 内有成百上千个可供用户使用的编程元件，有很强的功能，可以实现非常复杂的控制功能。它与相同功能的继电器系统相比，具有很高的性能价格比。PLC 可以通过通信联网，实现分散控制，集中管理。

3. 硬件配套齐全，用户使用方便，适应性强

PLC 产品已经标准化、系列化、模块化，配备有品种齐全的各种硬件装置供用户选用，用户能灵活方便地进行系统配置，组成不同功能、不同规模的系统。PLC 的安装接线也很方便，一般用接线端子连接外部接线。PLC 有较强的带负载能力，可以直接驱动一般的电磁阀和小型交流接触器。硬件配置确定后，可以通过修改用户程序，方便快速地适应工艺条件的变化。

4. 可靠性高，抗干扰能力强

传统的继电器控制系统使用了大量的中间继电器、时间继电器，由于触点接触不良，容易出现故障。PLC 用软件代替大量的中间继电器和时间继电器，仅剩下与输入和输出有关的少量硬件元件，接线可减少到继电器控制系统的 1/100 ～ 1/10，因触点接触不良造成的故障大为减少。

PLC 采取了一系列硬件和软件抗干扰措施，具有很强的抗干扰能力，平均无故障时间达到数万小时以上，可以直接用于有强烈干扰的工业生产现场，PLC 已被广大用户公认为最可靠的工业控制设备之一。

5. 系统的设计、安装、调试工作量少

PLC 用软件功能取代了继电器控制系统中大量的中间继电器、时间继电器、计数器等器件，使控制柜的设计、安装、接线工作量大大减少。

PLC 的梯形图程序一般采用顺序控制设计法来设计。这种编程方法很有规律，很容易掌握。对于复杂的控制系统，设计梯形图的时间比设计相同功能的继电器系统电路图的时间要少得多。PLC 的用户程序可以在实验室模拟调试，输入信号用小开关来模拟，通过 PLC 上的发光二极管可观察输出信号的状态。完成了系统的安装和接线后，在现场的统调过程中发现的问题一般通过修改程序就可以解决，系统的调试时间比继电器系统少得多。

6. 维修工作量小，维修方便

PLC 的故障率很低，且有完善的自诊断和显示功能。PLC 或外部的输入装置和执行机构发生故障时，可以根据 PLC 上的发光二极管或编程器提供的信息迅速查明故障的原因，用更换模块的方法可以迅速地排除故障。

（三）PLC 应用领域

目前，PLC 在国内外已广泛应用于钢铁、石油、化工、电力、建材、机械制造、汽车、轻纺、交通运输、环保及文化娱乐等各个行业，使用情况大致可归纳为如下几类：

1. 开关量的逻辑控制

这是 PLC 最基本、最广泛的应用领域，它取代传统的继电器电路，实现逻辑控制、顺序控制，

既可用于单台设备的控制,也可用于多机群控及自动化流水线。如注塑机、印刷机、订书机械、组合机床、磨床、包装生产线、电镀流水线等。

2.模拟量控制

在工业生产过程中,有许多连续变化的量,如温度、压力、流量、液位和速度等都是模拟量。为了使 PLC 能处理模拟量,必须实现模拟量(Analog)和数字量(Digital)之间的 A/D 转换及 D/A 转换。PLC 厂家都生产配套的 A/D 和 D/A 转换模块,使 PLC 用于模拟量控制。

3.运动控制

PLC 可以用于圆周运动或直线运动的控制。从控制机构配置来说,早期直接用于开关量的 I/O 模块连接位置传感器和执行机构,现在一般使用专用的运动控制模块。如可驱动步进电动机或伺服电动机的单轴或多轴位置控制模块。世界上各主要 PLC 厂家的产品几乎都有运动控制功能,广泛用于各种机械、机床、机器人、电梯等场合。

4.过程控制

过程控制是指对温度、压力、流量等模拟量的闭环控制。作为工业控制计算机,PLC 能编制各种各样的控制算法程序,完成闭环控制。PID 调节是一般闭环控制系统中用得较多的调节方法。大中型 PLC 都有 PID 模块,目前许多小型 PLC 也具有此功能模块。PID 处理一般是运行专用的 PID 子程序。过程控制在冶金、化工、热处理、锅炉控制等场合有非常广泛的应用。

5.数据处理

现代 PLC 具有数学运算(含矩阵运算、函数运算、逻辑运算)、数据传送、数据转换、排序、查表、位操作等功能,可以完成数据的采集、分析及处理。这些数据可以与存储在存储器中的参考值比较,完成一定的控制操作,也可以利用通信功能传送到其他智能装置,或将它们打印制表。数据处理一般用于大型控制系统,如无人控制的柔性制造系统;也可用于过程控制系统,如造纸、冶金、食品工业中的一些大型控制系统。

6.通信及联网

PLC 通信含 PLC 间的通信及 PLC 与其他智能设备间的通信。随着计算机控制的发展,工厂自动化网络发展得很快,各 PLC 厂商都十分重视 PLC 的通信功能,纷纷推出各自的网络系统。新近生产的 PLC 都具有通信接口,通信非常方便。

(四)PLC 未来展望

21 世纪,PLC 会有更大的发展。从技术上看,计算机技术的新成果会更多地应用于 PLC 的设计和制造上,会有运算速度更快、存储容量更大、智能性更强的品种出现;从产品规模上看,会进一步向超小型及超大型方向发展;从产品的配套性上看,产品的品种会更丰富、规格会更齐全,完美的人机界面、完备的通信设备会更好地适应各种工业控制场合的需求;从市场上看,各国各自生产多品种产品的情况会随着国际竞争的加剧而打破,将出现少数几个品牌垄断国际市场的局面,届时会出现国际通用的编程语言;从网络的发展情况来看,PLC 和其他工业控制计算机组网构成大型的控制系统是 PLC 技术的发展方向。目前的计算机集散控制系统（D1stributed Control System，DCS）中已有大量的 PLC 应用。伴随着计算机网络的发展，PLC 作为自动化控制网络和国际通用网络的重要组成部分，将在工业及工业以外的众多领域发挥越来越大的作用。

二、PLC 的组成结构和工作原理

（一）PLC 的组成结构

PLC 类型繁多，功能和指令系统也不尽相同，但结构与工作原理则大同小异，通常由主机、输入 / 输出接口、电源扩展器接口和外围设备接口等几个主要部分组成。

1. 主机

主机部分包括中央处理器（CPU）、系统程序存储器和用户程序及数据存储器。CPU 是 PLC 的核心，它用以运行用户程序、监控输入 / 输出接口状态、做出逻辑判断和进行数据处理，即读取输入变量、完成用户指令规定的各种操作，将结果送到输出端，并响应外围设备（如计算机、打印机等）的请求以及进行各种内部判断等。PLC 的内部存储器有两类：一类是系统程序存储器，主要存储系统管理和监控程序及对用户程序做编译处理的程序，系统程序已由厂家固定，用户不能更改；另一类是用户程序及数据存储器，主要存储用户编制的应用程序及各种暂存数据和中间结果。

2. 输入 / 输出（I/O）接口

I/O 接口是 PLC 与输入 / 输出设备连接的部件。输入接口接收输入设备（如按钮、传感器、触点、行程开关等）的控制信号。输出接口将主机经处理后的结果通过功放电路去驱动输出设备（如接触器、电磁阀、指示灯等）。I/O 接口一般采用光耦合电路，以减少电磁干扰，从而提高了可靠性。I/O 点数即输入 / 输出端子数是 PLC 的一项主要技术指标，通常小型机有几十个点，中型机有几百个点，大型机将超过千点。

3. 电源

图中电源是指为 CPU、存储器、I/O 接口等内部电子电路工作所配置的直流开关稳压电源，通常也为输入设备提供直流电源。

4. 编程装置

编程是 PLC 利用外围设备，用户用来输入、检查、修改、调试程序或监视 PLC 的工作情况。通过专用的 PC/PPI 电缆线将 PLC 与计算机连接，并利用专用的软件进行计算机编程和监控。

5. 输入 / 输出扩展单元

I/O 扩展接口用于将扩充外部输入 / 输出端子数的扩展单元与基本单元（即主机）连接在一起。

6. 外围设备接口

此接口可将打印机、条码扫描仪、变频器等外围设备与主机相连，以完成相应的操作。

（二）PLC 的工作原理

当 PLC 投入运行后，其工作过程一般分为三个阶段，即输入采样、用户程序执行和输出刷新三个阶段。完成上述三个阶段称作一个扫描周期。在整个运行期间，PLC 的 CPU 以一定的扫描速度重复执行上述三个阶段。

1. 输入采样阶段

在输入采样阶段，PLC 以扫描方式依次地读入所有输入状态和数据，并将它们存入 I/O 映像区中的相应单元内。输入采样结束后，转入用户程序执行和输出刷新阶段。在这两个阶段中，即使输入状态和数据发生变化，I/O 映像区中的相应单元的状态和数据也不会改变。因此，如果输入是脉冲信号，则该脉冲信号的宽度必须大于一个扫描周期，才能保证在任何情况下，该输入均能被读入。

2. 用户程序执行阶段

在用户程序执行阶段，PLC 总是按由上而下的顺序依次地扫描用户程序（梯形图）。在扫描每一条梯形图时，又总是先扫描梯形图左边的由各触点构成的控制线路，并按先左后右、先上后下的顺序对由触点构成的控制线路进行逻辑运算，然后根据逻辑运算的结果，刷新该逻辑线圈在系统 RAM 存储区中对应位的状态；或者刷新该输出线圈在 I/O 映像区中对应位的状态；或者确定是否要执行该梯形图所规定的特殊功能指令。

即，在用户程序执行过程中，只有输入点在 I/O 映像区内的状态和数据不会发生变化，而其他输出点和软设备在 I/O 映像区或系统 RAM 存储区内的状态和数据都有可能发生变化，而且排在上面的梯形图，其程序执行结果会对排在下面的凡是用到这些线圈或数据的梯形图起作用；相反，排在下面的梯形图，其被刷新的逻辑线圈的状态或数据只能到下一个扫描周期才能对排在其上面的程序起作用。

3. 输出刷新阶段

当扫描用户程序结束后，PLC 就进入输出刷新阶段。在此期间，CPU 按照 I/O 映像区内对应的状态和数据刷新所有的输出锁存电路，再经输出电路驱动相应的外设。这时才是 PLC 的真正输出。

（三）PLC 分类

PLC 生产厂家众多，产品种类繁杂，而且不同厂家的产品各成系列，难以用一种标准进行划分。在实际应用中，通常可按输入 / 输出（I/O）点数（即控制规模）、处理器功能和硬件结构形式三方面来进行分类。

1. 按 I/O 点数划分

根据 PLC 能够处理的 I/O 点数来分类，PLC 可分为微型、小型、中型、大型四种。

（1）微型 PLC

微型 PLC 的 I/O 点数通常在 64 点以下，处理开关量信号，功能以逻辑运算、定时和计数为主，用户程序容量一般都小于 4K 字。

（2）小型 PLC

小型 PLC 的 I/O 点数在 64 ~ 256 点之间，主要以开关量输入 / 输出为主，具有定时、，计数和顺序控制等功能，控制功能也比较简单，用户程序容量一般小于 16K 字。这类 PLC 和微型 PLC 的特点都是体积小、价格低，适用于单机控制场合。

（3）中型 PLC

中型 PLC 的 I/O 点数在 256 ~ 1024 点之间，同时具有开关量和模拟量的处理功能，控制功能比较丰富，用户程序容量小于 32K 字。中型 PLC 可应用于有开关量、模拟量控制的较为复杂的连续生产过程自动控制的场合。

（4）大型 PLC

大型 PLC 的 I/O 点数在 1024 点以上，除一般类型的输入 / 输出模块外，还有特殊类型的信号处理模块和智能控制单元，能进行数学计算、PID 调节、整数浮点运算和二进制与十进制转换运算等；控制功能完善，网络系统成熟，而且软件也比较丰富，并固化一定的功能程序可供使用；用户程序容量大于 32K 字，并可扩展。

2. 按处理器功能划分

根据 PLC 的处理器功能强弱的不同，可分为低档、中档和高档三个档次。通常微型、小型 PLC 多属于低档机，处理器功能以开关量为主，具有逻辑运算、定时、计数等基本功能，有一定的扩展功能。中型和大型 PLC 多属中、高档机。中型机在低档机的基础上，兼有开关量和模拟量控制，增强 I/O 处理能力和定时、计数以及数学运算能力，具有浮点运算、数制转换能力和通信网络功能。高档机在中档机的基础上，增强 I/O 处理能力和数学运算能力，增加数据管理功能，网络功能更强，可以方便地与其他 PLC 系统连接，构成各种生产控制系统。

3. 按硬件结构分

根据 PLC 的外形和硬件安装结构的特点，PLC 可分为整体式和模块式两种。

（1）整体式结构

整体式 PLC 又称箱体式，它将 CPU、存储器、I/O 接口、外设接口和电源等都装在一个机箱内。机箱的上、下两侧分别是 I/O 和电源的连接端子，并有相应的发光二极管显示 I/O、电源、运行、编程等状态。面板还有编程器 / 通信口插座、外存储器插座和扩展单元接口插座等。这种结构的 PLC 的 I/O 点数少、结构紧凑、体积小、价格低，适用于单机设备的开关量控制和机电一体化产品的应用场合。

（2）模块式结构

模块式 PLC 通常把 CPU、存储器、各种 I/O 接口等均做成各自相互独立的模块，功能单一、品种繁多。模块既可统一安装在机架或母板插座上，插座由总线连接（即有底板或机架连接），也可直接用扁平电缆或侧连接插座连接（即无底板连接）。这种结构的 PLC 具有较多的输入 / 输出点数，易于扩展，系统规模可根据要求配置，方便灵活，适用于复杂生产控制的应用场合。

三、PLC 应用实例

本节实例所使用的 PLC 为西门子公司生产的 S7-200，S7-200 是一种小型的可编程序控制器，适用于各行各业、各种场合中的检测、监测及控制的自动化。由于篇幅所限，本节并没有对该 PLC 的编程语言和基本指令进行讲解，该部分应用实例适用于有一定西门子 PLC 编程基础的读者。

（一）电动机正反转控制程序

1. 控制要求

电动机能正反转、停车；正反转可任意切换；有自锁、互锁环节。

2. 输入/输出信号定义

输入：I0.0—正转起动按钮输出：Q0.0—电动机正转；

I0.1—反转起动按钮输出；Q0.1—电动机反转；

I0.2—停车按钮；

I0.3—FR 过载保护。

3. PLC 电气原理图绘制

主电路：从电源到电动机的大电流电路，与继电器电路相同。

控制电路：PLC 到接触器线圈电路，取代继电器电路中的控制电路，在硬件图上必须有互锁环节。

4. 程序分析

在反转输出 Q0.1、停止按钮 I0.2 断开的情况下，按下正转输入按钮 I0.0，此时正转输出 Q0.0，接通并自锁，电动机正转。反转的情况类似。该程序可实现电动机的正—停—反控制。

（二）除尘室控制

在制药、水厂等一些对除尘要求比较严格的车间，人、物进入这些场合首先需要进行除尘处理，为了保证除尘操作的严格进行，避免人为因素对除尘要求的影响，可以用 PLC 对除尘室的门进行有效控制。下面介绍某无尘车间进门时对人或物进行除尘的过程。

1. 控制要求

人或物进入无污染、无尘车间前，首先在除尘室严格进行指定时间的除尘才能进入车间，否则门打不开，进入不了车间。

第一道门处设有两个传感器：开门传感器和关门传感器；除尘室内有两台风机，用来除尘；第二道门上装有电磁锁和开门传感器，电磁锁在系统控制下自动锁上或打开。进入室内需要除尘，出来时不需除尘。

具体控制要求如下：

进入车间时必须先打开第一道门进入除尘室，进行除尘。当第一道门打开时，开门传感器动作，第一道门关上时关门传感器动作，第一道门关上后，风机开始吹风，电磁锁把第二道门锁上并延时20s后，风机自动停止，电磁锁自动打开，此时可打开第二道门进入室内。第二道门打开时相应的开门传感器动作。人从室内出来时，第二道门的开门传感器先动作，第一道门的开门传感器才动作，关门传感器与进入时动作相同，出来时不需除尘，所以风机、电磁锁均不动作。

2.I/O 分配

输入 / 输出

第一道门的开门传感器：I0.0；风机 1：Q0.0；

第一道门的关门传感器：I0.1；风机 2：Q0.1；

第二道门的开门传感器：I0.2；电磁锁：Q0.2。

（三）水塔的水位控制

在控制中，SB1 是水塔的上液位传感器，SB2 是水塔的下液位传感器，SB3 是水池的上液位传感器，SB4 是水池的下液位传感器，L1 是水塔供水泵，L2 是水池供水泵。

1.控制要求

当水池水位低于水池的下液位时，SB4 闭合，L2 水泵开始工作；当水池水位达到水池的上液位时，SB4 断开，L2 水泵停止工作；当水塔水位低于水塔下液位时，SB2 闭合，表示水塔水位低，需进水，L1 水泵开始工作；当水塔水位达到水塔上液位时，SB1 闭合，L1 水泵停止工作；过 2s，水塔放完水后重复上述过程即可。

2.I/O 分配

输入 / 输出

SB1：I0.1；   LI：Q0.1；

SB2：I0.2；   L2：Q0.2；

SB3：I0.3；

SB4：I0.4。

注意：液位低于下液位传感器 SB2 和 SB4 时，I0.2 和 I0.4 闭合；液位高于上液位传感器 SB1 和 SB3 时，I0.1 和 I0.3 闭合。

第五节 总线工业控制机

一、总线工业控制机的组成与特点

工业控制计算机，简称工控机，也称为工业计算机（Industrial Personal Computer，IPC）。它主要用于工业过程测量、控制、数据采集等工作。以工控机为核心的测量和控制系统，处理来自工业系统的输入信号，再根据控制要求将处理结果输出到执行机构，去控制生产过程，同时对生产进行监督和管理。

工控机是一种加固的增强型个人计算机,它可以作为一个工业控制器在工业环境中可靠运行。早在 20 世纪 80 年代初期,美国 AD 公司就推出了类似 IPC 的 MAC-150 工控机,随后美国 IBM 公司正式推出工业个人计算机 IBM7532。由于 IPC 的性能可靠、软件丰富、价格低廉,而在工控机中异军突起,后来居上,应用日趋广泛。目前,IPC 已被广泛应用于通信、工业控制现场、路桥收费、医疗、环保及人们生活的方方面面。

(一)工控机硬件组成

典型的工控机由加固型工业机箱、工业电源、无源底板、主机板、显示板、硬盘驱动器、光盘驱动器、各类输入 / 输出接口模块、显示器、键盘、鼠标和打印机等组成。

1. 全钢机箱

IPC 的全钢机箱是按标准设计的,抗冲击、抗震动、抗电磁干扰,内部可安装同 PC-bus 兼容的无源底板。

2. 无源底板

无源底板也称为背板(Back Plane),以总线结构形式(如 STD、ISA、PCI 总线等)设计成多插槽的底板。底板可插接各种板卡,包括 CPU 卡、显示卡、控制卡、I/O 卡等。

3. 主机板

主机板是工业控制机的核心,由中央处理器(CPU)、存储器(RAM、ROM)和 I/O 接口等部件组成。主机板的作用是将采集到的实时信息按照预定程序进行必要的数值计算、逻辑判断和数据处理,及时选择控制策略并将结果输出到工业过程。

4. 系统总线

系统总线可分为内部总线和外部总线。内部总线是工控机内部各组成部分之间进行信息传送的公共通道,是一组信号线的集合。常用的内部总线有 IBM PC 总线和 STD 总线。外部总线是工控机与其他计算机和智能设备进行信息传送的公共通道,常用外部总线有 RS 232C、RS485 和 IEEE 488 通信总线。

5. 人—机接口

人—机接口包括显示器、键盘、打印机以及专用操作显示台等。通过人—机接口设备,操作员与计算机之间可以进行信息交换。

6. 通信接口

通信接口是工业控制机与其他计算机和智能设备进行信息传送的通道。常用的有 RS 232C、RS485 和 IEEE 488 接口。为方便主机系统集成,USB 总线接口技术正日益受到重视。

7. 输入 / 输出模板

输入 / 输出模板是工控机和生产过程之间进行信号传递和变换的连接通道,包括模拟量输入通道(AI)、模拟量输出通道(AO)、数字量(开关量)输入通道(DI)、数字量(开关量)

输出通道（DO）。

8. 系统支持

系统支持功能主要包括：①监控定时器：俗称"看门狗"（Watchdog）；②电源掉电监测；③后备存储器；④实时日历时钟。

9. 磁盘系统

硬盘系统主要包括半导体虚拟磁盘、软盘、硬盘或 USB 磁盘。

（二）工控机应用软件

1. 系统软件

系统软件用来管理 IPC 的资源，并以简便的形式向用户提供服务。如早期的 MS-DOS；实时多任务操作系统、引导程序、调度执行程序，如 Unix、Windows，美国 Intel 公司的 RMX86 实时多任务操作系统；嵌入式系统操作系统 Linux、Windows CE、Vx Works、Palm OS 等。

2. 工具软件

工具软件是技术人员从事软件开发工作的辅助软件，包括汇编语言、高级语言、编译程序、编辑程序、调试程序、诊断程序等。

3. 应用软件

应用软件是系统设计人员针对某个生产过程而编制的控制和管理程序，通常包括过程输入 / 输出程序、过程控制程序、人—机接口程序、打印显示程序和公共子程序等。

（三）工控机的特点

与通用的计算机相比，工控机的主要特点如下：

1. 可靠性高

工控机常用于控制连续的生产过程，在运行期间不允许停机检修，一旦发生故障将会导致质量事故，甚至生产事故。因此要求工控机具有很高的可靠性、低故障率和短维修时间。

2. 实时性好

工控机必须实时地响应控制对象的各种参数的变化，才能对生产过程进行实时控制与监测。当过程参数出现偏差或故障时，能实时响应并实时地进行报警和处理。通常工控机配有实时多任务操作系统和中断系统。

3. 环境适应性强

由于工业现场环境恶劣，要求工控机具有很强的环境适应能力，如对温度 / 湿度变化范围要求高；具有防尘、防腐蚀、防振动冲击的能力；具有较好的电磁兼容性和高抗干扰能力及高共模抑制能力。

4. 丰富的输入 / 输出模

工控机与过程仪表相配套，与各种信号打交道，要求具有丰富的多功能输入 / 输出配套模板，如模拟量、数字量、脉冲量等输入 / 输出模板。

5. 系统扩充性和开放性好

灵活的系统扩充性有利于工厂自动化水平的提高和控制规模的不断扩大。采用开放性体系结构，便于系统扩充、软件的升级和互换。

6. 控制软件包功能强

具有人机交互方便、画面丰富、实时性好等性能；具有系统组态和系统生成功能；具有实时及历史趋势记录与显示功能；具有实时报警及事故追忆等功能；具有丰富的控制算法。

7. 系统通信功能强

一般要求工控机能构成大型计算机控制系统，具有远程通信功能。为满足实时性要求，工控机的通信网络速度要高，并符合国际标准通信协议。

8. 冗余性

在对可靠性要求很高的场合，要求有双机工作及冗余系统，包括双控制站、双操作站、双网通信、双供电系统、双电源等，具有双机切换功能、双机监视软件等，以保证系统长期不间断工作。

二、工控机的总线结构

微机系统采用由大规模集成电路 LSI 芯片为核心构成的插件板，多个不同功能的插件板与主机板共同构成微机系统。构成系统的各类插件板之间的互联和通信通过系统总线来完成。这里的系统总线不是指中央处理器内部的三类总线，而是指系统插件板交换信息的板级总线。这种系统总线就是一种标准化的总线电路，它提供通用的电平信号来实现各种电路信号的传递。同时，总线标准实际上是一种接口信号的标准和协议。

内部总线是指微机内部各功能模块间进行通信的总线，也称为系统总线。它是构成完整微机系统的内部信息枢纽。工业控制计算机采用内部总线母板结构，母板上各插槽的引脚都连接在一起，组成系统的多功能模板插入接口插槽，由内部总线完成系统内各模板之间的信息传送，从而构成完整的计算机系统。各种型号的计算机都有自身的内部总线。

目前存在多种总线标准，国际上已正式公布或推荐的总线标准有 STD 总线、PC 总线、VME 总线、MULTIBUS 总线和 UNIBUS 总线等。这些总线标准都是在一定的历史背景和应用范围内产生的。限于篇幅，本节只简要介绍 STD 总线和部分 PC 系列总线。

（一）STD 总线

STD 总线是美国 PRO-LOG 公司推出的一种工业标准微型计算机总线，STD 是 STANDARD 的缩写。该总线结构简单，全部 56 根引脚都有确切的定义。STD 总线定义了一个 8 位微处理器总线标准，其中有 8 根数据线、16 根地址线、控制线和电源线等，可以兼容各种通用的 8 位微处理器，如 8080、8085、6800、Z80、NSC800 等。通过采用周期窃取和总线复用技术，定义了 16 根数据线、24 根地址线，使 STD 总线升级为 8 位 /16 位微处理器兼容总线，可以容纳 16 位微处理器，如 8086、68000、80286 等。

1987 年，STD 总线被国际标准化会议定名为 IEEE 961。随着 32 位微处理器的出现，通过附加系统总线与局部总线的转换技术，1989 年美国 EAITECH 公司又开发出对 32 位微处理器兼容的 STD32 总线。

STD 总线具有以下三个特点：

1. 小模板结构

STD 总线采用了小模板结构，每块功能模板尺寸为 165mm×114mm。这种小模板有较好的机械强度，具有抗震动、抗冲击等优点。一块模板上只有一两种功能，元器件少。因而便于散热，也便于故障的诊断和维修，从而提高了系统的可靠性和可维护性。STD 模板的设计标准化，信号流向基本上都是由总线输送到功能模块，再到 I/O 驱动输出。

2. 开放式系统结构

STD 总线采取了开放式的系统结构，计算机系统的组成没有固定的模式或标准机型，而是提供了大量的功能模板，用户可根据自己的需要选用各种功能模板，像搭积木一样任意拼装自己所需的计算机系统。必须注意，一个系统只允许选用一块 CPU 模板（称主模板），其余的从模板可任意选用。

3. 兼容式总线结构

STD 总线采取了兼容式的总线结构，既可支持 8 位微处理器，如 8085、Z80 等，也可支持 16 位微处理器，如 8086、68000 等。这种兼容性可灵活地扩充和升级，只要将新选的 CPU 主模板插入总线槽，取代原来的 CPU 板，然后将软件改变过来，而原有的各种从模板仍可被利用。这样可避免重复投资，降低改造费用，缩短新系统的开发和调试周期，提高了系统的可用性。

（二）PC 系列总线

PC 总线是 IBM PC 总线的简称，PC 总线因 IBM 及其兼容机的广泛普及而成为全世界用户承认的一种事实上的标准。PC 系列总线是在以 8088/8086 为 CPU 的 IBM/XT 及其兼容机的总线基础上发展起来的，从最初的 XT 总线发展到 PCI 局部总线。由于 PC 系列总线包括 XT 总线、ISA 总线、MCA 总线、ESIA 总线、PCI 总线等多种总线结构，在此仅对 PC 系列总线的发展和特点进行简要介绍。

1.ISA 总线

IBM PC 问世初始，就为系统的扩展留下了余地——I/O 扩展槽，这是在系统板上安装的系统扩展总线与外设接口的连接器。通过 I/O 扩展槽，用 I/O 接口控制卡可实现主机板与外设的连接。当时 XT 机的数据位宽度只有 8 位，地址总线的宽度为 20 根。稍后一些以 80286 为 CPU 的 AT 机一方面与 XT 机的总线完全兼容，另一方面将数据总线扩展到 16 位，地址总线扩展到 24 根。IBM 推出的这种 PC 总线成为 8 位和 16 位数据传输的工业标准，被命名为 ISA（Industry Standard Architecture）。

ISA 总线的数据传输速率为 8Mbit/s，寻址空间为 16MB。它的特点是把 CPU 视为唯一的主模块，其余外围设备均属从模块，包括暂时掌管总线的 DMA 控制器和协处理器。AT 机虽然增加了一个 MASTER 信号引脚，以作为 CPU 脱离总线控制而由智能接口控制卡占用总线的标志，但它只允许一个这样的智能卡工作。

2.MCA 总线

由于 ISA 标准的限制，尽管 CPU 性能提高了，但系统总的性能没有根本改变。系统总线上的 I/O 和存储器的访问速度没有很大的提高，因而在强大的 CPU 处理能力与低性能的系统总线之间形成了一个瓶颈。为了打破这一瓶颈，IBM 公司在推出第一台 386 微机时，便突破了 ISA 标准，创造了一个全新的与 ISA 标准完全不同的系统总线标准——MCA（Micro Channel Architecture）标准，即微通道结构。该标准定义系统总线上的数据宽度为 32 位，并支持猝发方式（Burst Mode），使数据的传输速率提高到 ISA 的 4 倍，达 33Mbit/s，地址总线的宽度扩展为 32 位，支持 4GB 的寻址能力，满足了 386 和 486 处理器的处理能力。

MCA 在一定条件下提高了 I/O 的性能，但它不论是在电气上还是在物理上均与 ISA 不兼容，导致用户在 MCA 为扩展总线的微机上不能使用已有的许多 I/O 扩展卡。另一个问题是为了垄断市场，IBM 没有将这一标准公之于世，因而 MCA 没有形成公认的标准。

3.ESIA 总线

随着 486 微处理器的推出，I/O 瓶颈问题越来越成为制约计算机性能的关键问题。为冲破 IBM 公司对 MCA 标准的垄断，以 Compaq 公司为首的 9 家兼容机制造商联合起来，在已有的 ISA 基础上，推出了 EISA（Extension Industry Standard Architecture）扩展标准。EISA 具有 MCA 的全部功能，并与传统的 ISA 完全兼容，因而得到了迅速的推广。

EISA 总线主要有以下技术特点：

第一，具有 32 位数据总线宽度，支持 32 位地址通路。总线的时钟频率是 33MHz，数据传输速率为 33Mbit/s，并支持猝发传输方式。

第二，总线主控技术（Bus Master）。扩展卡上有一个称为总线主控的本地处理器，它不需要系统主处理器的参与而直接接管本地 I/O 设备与系统存储器之间的数据传输，从而能使主处理器发挥其强大的数据处理功能。

第三，与 ISA 总线兼容，支持多个主模块。总线仲裁采用集中式的独立请求方式，优先级固定。提供了中断共享功能，允许用户配置多个设备共享一个中断。而 ISA 不支持中断共享，有些中断分配给某些固定的设备。

第四，扩展卡的安装十分简单，自动配置，无须 DIP 开关。EISA 系统借助于随产品提供的配置文件能自动配置系统的扩展板。EISA 系统对各个插槽都规定了相应的 I/O 地址范围，使用这种 I/O 端口范围的插件不管插入哪个插槽中都不会引起地址冲突。

第五，EISA 系统能自动地根据需要进行 32、16、8 位数据间的转换，保证了不同 EISA 扩展板之间、不同 ISA 扩展板之间以及 EISA 系统扩展板与 ISA 扩展板之间的相互通信。

第六，具有共享 DMA，总线传输方式增加了块 DMA 方式、猝发方式，在 EISA 的几个插槽和主机板中分别具有各自的 DMA 请求信号线，允许 8 个 DMA 控制器，各模块可按指定优先级占用 DMA 设备。

第七，EISA 还可支持多总线主控模块和对总线主控模块的智能管理。最多支持 6 个总线主控模块。

4.PCI 局部总线

微处理器的飞速发展使得增强的总线标准，如 EISA 和 MCA 显得落后。这种发展的不同步，造成硬盘、视频卡和其他一些高速外设只能通过一个慢速而且狭窄的路径传输数据，使得 CPU 的高性能受到很大影响。而局部总线打破了这一瓶颈。从结构上看，局部总线好像是在 ISA 总线和 CPU 之间又插入一级，将一些高速外设如图形卡、网络适配器和硬盘控制器等从 ISA 总线上卸下，直接通过局部总线挂接到 CPU 总线上，使之与高速 CPU 总线相匹配。

PCI（Peripheral Component Interconnect，外围设备互联）总线是 1992 年以 Intel 公司为首设计的一种先进的高性能局部总线。它支持 64 位数据传送、多总线主控模块、线性猝发读写和并发工作方式。

（1）PCI 局部总线的主要特点如下：

①高性能

PCI 总线标准是一整套的系统解决方案。它能提高硬盘性能，可出色地配合影像、图形及各种高速外围设备的要求。PCI 局部总线采用的数据总线为 32 位，可支持多组外围部件及附加卡。传送数据的最高速率为 132Mbit/s。它还支持 64 位地址 / 数据多路复用，其 64 位设计中的数据传输速率为 264Mbit/s。而且由于 PCI 插槽能同时插接 32 位和 64 位卡，以实现 32 位与 64 位外围设备之间的通信。

②线性猝发传

PCI 总线支持一种称为线性猝发的数据传输模式，可以确保总线不断满载数据。外围设备一般会由内存某个地址顺序接收数据，这种线性或顺序的寻址方式，意味着可以由某一个地址自动加 1，便可接收数据流内下一个字节的数据。线性猝发传输能更有效地运用总线的带宽传送数据，以减少无谓的地址操作。

③采用总线主控和同步操作

PCI 的总线主控和同步操作功能有利于 PCI 性能的改善。总线主控是大多数总线都具有的功能，目的是让任何一个具有处理能力的外围设备暂时接管总线，以加速执行高吞吐量、高优先级的任务。PCI 独特的同步操作功能可保证微处理器能够与这些总线主控同时操作，不必等待后者的完成。

④具有即插即用（Plug Play）功能

PCI 总线的规范保证了自动配置的实现，用户在安装扩展卡时，一旦 PCI 插卡插入 PCI 槽，系统 BIOS 将根据读到的关于该扩展卡的信息，结合系统的实际情况，自动为插卡分配存储地址、端口地址、中断和某些定时信息，从根本上免除人工操作。

⑤ PCI 总线与 CPU 异步工作

PCI 总线的工作频率固定为 33MHz，与 CPU 的工作频率无关，可适合各种不同类型和频率的 CPU。因此，PCI 总线不受处理器的限制。加上 PCI 支持 3.3V 电压操作，使 PCI 总线不但可用于台式机，也可用于便携机、服务器和一些工作站。

⑥ PCI 独立于处理器的结构

形成一种独特的中间缓冲器设计，将中央处理器子系统与外围设备分开。用户可随意增设多种外围设备。

⑦兼容性强

由于 PCI 的设计是要辅助现有的扩展总线标准，因此它与 ISA、EISA 及 MCA 完全兼容。这种兼容能力能保障用户的投资。

⑧低成本、高效益

PCI 的芯片将大量系统功能高度集成，节省了逻辑电路，耗用较少的线路板空间，使成本降低。PCI 部件采用地址 / 数据线复用，从而使 PCI 部件用以连接其他部件的引脚数减少至 50 以下。

（2）PCI 总线的应用

PCI 局部总线已形成工业标准。它的高性能总线体系结构满足了不同系统的需求，低成本的 PCI 总线构成的计算机系统达到了较高的性价比水平。因此，PCI 总线被应用于多种平台和体系结构中。

PCI 总线的组件、扩展板接口与处理器无关，在多处理器系统结构中，数据能够高效地在多个处理器之间传输。与处理器无关的特性，使 PCI 总线具有很好的 I/O 性能，最大限度地使用各类 CPU/RAM 的局部总线操作系统、各类高档图形设备和各类高速外围设备，如 SCSL HDTV、3D 等。

PCI 总线特有的配置寄存器为用户使用提供了方便。系统嵌入自动配置软件，在加电时自动配置 PCI 扩展卡，为用户提供了简便的使用方法。

（3）PCI 总线计算机系统

CPU/Cache/DRAM 通过一个 PCI 桥连接。外设板卡，如 SCSI 卡、网卡、声卡、视频卡、图像处理卡等高速外设，挂接在 PCI 总线上。基本 I/O 设备，或一些兼容 ISA 总线的外设，挂接在 ISA 总线上。ISA 总线与 PCI 总线之间由扩展总线桥连接。典型的 PCI 总线一般仅支持三个 PCI 总线负载，由于特殊环境需要，专门的工业 PCI 总线可以支持多于三个的 PCI 总线负载。外插板卡可以是 3.3V 或 5V，两者不可通用。3.3V、5V 的通用板是专门设计的。在系统中，PCI 总线与 ISA 总线，或者 PCI 总线与 ESIA 总线，PCI 总线与 MCA 总线并存在同一系统中，使在总线换代时间里，各类外设产品有一个过渡期。

三、工控机 I/O 模块

采用工控机对生产现场的设备进行控制，首先要将各种测量的参数读入计算机，计算机要将处理后的结果进行输出，经过转换后以控制生产过程。因此，对于一个工业控制系统，除了 IPC 主机外，还应配备各种用途的输入输出（I/O）接口部件。I/O 接口的基本功能是连接计算机与工业生产控制对象，进行必要的信息传递和变换。

工业控制需要处理和控制的信号主要有模拟量信号和数字量信号（开关量信号）两类。

（一）模拟量输入 / 输出模块

1. 模拟量输入模块主要指标

输入信号量程：即所能转换的电压（电流）范围。有 0 ~ 200mV、0 ~ 5V、0 ~ 10V、±2.5V、±5V、±10V、0 ~ 10mA、4 ~ 20mA 等多种范围。

分辨率：定义为基准电压与 2^n 的比值，其中 n 为 A-D 转换的位数。有 8 位、10 位、12 位、16 位之分。分辨率越高，转换时对输入模拟信号变化的反映就越灵敏。

灵敏度：指 A-D 转换器实际输出电压与理论值之间的误差。有绝对精度和相对精度两种表示法。通常采用数字量的最低有效位作为度量精度的单位，如 ±1/2LSB。

输入信号类型：电压或电流型；单端输入或差分输入。

输入通道数：单端 / 差分通道数，与扩充板连接后可扩充通道数。

转换速率：30000 采样点 /s，50000 采样点 /s，或更高。

可编程增益：1 ~ 1000 增益系数编程选择。

支持软件：性能良好的模板可支持多种应用软件并带有多种语言的接口及驱动程序。

2. 模拟量输出模块主要指标

分辨率：与 A-D 转换器定义相同。

稳定时间：又称转换速率，是指 D-A 转换器中代码有满度值的变化时，输出达到稳定（一般稳定到与 ±1/2 最低位值相当的模拟量范围内）所需的时间，一般为几十毫微秒到几毫微秒。

输出电平：不同型号的 D-A 转换器件的输出电平相差较大，一般为 5 ~ 10V，也有一些高压输出型为 24 ~ 30V。电流输出型为 4 ~ 20mA，有的高达 3A 级。

输入编码：如二进制 BCD 码、双极性时的符号数值码、补码、偏移二进制码等。

编程接口和支持软件：与 A-D 转换器相同。

（二）数字量输入 / 输出模块

在工业控制现场，除随时间而连续变化的模拟量外，还有各种两态开关信号可视为数字量（开关量）信号。数字量模块实现工业现场的各类开关信号的输入 / 输出控制。数字量输入、输出模块分为非隔离型和隔离型两种，隔离型一般采用光隔离，少数采用磁电隔离方法。

数字量输入模块（DI）将被控对象的数字信号或开关状态信号送给计算机，或把双值逻辑的开关量变换为计算机可接收的数字量。数字量输出模块（DO）把计算机输出的数字信号传送给开关型的执行机构，控制它们的通、断或指示灯的亮、灭等。

数字量通道模块从输入 / 输出功能上可分为单纯的数字量输入模块、数字量输出模块和数字量双向通道模块（DI/DO）。

（三）信号调理与接线端子板

在工业控制中，由传感器输出的电信号不一定满足 A/D 转换和数字量输入的要求，数据采集系统的输入通道中应采取对现场信号进行放大、滤波、线性化、隔离和保护等措施，使输入信号能够满足数据采集要求，控制系统的输出通道也存在同样问题。

信号调理是指将现场输入信号经过隔离放大，成为工控机能够接收到的统一信号电平，以及将计算机输出信号经过放大、隔离转换成工业现场所需的信号电平的处理过程。

（四）通信模板、远程 I/O 模块

1. 通信模板

通信模板是为实现 PC 之间以及 PC 与其他设备间的数据通信而设计的外围模板，有智能型和非智能型两种，通信方式采用 RS232 或 RS485 方式或两者兼而有之，以串行方式进行通信，波特率为 75 ~ 56000bit/s，通道数 4 ~ 16 可供选择。

2. 远程 I/O 模块

远程 I/O 模块可放置在生产现场，将现场的信号转换成数据信号，经远程通信线路传送给计算机进行处理。因各模块均采用隔离技术，可方便地与通信网络相连，大大减少了现场接线的成本。目前的远程 I/O 模块采用 RS485 标准总线，并正在向现场总线方向发展。

（五）其他功能模块

其他功能模块包括计数器 / 定时器模块、继电器模块、固态电子盘模块、步进电动机控制模块和运动控制模块等。

工控机长期连续地运行在恶劣的环境中，有机械运动部件的磁盘容易出现故障，以固态电子盘代替磁盘的工作，极大地提高了工控机的可靠性和存取速度。

四、总线工控机 I/O 模块应用实例

（一）硬件资源访问方法

在编写总线工业控制机上位机程序时，对各种板卡进行编程控制主要是通过调用 DLL 来实现的。DLL（动态链接库）是制造商为诸如 VC、VB、DELPHI 和 Borland C++ 等高级语言提供的接口，通过这个链接库，编程人员可以方便地对硬件进行编程控制。该链接库是编制数据采集程序的基础。本节主要以 USB2831 数据采集板卡，以 VB 作为上位机编程语言举例说明。

（二）USB2831 简介

USB2831 板卡是北京阿尔泰科技发展有限公司生产的一种基于 USB 总线的数据采集卡，该

卡可直接和计算机的 USB 接口相连，构成实验室、产品质量检测中心等各种领域的数据采集、波形分析和处理系统，也可构成工业生产过程监控系统。它的主要应用场合为电子产品质量检测、信号采集、过程控制和伺服控制。

本采集卡主要参数：12 位 AD 精度，250kS/s 采样频率；单端 16 路 / 差分 8 路；AD 缓存：16K 字 FIFO 存储器；AD 量程：± 10V，± 5V，± 2.5V，0 ~ 10V；12 位 DA 精度；4 路模拟量输出；DA 量程：± 10，8V，± 10V，± 5V，0 ~ 5V，0 ~ 10V，0 ~ 10，8V；16 路 DI/DO。

本采集卡支持 VC、VB、C-H-Builder>Delphi>Labview>LabWindows/CVI> 组态软件等语言的平台驱动，本例以 VB 作为上位机开发语言，讲解 1 个程序编写实例。

第四章 机器人技术

自动化＋机器人＋网络＝工业 4.0。"中国制造 2025"指出：当前更值得关注的是，信息化和工业化的进一步融合发展将使人工智能越来越广泛深入地融入工业，不仅能实现工业生产过程的智能化，而且将生产各种智能化的工业品，例如无人驾驶汽车、无人驾驶飞机，以至具有各种拟人功能的机器人产品。其实，整个工业发展的历史就是一个机器替代人和模仿人的过程："人像机器一样"和"机器像人一样"，"机器延伸人的功能"和"人使机器具有智能"，以至"人机信息互联"和"人机智能一体"是工业技术进化的基本逻辑。过去，人们以机械论的隐喻看待人和工业，认为"人是机器"；而在工业高度发达的今天，如果以生物学的隐喻看待人和工业，则可以认为"技术有生命"，"机器"是人。因此有国外学者认为，人类正面临新工业革命，意味着进入"新生物时代无论我们是否同意这一观点，都不能不看到：科学、技术、机器、信息、智能、艺术、人文在工业化进程中汇聚，形成工业文明的内在逻辑，推动人类文明经历辉煌的发展阶段。"目前，机器人产业发展要围绕汽车、机械、电子、危险品制造、国防军工、化工、轻工等工业机器人、特种机器人，以及医疗健康、家庭服务、教育娱乐等服务机器人应用需求，积极研发新产品，促进机器人标准化、模块化发展，扩大市场应用。突破机器人本体、减速器、伺服电机、控制器、传感器与驱动器等关键零部件及系统集成设计制造等技术瓶颈。

第一节 机器人概述

机器人是 20 世纪出现的名词。真正使机器人成为现实是在 20 世纪工业机器人出现以后。根据机器人的发展过程可将其分为三代：第一代是示教再现型机器人，主要由夹持器、手臂、驱动器和控制器组成。它由人操纵机械手做一遍应当完成的动作或通过控制器发出指令让机械手臂动作，在动作过程中机器人会自动将这一过程存入记忆装置。当机器人工作时，能再现人类教给它的动作，并能自动重复地执行。第二代是有感觉的机器人，它们对外界环境有一定感知能力，并具有听觉、视觉、触觉等功能。机器人工作时，根据感觉器官（传感器）获得的信息，灵活调整自己的工作状态，保证在适应环境的情况下完成工作。第三代是具有智能的机器人。智能机器人是靠人工智能技术决策行动的机器人，它们根据感觉到的信息，进行独立思维、识别、推理，并做出判断和决策，不用人的参与就可以完成一些复杂的工作。

一、机器人的定义

对于机器人，目前尚无统一的定义。在英国简明牛津字典中，机器人的定义是：貌似人的自动机，具有智力和顺从于人但不具人格的机器。美国国家标准局（NBS）对机器人的定义是：机器人是一种能够进行编程并在自动控制下执行某些操作和移动作业任务的机械装置。日本工业机器人协会（JIRA）对机器人的定义是：工业机器人是一种能够执行与人的上肢（手和臂）类似的多功能机器；智能机器人是一种具有感觉和识别能力并能控制自身行为的机器。世界标准化组织（ISO）对机器人的定义是：机器人是一种能够通过编程和自动控制来执行诸如作业或移动等任务的机器。

我国机械工业部对机器人的定义是：工业机器人是一种能自动定位控制、可重复编程、多功能多自由度的操作机，它能搬运材料零件或夹持工具，用以完成各种作业。蒋新松院士认为，机器人是一种拟人功能的机械电子装置。

二、机器人的组成

工业机器人是一种应用计算机进行控制的替代人进行工作的高度自动化系统，它主要由控制器、驱动器、夹持器、手臂和各种传感器等组成。工业机器人计算机系统能够对力觉、触觉、视觉等外部反馈信息进行感知、理解、决策，并及时按要求驱动运动装置、语音系统完成相应任务。通常可将工业机器人分为执行机构、驱动装置和控制系统三大部分。

（一）执行机构

执行机构也叫操作机，具有和人臂相似的功能，是可以在空间抓放物体或进行其他操作的机械装置。包括机座、手臂、手腕和末端执行器。

末端执行器又称手部，是执行机构直接执行工作的装置，可安装夹持器、工具、传感器等，通过机械接口与手腕连接。夹持器可分为机械夹紧、真空抽吸、液压张紧和磁力夹紧四种。

手腕又称副关节组，位于手臂和末端执行器之间，由一组主动关节和连杆组成，用来支承末端执行器和调整末端执行器的姿态，它有弯曲式和旋转式两种。

手臂又称主关节组，由主动关节（由驱动器驱动的关节称主动关节）和执行机构的连接杆件组成，用于支承和调整手腕和末端执行器。手臂应包括肘关节和肩关节。一般将靠近末端执行器的一节称为小臂，靠近机座的称为大臂。手臂与机座用关节连接，可以扩大末端执行器的运动范围。

机座是机器人中相对固定并承受相应力的部件，起支承作用，一般分为固定式和移动式两种。立柱式、机座式和屈伸式机器人大多是固定式的，它可以直接连接在地面基础上，也可以固定在机身上。移动式机座下部安装行走机构，可扩大机器人的工作范围；行走机构多为滚轮或履带，分为有轨和无轨两种。

（二）驱动装置

机器人的驱动装置用来驱动执行结构工作，根据动力源不同可分为电动、液动和气动三种，其执行机构电动机、液压缸和气缸可以与执行结构直接相连，也可通过齿轮、链条等装置与执行装置连接。

（三）控制系统

机器人的控制系统用来控制工业机器人的要求动作，其控制方式分为开环控制和闭环控制。目前多数机器人都采用计算机控制，其控制系统一般可分为决策级、策略级和执行级三级。决策级的作用是识别外界环境，建立模型，将作业任务分解为基本动作序列；策略级将基本动作变为关节坐标协调变化的规律，分配给各关节的伺服系统；执行级给出关节伺服系统执行给定的指令。控制系统常用的控制装置包括：人—机接口装置（键盘、示教盒、操纵杆等）、具有存储记忆功能的电子控制装置（计算机、PLC 或其他可编程逻辑控制装置）、传感器的信息放大、传输及信息处理装置、速度位置伺服驱动系统（PWM、电—液伺服系统或其他驱动系统）、输入 / 输出接口及各种电源装置等。

第二节 机器人的机械系统

机器人要完成各种各样的动作和功能，如移动、抓举、抓紧工具等工作，必须靠动力装置、机械机构来完成。一般所说的机器人指的是工业机器人。工业机器人的机械部分（执行机构或操作机）主要由手部（末端执行器）、手臂、手腕和机座组成。

一、机器人手臂的典型机构

手臂是机器人执行机构中重要的部件，它的作用是将被抓取的工件送到指定位置。一般机器人的手臂有三个自由度，即手臂的伸缩、左右回转和升降（或俯仰）运动。其中，左右回转和升降运动是通过机座的立柱实现的。

机器人的运动功能是由一系列单元运动的组合来确定的。所谓的单元运动，就是"直线运动（伸缩运动）""旋转运动"和"摆动"三种运动。"旋转运动"指的是轴线方向不变，以轴线方向为中心进行旋转的运动。"摆动"是改变轴线方向的运动，有的是轴套固定轴旋转，也有的是轴固定而轴套旋转。一般用"自由度"来表示构成运动系的单元运动的个数。

手臂的各种运动一般是由驱动机构和各种传动机构来实现，因此它不仅承受被抓取工件的重量，而且承受末端执行器、手腕和手臂自身的重量。手臂的结构、工作范围、灵活性以及抓重大小和定位精度都直接影响机器人的工作性能，必须根据机器人的抓取重量、运动形式、自由度数、运动速度以及定位精度等的要求来设计手臂的结构形式。

按手臂的运动形式来说，手臂有直线运动，如手臂的伸展、升降即横向或纵向移动；有回转运动，如手臂的左右回转、上下摆动（俯仰）；有复合运动，如直线和回转运动的组合、两直线运动的组合、两回转运动的组合。

实现手臂回转运动的结构形式很多，其中常用的有齿轮传动机构、链轮传动机构、连杆传动机构等。

二、机器人手腕结构

（一）手腕的概念

手腕是连接末端夹持器和小臂的部件，它的作用是调整或改变工件的方位，因而具有独立的自由度，可使末端夹持器能完成各种复杂的动作。

2. 手腕的结构及运动形式

确定末端夹持器的作业方向，一般需要有相互独立的三个自由度，由三个回转关节组成。在手腕关节的结构及其运动形式中，偏摆是指末端夹持器相对于手臂进行的摆动；横滚是指末端夹持器（手部）绕自身轴线方向的旋转；俯仰是指绕小臂轴线方向的旋转。

手腕自由度的选用与机器人的工作环境、加工工艺、工件的状态等许多因素有关。

3. 单自由度手腕

单自由度手腕有俯仰型和偏摆型两种，俯仰型手腕沿机器人小臂轴线方向做上下俯仰动作完成所需的功能；偏摆型手腕沿机器人小臂轴线方向做左右摆动动作完成所需要的功能。

4. 双自由度手腕

双自由度手腕能满足大多数工业作业的需求，是工业机器人中应用最多的结构形式。双自由度手腕有双横滚型、横滚偏摆型、偏摆横滚型和双偏摆型四种。

5. 三自由度手腕

三自由度手腕是结构较复杂的手腕，可达空间度最高，能够实现直角坐标系中的任意姿态，常见于万能机器人的手腕。三自由度手腕由于某些原因导致自由度降低的现象，称为自由度的退化现象。

6. 柔顺手腕

柔顺性装配技术有两种，一种是从检测、控制的角度，采取不同的搜索方法，实现边校正边装配，这种装配方式称为主动柔顺装配。另一种是从结构的角度在手腕部配置一个柔顺环节，以满足柔顺装配的需要，这种柔顺装配技术称为被动柔顺装配。

三、机器人的手部结构

（一）机器人手部的概念

机器人的手部就是末端夹持器，它是机器人直接用于抓取和握紧（或吸附）工件或夹持专用工具进行操作的部件，具有模仿人手动作的功能，安装于机器人小臂的前端。它分为夹钳式取料手、吸附式取料手和专用操作器等。

（二）夹钳式取料手

夹钳式取料手由手指（手爪）和驱动机构、传动机构、连接与支承部件组成。夹钳式手部通过手指的开、合动作实现对物体的夹持。手指是直接和加工工件接触的部分，通过手指的闭合和张开实现对工件的夹紧和松开。机器人手指数量从两个到多个不等，一般根据需要而设计。手指的形状取决于工件的形状，一般有 V 形、平面型指、尖指和特殊形状指等。

（三）机器人手爪

常见的典型手爪有弹性力手爪、摆动式手爪和平动式手爪等。

1. 弹性力手爪

弹性力手爪的特点是夹持物体的抓力由弹性元件提供，无须专门驱动装置，它在抓取物体时需要一定的压入力，而在卸料时则需一定的拉力。

2. 摆动式手爪

其特点是在手爪的开合过程中，摆动式手爪的运动状态是绕固定轴摆动的，适合于圆柱表面物体的抓取。活塞杆的移动，通过连杆带动手爪回绕同一轴摆动，完成开合动作。

3. 平动式手爪

平动式手爪采用平行四边形平动机构，特点是手爪在开合过程中，爪的运动状态是平动的。常见的平动式手爪有连杆式圆弧平动式手爪。

四、仿生多指灵巧手

由于简单的夹钳取料手不能适应物体外形变化，因而无法满足对复杂性状、不同材质物体的有效夹持和操作。为了完成各种复杂的作业和姿势，提高机器人手爪和手腕的操作能力、灵活性和快速反应能力，使机器人手爪像人手一样灵巧是十分必要的。

（一）柔性手

为了能实现对不同外形物体实施表面均匀地抓取，人们研制出了柔性手。柔性手的一端是固定的，另一端是双管合一的柔性管状手爪（自由端）。若向柔性手爪一侧管内填充气体或液体，向另一侧管内抽气或抽液，则会形成压力差，此时柔性手爪就会向抽空侧弯曲。此种柔性手可适用于抓取轻型、圆形物体，如玻璃杯等。

（二）多指灵巧手

尽管柔性手能够完成一些复杂的操作，但是机器人手爪和手腕最完美的形式是模仿人手的多指灵巧手。多指灵巧手有多个手指，每个手指有三个回转关节，每一个关节自由度都是独立控制的，因此，它几乎能模仿人手，完成各种复杂动作，如弹琴、拧螺丝等。

第三节 机器人的传感器

机器人传感器是指能把智能机器人对内外部环境感知的物理量、化学量、生物量变换为电量输出的装置，智能机器人可以通过传感器实现某些类似于人类的知觉作用。机器人传感器可分为内部检测传感器和外界检测传感器两大类。内部检测传感器安装在机器人自身中，用来感知机器人自身的状态，以调整和控制机器人的行动，常由位置、加速度、速度及压力传感器等组成。外界检测传感器能获取周围环境和目标物状态特征等信息，使机器人与环境之间发生交互作用，从而使机器人对环境有自校正和自适应能力。外界检测传感器通常包括触觉、接近觉、听觉、嗅觉、味觉等传感器。

一、机器人常用传感器

（一）内部传感器

内部传感器是用来检测机器人本身状态（如手臂间角度）的传感器，多为检测位置和角度的传感器。

1. 位移传感器

按照位移的特征可分为线位移和角位移。线位移是指机构沿着某一条直线运动的距离，角位移是指机构沿某一定点转动的角度。

（1）电位器式位移传感器

电位器式位移传感器由一个线绕电阻（或薄膜电阻）和一个滑动触点组成。其中滑动触点通过机械装置受被检测量的控制。当被检测的位置量发生变化时，滑动触点也发生相应位移，从而改变了滑动触点与电位器各端之间的电阻值和输出电压值，根据这种输出电压值的变化，可以检测出机器人各关节的位置和位移量。

（2）直线形感应同步器

直线形感应同步器由定尺和滑尺组成。定尺和滑尺间保持一定的间隙，一般为。25 mm 左右。在定尺上用铜箔制成单向均匀分布的平面连续绕组，滑尺上用铜箔制成平面分段绕组。绕组和基板之间有一厚度为 0.1 mm 的绝缘层，在绕组的外面也有一层绝缘层，为了防止静电感应，在滑尺的外边还粘贴有一层铝箔。定尺固定在设备上不动；滑尺可以在定尺表面来回移动。

（3）圆形感应同步器

圆形感应同步器主要用于测量角位移，它由定子和转子两部分组成。在转子上分布着连续绕组，绕组的导片是沿圆周的径向分布的。在定子上分布着两相扇形分段绕组，定子和转子的截面构造与直线形同步器是一样的，为了防止静电感应，在转子绕组的表面粘贴有一层铝箔。

2. 角度传感器

（1）光电轴角编码器

光电轴角编码器是采用圆光栅莫尔条纹和光电转换技术将机械轴转动的角度量转换成数字信息量输出的一种现代传感器。作为一种高精度的角度测量设备，光电轴角编码器已广泛应用于自动化领域中。根据形成代码方式的不同，光电轴角编码器分为绝对式和增量式两大类。

绝对式光电编码器由光源、码盘和光电敏感元件组成。光学编码器的码盘是在一个基体上采用照相技术和光刻技术制作的透明与不透明的码区，分别代表二进制码"0"和"1"。对高电平"1"，码盘做透明处理，光线可以透射过去，通过光电敏感元件转换为电脉冲；对低电平"0"，码盘做不透明处理，光电敏感元件接收不到光，为低电平脉冲。光学编码器的性能主要取决于码盘的质量，光电敏感元件可以采用光电二极管、光电晶体管或硅光电池。为了提高输出逻辑电压，光学编码器还需要接各种电压放大器，而且每个轨道对应的光电敏感元件要接一个电压放大器，电压放大器通常由集成电路高增益差分放大器组成。为了减小光噪声的影响，在光路中要加入透镜和狭缝装置，狭缝不能太窄，且要保证所有轨道的光电敏感元件的敏感区都处于狭缝内。

增量式编码器的码盘刻线间距均等，对应每一个分辨率区间，可输出一个增量脉冲，计数器相对于基准位置（零位）对输出脉冲进行累加计数，正转则加，反转则减。增量式编码器的优点是响应迅速、结构简单、成本低、易于小型化，目前广泛用于数控机床、机器人、高精度闭环调速系统及小型光电经纬仪中。码盘、敏感元件和计数电路是增量式编码器的主要元件。增量式光电编码器有三条光栅，A 相与 B 相在码盘上互相错半个区域，在角度上相差 $90°$。当码盘以顺时针方向旋转时，A 相超前于 B 相首先导通；当码盘反方向旋转时，A 相滞后于 B 相。码盘旋转方向和转角位置的确定：采用简单的逻辑电路，就能根据 A、B 相的输出脉冲相序确定码盘的旋转方向；将 A 相对应敏感元件的输出脉冲送给计数器，并根据旋转方向使计数器作加法计数或减法计数，就可以检测出码盘的转角位置。增量式光电编码器是非接触式的，其寿命长、功耗低、耐振动，广泛应用于角度、距离、位置、转速等的检测中。

（2）磁性编码器

磁性编码器是近年发展起来的一种新型编码器，与光学编码器相比，磁性编码器不易受尘埃和结露的影响，具有结构简单紧凑、可高速运转、响应速度快（达 $500 \sim 700$ kHz）、体积小、成本低等特点。目前磁性编码器的分辨率可达每圈数千个脉冲，因此，其在精密机械磁盘驱动器、机器人等领域旋转量（位置、速度、角度等）的检测和控制中有着广泛的应用。

磁性编码器由磁鼓和磁传感器磁头构成，其中高分辨率磁性编码器的磁鼓会在铝鼓的外缘涂敷一层磁性材料。磁头以前采用感应式录音机磁头，现在多采用各向异性金属磁电阻磁头或巨磁电阻磁头。这种磁头采用光刻等微加工工艺制作，具有精度高、一致性好、结构简单、灵敏度高等优点，其分辨率可与光学编码器相媲美。

3.加速度传感器

加速度传感器一般有压电式加速度传感器，也称为压电式加速度计，是利用压电效应制成的一种加速度传感器。其常见形式有基于压电元件厚度变形的压缩式加速度传感器，以及基于压电元件剪切变形的剪切式和复合型加速度传感器。

（二）外部传感器

机器人外部传感器是用来检测机器人所处环境（如是什么物体，离物体的距离有多远等）及状况（如抓取的物体是否滑落）的传感器，如触觉传感器、视觉传感器、力觉传感器、接近觉传感器、超声波传感器、听觉传感器等。随着外部传感器的进一步完善，机器人完成的工作将越来越复杂，机器人的功能也将越来越强大。

1.力或力矩传感器

机器人在工作时，需要有合理的握力，握力太小或太大都不合适。因此，力或力矩传感器是某些特殊机器人中的重要传感器之一。力或力矩传感器的种类很多，有电阻应变片式、压电式、电容式、电感式以及各种外力传感器。力或力矩传感器通过弹性敏感元件将被测力或力矩转换成某种位移量或变形量，然后通过各自的敏感介质把位移量或变形量转换成能够输出的电量。机器人常用的力传感器分为以下三类：

第一，装在关节驱动器上的力传感器，称为关节传感器，可以测量驱动器本身的输出力和力矩，并控制力的反馈。

第二，装在末端执行器和机器人最后一个关节之间的力传感器，称为腕力传感器，可以直接测出作用在末端执行器上的力和力矩。

第三，装在机器人手爪指（关节）上的力传感器，称为指力传感器，用来测量夹持物体时的受力情况。

2.触觉传感器

触觉是机器人获取环境信息的一种仅次于视觉的重要知觉形式，是机器人实现与环境直接作用的必需媒介。与视觉不同，触觉本身有很强的敏感能力，可直接测量对象和环境的多种性质特征，因此，触觉不仅仅是视觉的一种补充。触觉的主要任务是为获取对象与环境信息和为完成某种作业任务而对机器人与对象、环境相互作用时的一系列物理特征量进行检测或感知。机器人触觉与视觉一样，基本上都是模拟人的感觉，广义上它包括接触觉、压觉、力觉、滑觉、冷热觉等与接触有关的感觉；狭义上它是机械手与对象接触面上的力感觉。触觉是接触、冲击、压迫等机械刺激感觉的综合，可以协助机器人完成抓取工作，利用触觉可以进一步感知物体的形状、软硬等物理性质。目前对机器人触觉的研究，主要集中于扩展机器人能力所必需的触觉功能，一般把检测感知和外部直接接触而产生的接触觉、压力、触觉及接近觉的传感器称为机器人触觉传感器。

在机器人中，触觉传感器主要有三方面的作用：

①使操作动作适用，如感知手指同对象物之间的作用力，便可判定动作是否适当，还可以用

这种力作为反馈信号，通过调整，使给定的作业程序实现灵活的动作控制。这一作用是视觉无法代替的。②识别操作对象的属性，如规格、质量、硬度等，有时可以代替视觉进行一定程度的形状识别，在视觉无法使用的场合尤为重要。③用以躲避危险、障碍物等以防事故，相当于人的痛觉。

3. 接近觉传感器

接近觉传感器介于触觉传感器与视觉传感器之间，不仅可以测量距离和方位，而且可以融合视觉和触觉传感器的信息。接近觉传感器可以辅助视觉系统的功能，来判断对象物体的方位、外形，同时识别其表面形状。因此，为准确定位抓取部件，对机器人接近觉传感器的精度要求比较高，接近觉传感器的作用可归纳如下：

①发现前方障碍物，限制机器人的运动范围，以避免与障碍物发生碰撞。②在接触对象物前得到必要信息，如与物体的相对距离、相对倾角，以便为后续动作做准备。③获取对象物表面各点间的距离，从而得到有关对象物表面形状的信息。

机器人接近觉传感器具有接触式和非接触式两种测量方法，以测量周围环境的物体或被操作物体的空间位置。接触式接近觉传感器主要采用机械机构完成；非接触接近觉传感器的测量根据原理不同，采用的装置各异。根据采用原理的不同，机器人接近觉传感器可以分为机械式、感应式、电容式、超声波式和光电式等。

4. 滑觉传感器

机器人为了抓住属性未知的物体，必须确定最适当的握力目标值，因此需检测出握力不够时所产生的物体滑动。利用这一信号，在不损坏物体的情况下，能牢牢抓住物体。为此目的设计的滑动检测器，称为滑觉传感器。

5. 视觉传感器

每个人都能体会到眼睛对人来说多么重要，有研究表明，视觉获得的信息占人对外界感知信息的 80%。人类视觉细胞数量的数量级大约为 10^6，是听觉细胞的 300 多倍，是皮肤感觉细胞的 100 多倍。视觉分为二维视觉和三维视觉。二维视觉是对景物在平面上投影的传感，三维视觉则可以获取景物的空间信息。

人工视觉系统可以分为图像输入（获取）、图像处理、图像理解、图像存储和图像输出几个部分，实际系统可根据需要选择其中的若干部件。机器人视觉传感器采用的光电转换器件中最简单的是单元感光器件，如光电二极管等；其次是一维的感光单元线阵，如线阵 CCD（电荷耦合器件）、PSD（位置敏感器件）；应用最多的是结构较复杂的二维感光单元面阵，如面阵 CCD、PSD，它是二维图像的常规传感器件。采用 CCD 面阵及附加电路制成的工业摄像机有多种规格，选用十分方便。这种摄像机的镜头可更换，光圈可以自动调整，有的带有外部同步驱动功能，有的可以改变曝光时间。CCD 摄像机体积小，价格低，可靠性高，是一般机器人视觉的首选传感器件。

6. 听觉传感器

智能机器人在为人类服务的时候，需要能听懂主人的吩咐，即需要给机器人安装耳朵。声音是由不同频率的机械振动波组成的。外界声音使外耳鼓产生振动，随后中耳将这种振动放大、压缩和限幅并抑制噪声，然后经过处理的声音传送到中耳的听小骨，再通过前庭窗传到内耳耳蜗，最后由柯蒂氏器、神经纤维进入大脑。内耳耳蜗充满液体，其中有由 30000 个长度不同的纤维组成的基底膜，它是一个共鸣器。长度不同的纤维能听到不同频率的声音，因此内耳相当于一个声音分析器。智能机器人的耳朵首先要具有接收声音信号的器官，其次还需要有语音识别系统。在机器人中常用的声音传感器主要有动圈式传感器和光纤式传感器。

7. 味觉传感器

味觉是指酸、咸、甜、苦、鲜等人类味觉器官的感觉。酸味是由氢离子引起的，比如盐酸、氨基酸、柠檬酸；咸味主要是由 NaCl 引起的；甜味主要是由蔗糖、葡萄糖等引起的；苦味是由奎宁、咖啡因等引起的；鲜味是由海藻中的谷氨酸钠、鱼和肉中的肌苷酸二钠、蘑菇中的鸟苷酸二钠等引起的。

在人类的味觉系统中，舌头表面味蕾上味觉细胞的生物膜可以感受味觉。味觉物质被转换为电信号，经神经纤维传至大脑。味觉传感器与传统的、只检测某种特殊的化学物质的化学传感器不同。目前某些传感器可以实现对味觉的敏感，如 pH 计可以用于酸度检测、导电计可用于碱度检测、比重计或屈光度计可用于甜度检测等。但这些传感器智能检测味觉溶液的某些物理、化学特性，并不能模拟实际的生物味觉敏感功能，测量的物理值要受到非味觉物质的影响。此外，这些物理特性还不能反应各味觉之间的关系，如抑制效应等。

实现味觉传感器的一种有效方法是使用类似于生物系统的材料做传感器的敏感膜，电子舌是用类脂膜作为味觉传感器，其能够以类似人的味觉感受方式检测味觉物质。从不同的机理看，味觉传感器采用的技术原理大致分为多通道类脂膜技术、基于表面等离子体共振技术、表面光伏电压技术等，味觉模式识别由最初的神经网络模式发展到混沌识别。混沌是一种遵循一定非线性规律的随机运动，它对初始条件敏感。混沌识别具有很高的灵敏度，因此受到越来越广的应用。目前较典型的电子舌系统有新型味觉传感器芯片和 SH-SAW 味觉传感器。

二、其他传感器

机器人为了能在未知或实时变化的环境下自主地工作，应具有感受作业环境和规划自身动作的能力。机器人运动规划过程中，传感器主要为系统提供两种信息：机器人附近障碍物的存在信息以及障碍物与机器人之间的距离信息。目前，比较常用的测距传感器有：超声波测距传感器、激光测距传感器和红外测距传感器等。

超声波是一种振动频率高于声波的机械波，是由换能晶片在电压的激励下发生振动而产生的，具有频率高、波长短、绕射现象小，特别是方向性好、能够定向传播等特点。超声波传感器是利用超声波的特性研制而成的。超声波碰到杂质或分界面会产生显著反射形成反射成回波，碰到活动物体能产生多普勒效应。因此，超声波检测广泛应用在工业、国防和生物医学等方面。若以超声波作为检测手段，则必须拥有产生超声波和接收超声波的器件。而完成这种功能的装置就是超声波传感器，习惯上称为超声换能器或超声探头。超声波探头主要由压电晶片组成，它既能发射超声波，也可以接收超声波。小功率超声探头多作探测用，其结构主要由直探头（纵波）、斜探头（横波）、表面波探头（表面波）、兰姆波探头（兰姆波）和双探头（一个探头反射、一个探头接收）等组成。

激光检测的应用十分广泛，其对社会生产和生活的影响也十分明显。激光具有方向性强、亮度高、单色性好等优点，其中激光测距是激光最早的应用之一。激光测距传感器的工作过程：先由激光二极管对准目标发射激光脉冲，经目标物体反射后激光向各方向散射，部分散射光返回到传感器接收器，被光学系统接收后成像到雪崩光电二极管上。雪崩光电二极管是一种内部具有放大功能的光学传感器，因此，它能检测极其微弱的光信号。激光测距传感器的工作原理是记录并处理从光脉冲发出到返回被接收所经历的时间，从而测定目标距离。

红外测距传感器具有一对红外信号发射器与红外接收器，红外发射器通常是红外发光二极管，可以发射特定频率的红外信号。接收管则可接收这种频率的红外信号。红外测距传感器的工作原理：当检测方向遇到障碍物时，红外线经障碍物反射传回接收器，并由接收管接收，据此可判断前方是否有障碍物。根据发射光的强弱可以判断物体的距离，由于接收管接收的光强是随反射物体的距离变化而变化的，因而，距离近则反射光强，距离远则反射光弱。红外信号反射回来被接收管接收，经过处理之后，通过数字接口返回到机器人控制系统，机器人即可利用红外的返回信号来识别周围环境的变化。

另外，还有碰撞传感器、光敏传感器、声音传感器、光电编码器、温度传感器、磁阻效应传感器、霍尔效应传感器、磁通门传感器、火焰传感器、接近开关传感器、灰度传感器、姿态传感器、气体传感器、人体热释电红外线传感器等。

三、传感系统、智能传感器、多传感器融合

一般情况下传感器的输出并不是被测量本身。为了获得被测量需要对传感器的输出进行处理。此外，得到的被测量信息很少能直接利用。因此，要先将被测量信息处理成所需形式。利用传感器实际输出提取所需信息的机构总体上可称为传感系统。基本的传感器仅是一个信号变换元件，如果其内部还具有对信号进行某些特定处理的机构就称为智能传感器。传感器的智能化得力于电子电路的集成化，高集成度的处理器件使得传感器能够具备传感系统的部分信息加工能力。智能化传感器不仅减小了传感系统的体积，而且可以提高传感系统的运算速度，降低噪声，提高通信容量，降低成本。

机器人系统中使用的传感器种类和数量越来越多。为了有效地利用这些传感器信息，需要对不同信息进行综合处理，从传感信息中获取单一传感器不具备的新功能和新特点，这种处理称为多传感器融合。多传感器融合可以提高传感的可信度、克服局限性。

第四节 机器人的控制系统

控制系统是工业机器人的重要组成部分，它的功能类似于人脑。机器人要与外围设备协调动作，共同完成作业任务，就必须具备一个功能完善、灵敏可靠的控制系统。工业机器人的控制系统可分为两大部分：一是对自身运动的控制；另一个是与周围设备的协调控制。

工业机器人的运动控制：末端执行器从一点移动到另一点的过程中，工业机器人对其位置、速度和加速度的控制。这些控制都是通过控制关节运动实现的。

一、机器人控制系统的作用及结构

（一）机器人控制系统的作用

工业机器人控制系统的主要任务是控制机器人在工作空间中的运动位置、姿态和轨迹、操作顺序及动作的时间等项。

（二）机器人控制系统的结构组成

工业机器人的控制系统主要包括硬件部分和软件部分。

硬件部分主要由传感装置、控制装置和关节伺服驱动部分组成。传感装置用来检测工业机器人各关节的位置、速度和加速度等，即感知其本身的状态，可称为内部传感器，而外部传感器就是所谓的视觉、力觉、触觉、听觉、滑觉等传感器，它们能感受外部工作环境和工作对象的状态。控制装置能够处理各种感觉信息、执行控制软件，也能产生控制指令，通常由一台计算机及相应接口组成。关节伺服驱动部分可以根据控制装置的指令，按作业任务要求驱动各关节运动。机器人控制系统的典型硬件结构，它有两级计算机控制系统，其中CPU用来进行轨迹计算和伺服控制，以及作为人机接口和周边装置连接的通信接口；CPU2用来进行电流控制。

机器人系统由于存在非线性、耦合、时变等特征，完全的硬件控制一般很难使其达到最佳状态，或者说，为了完善系统需要的硬件十分复杂，而采用软件的方法可以达到较好的效果。计算机控制系统的软件主要是控制软件，它包括运动轨迹规划算法和关节伺服控制算法及相应的动作程序。软件编程语言多种多样，但主流是采用通用模块编制的专用机器人语言。

二、位置和力控制系统结构

（一）位置控制的作用

许多机器人的作业是控制机械手末端执行器的位置和姿态，以实现点到点的控制（PTP控制，如搬运、点焊机器人）或连续路径的控制（CP控制，如孤焊、喷漆机器人），因此实现机器人的位置控制是机器人的最基本的控制任务。

（二）位置控制的方式

机器人末端从某一点向下一点运动时，根据控制点的关系，机器人的位置控制分为点位（Point to Point，PTP）控制和连续轨迹（Continuous Path，CP）控制两种。PTP控制方式可以实现点的位置控制，对点与点之间的轨迹没有要求，这种控制方式的主要指标是定位精度和运动所需的时间；而CP控制方式则可指定点与点之间的运动轨迹（指定为直线或者圆弧等），其特点是连续地控制工业机器人末端执行器在作业空间中的位姿，要求其严格按照预定的轨迹和速度在一定的精度要求内运行，且速度可控、轨迹光滑、运动平稳，这种控制方式的主要指标是轨迹跟踪精度即平稳性。对于起落操作等没有运动轨迹要求的情况，采用PTP控制就足够了，但对于喷涂和焊接等具有较高运动轨迹的操作，必须采用CP控制。若能在运动轨迹上多取一些示教点那么也可以用PTP控制来实现轨迹控制，但示教工作量很大，需要花费很多的时间和劳动力。

（三）力控制的作用

对于一些更复杂的作业，有时采用位置控制成本太高或不可用，则可采用力控制。在许多情况下，操作机器的力或力矩控制与位置控制具有同样重要的意义。对机器人机械手进行力控制，就是对机械手与环境之间的相互作用力进行控制。力控制主要分为以位移为基础的力控制、以广义力为基础的力控制，以及位置和力的混合控制等。

1. 以位移为基础的力控制

以位移为基础的力控制就是在位置闭环之外加上一个力的闭环，力传感器检测输出力，并与设定的力目标值进行比较，力值误差经过力/位移变化环节转换成目标位移，参与位移控制。这种控制方式中，位移控制是内环，也是主环，力控制则是外环。这种方式结构简单，但因为力和位移都在同一个前向环节内施加控制，所以很难使力和位移得到较为满意的结果。力/位移变换环节的设计需知道手部的刚度，如果刚度太大，那么即使是微量位移也可导致大的力变化，严重时还会造成手部破坏，因此为了保护系统，需要使手部具有一定的柔性。

2. 以广义力为基础的力控制

以广义力为基础的力控制就是在力闭环的基础上加上位置闭环。通过传感器检测手部的位移，经位移/力变换环节转换为输入力，与力的设定值合成之后作为力控制的给定量。这种方式与以位移为基础的力控制相比，可以避免小位移变化引起大的力变化，因此对手部具有保护功能。

3. 位置和力的混合控制

位置和力的混合控制是采用两个独立的闭环来分别实施力和位置控制。这种方式采用独立的控制回路可以对力和位置实现同时控制。在实际应用中，并不是所有的关节都需要进行力控制，应该根据机器人的具体结构和实际作业工况来确定哪些关节需要力控制，哪些需要位置控制。对同一机器人来说，不同的作业状况，需要控制力的关节也会有所不同，因此，通常需要由选择器来控制。

三、刚性控制

如果希望在某个方向上遇到实际约束，那么这个方向的刚性应当降低，以保证有较低的结构应力；反之，在某些不希望碰到实际约束的方向上，则应加大刚性，这样可使机械手紧紧跟随期望轨迹，这样就能够通过改变刚性来适应变化的作业要求。

第五节　机器人的编程

机器人是一种自动化的机器，该类机器应该具备与人或生物相类似的智能行为，如动作能力、决策能力、规划能力、感知能力和人机交互能力等。机器人要想实现自动化需要人为事先输入它能够处理的代码程序，即要想控制机器人，需要在控制软件中输入程序。控制机器人的语言可以分为以下几种：机器人语言，指计算机中能够直接处理的二进制表示的数据或指令；自然语言，类似于人类交流使用的语言，常用来表示程序流程；高级语言，介于机器人语言和自然语言之间的编程语言，常用来表示算法。

伴随着机器人的发展，机器人语言也相应得到了发展和完善。机器人语言已成为机器人技术的一个重要部分。机器人的功能除了依靠机器人硬件的支持外，相当一部分依赖机器人语言来完成。早期的机器人由于功能单一，动作简单，可采用固定程序或示教方式来控制机器人的运动。随着机器人作业动作的多样化和作业环境的复杂化，依靠固定的程序或示教方式已满足不了要求，必须依靠能适应作业和环境随时变化的机器人语言编程来完成机器人的工作。

自机器人出现以来，美国、日本等较早发展机器人的国家也同时开始进行机器人语言的研究。美国斯坦福大学于 1973 年研制出世界上第一种机器人语言—WAVE 语言。WAVE 是一种机器人动作语言，即语言功能以描述机器人的动作为主，兼以对力和接触的控制，还能配合视觉传感器进行机器人的手、眼协调控制。

在 WAVE 语言的基础上，斯坦福大学人工智能实验室于 1974 年开发出一种新的语言，称为AL 语言。这种语言与高级计算机语言 ALGOL 结构相似，是一种编译形式的语言，带有一个指令编译器，能在实时机上控制，用户编写好的机器人语言源程序经编译器编译后对机器人进行任务分配和作业命令控制。AL 语言不仅能描述手爪的动作，而且可以记忆作业环境和该环境内物体和物体之间的相对位置，实现多台机器人的协调控制。

美国 IBM 公司也一直致力于机器人语言的研究，取得了不少成果。1975 年，IBM 公司研制出 ML 语言，主要用于机器人的装配作业。随后该公司又研制出另一种语言—AUTOPASS 语言，这是一种用于装配的更高级语言，它可以对几何模型类任务进行半自动编程。

美国的 Unimation 公司于 1979 年推出了 VAL 语言。它是在 BASIC 语言基础上扩展的一种机器人语言，因此具有 BASIC 的内核与结构，编程简单，语句简练。VAL 语言成功地用于 PUMA和 UNIMATE 型机器人。1984 年，Unimation 公司又推出了在 VAL 基础上改进的机器人语言—

VAL-II 语言。VAL-D 语言除了含有 VAL 语言的全部功能外，还增加了对传感器信息的读取，使得可以利用传感器信息进行运动控制。

20 世纪 80 年代初，美国 Automatix 公司开发了 RAIL 语言，该语言可以利用传感器的信息进行零件作业的检测。同时，麦道公司研制了 MCL 语言，这是一种在数控自动编程语言（APT 语言）的基础上发展起来的机器人语言。MCL 特别适用于由数控机床、机器人等组成的柔性加工单元的编程。

机器人语言品种繁多，而且新的语言层出不穷。这是因为机器人的功能不断拓展，需要新的语言来配合其工作。此外，机器人语言多是针对某种类型的具体机器人而开发的，所以机器人语言的通用性很差，几乎一种新的机器人问世，就有一种新的机器人语言出现来与之配套。机器人语言可以按照其作业描述水平的程度分为动作级编程语言、对象级编程语言和任务级编程语言三类。

一、动作级编程语言

动作级编程语言是最低一级的机器人语言。它以机器人的运动描述为主，通常一条指令对应机器人的一个动作，表示从机器人的一个位姿运动到另一个位姿。动作级编程语言的优点是比较简单，编程容易。其缺点是功能有限，无法进行繁复的数学运算，不接受浮点数和字符串，子程序不含有自变量；不能接受复杂的传感器信息，只能接受传感器开关信息；与计算机的通信能力很差。典型的动作级编程语言为 VAL 语言，如 VAL 语言语句"MOVETO（destination）"的含义为机器人从当前位姿运动到目的位姿。动作级编程语言编程时分为关节级编程和末端执行器级编程两种。

第一，关节级编程是以机器人的关节为对象，编程时给出机器人一系列各关节位置的时间序列，在关节坐标系中进行的一种编程方法。对于直角坐标型机器人和圆柱坐标型机器人，由于直角关节和圆柱关节的表示比较简单，这种方法编程较为适用；而对具有回转关节的关节型机器人，由于关节位置的时间序列表示困难，即使一个简单的动作也要经过许多复杂的运算，故这一方法并不适用。关节级编程可以通过简单的编程指令来实现。

第二，末端执行器级编程在机器人作业空间的直角坐标系中进行。它在直角坐标系中给出机器人末端执行器一系列位姿组成的位姿时间序列，连同其他一些辅助功能如力觉、触觉、视觉等的时间序列，同时确定作业量、作业工具等，协调地进行机器人动作的控制。

动作级编程语言的特点：允许有简单的条件分支，有感知功能，可以选择和设定工具，有时还有并行功能，并且数据实时处理能力强。

二、对象级编程语言

所谓对象，就是作业及作业物体本身。对象级编程语言是比动作级编程语言高一级的编程语言，它不需要描述机器人手抓的运动，只要由编程人员用程序的形式给出作业本身顺序过程的描述和环境模型的描述，即描述操作物与操作物之间的关系。通过编译程序机器人即能知道如何动作。典型例子有 AML 及 AUTOPASS 等语言。对象级编程语言的特点：

①具有动作级编程语言的全部动作功能。②有较强的感知能力，能处理复杂的传感器信息，可以利用传感器信息来修改、更新环境的描述和模型，也可以利用传感器信息进行控制、测试和监督。③具有良好的开放性，语言系统提供了开发平台，用户可以根据需要增加指令，扩展语言功能。④数字计算和数据处理能力强，可以处理浮点数，能与计算机进行即时通信。

对象级编程语言用接近自然语言的方法描述对象的变化。对象级编程语言的运算功能、作业对象的位姿时序、作业量、作业对象承受的力和力矩等都可以表达式的形式得以体现。系统中机器人尺寸、作业对象及工具等参数一般以知识库和数据库的形式存在，系统编译程序时获取这些信息后对机器人动作过程进行仿真，再进行实现作业对象合适的位姿，获取传感器信息并处理，回避障碍以及与其他设备通信等工作。

三、任务级编程语言

任务级编程语言是比前两类更高级的一种语言，也是最理想的机器人高级语言。这类语言不需要用机器人的动作来描述作业任务，也不需要描述机器人对象物的中间状态过程，只需要按照某种规则描述机器人对象物的初始状态和最终目标状态，机器人语言系统即可利用已有的环境信息和知识库、数据库自动进行推理和计算，从而自动生成机器人详细的动作、顺序和数据。例如，一装配机器人欲完成某一螺钉的装配，螺钉的初始位置和装配后的目标位置已知，当发出抓取螺钉的命令时，语言系统从初始位置到目标位置之间寻找路径，在复杂的作业环境中找出一条不会与周围障碍物产生碰撞的合适路径，在初始位置处选择恰当的姿态抓取螺钉，沿此路径运动到目标位置。在此过程中，作业中的一系列状态，作业方案的设计、工序的选择、动作的前后安排等一系列问题都由计算机自动完成。

任务级编程语言的结构十分复杂，需要人工智能的理论基础和大型知识库、数据库的支持，目前还不是十分完善，是一种理想状态下的语言，有待于进一步的研究。但可以相信，随着人工智能技术及数据库技术的不断发展，任务级编程语言必将取代其他语言成为机器人语言的主流，使机器人的编程应用变得十分简单。

根据机器人控制方法的不同，所用的程序设计语言也有所不同，目前比较常用的程序设计语言是 C 语言。

第六节　机器人技术的发展趋势

从机器人研究的发展过程来看，机器人的发展潮流可分为人工智能机器人与自动装置机器人两种。前者着力于实现有知觉、有智能的机械；后者着力于实现目的，研究重点在于动作的速度和精度，各种作业的自动化。智能机器人系统由指令解释、环境认识、作业计划设计、作业方法决定、作业程序生成与实施、知识库等环节及外部各种传感器和接口等组成。智能机器人的研究与现实世界的关系很大，也就是说，不仅与智能的信息处理有关，还与传感器收集现实世界的信息和据此机器人做出的动作有关。此时，信息的输入、处理、判断、规划必须互相协调，以使机器人选择合适的动作。

构成智能机器人的关键技术很多，在考虑智能机器人的智能水平时，可将作业环境分为三类，依次为：设定环境、已知环境和未知环境。此外，按机器人的学习能力也可分为三类，依次为：无学习能力、内部限定的学习能力及自学能力。将这些类别分别组合，就可得出3X3矩阵状的智能机器人分类，目前研究得最多的是在已知环境中工作的机器人。从长远的观点来看，在未知环境中学习，是智能机器人的一个重要研究课题。

考虑到机器人是根据人的指令进行工作的，则不难理解以下三点对机器人的操作是至关重要的：

第一，正确地理解人的指令，并将其自身的情况传达给人，并从人身上获得新的知识、指令和教益（人—机关系）。

第二，了解外界条件，特别是工作对象的条件，识别外部世界。

第三，理解自身的内部条件（例如机器人的臂角），识别内部世界。

上述第三项是相当容易的，因为它是伺服系统的基础，在各种自动机床或第一代机器人中已经实现。对于具有感觉的第二代机器人（自适应机器人），有待解决的主要技术问题是对外界环境的感觉，根据得到的外界信息适当改变自身动作。对于像玻璃那样透明的物体以及像餐刀那样带有镜面反射的物体，均是人工视觉很难解决的问题。此外，对于基于模式的操纵来说，像纸、布一类薄而形状不规则的物件也相当难以处理。总之，如何将几何模型忽略的一些物理特征（如材质、色泽、反光性等）予以充分利用，是提高智能机器人认识周围环境水平的一个重要研究内容。

第三代机器人也称智能机器人，从智能机器人所应具有的知识着眼，最主要的知识是构成周围环境物体的各种几何模型，从几何模型的不同性质（如形状、惯性矩）分类，定出其阈值。搜索时逐次逼近，以求得最为接近的模型。这种以模型为基础的视觉和机器人学是今后智能机器人研究的一个重要内容。

但目前对智能机器人还没有一个统一的定义。也就是说，在软件方面，究竟什么是机器人的智能，它的智力范围应有多大，目前尚无定论；硬件方面，采用哪一类的传感器，采用何种结构形式或材料的手臂、手抓、躯干等的机器人才是智能机器人所应有的外表，至少在目前尚无人涉及。但是，将上述第二项功能扩大到三维自然环境，并建立第一项中提到的联络（通信）功能，将是第三代机器人研究的一个重要课题。第一代、第二代机器人与人的联系基本上是单向的，第三代机器人与人的关系如同人类社会中的上、下级关系，机器人是下级，它听从上级的指令，当它不理解指令的意义时，就向上级询问，直至完全明白为止（问答系统）。当数台机器人联合操作时，每台机器人之间的分工合作以及彼此间的联系也是很重要的，由于机器人对自然环境知识贫乏，因此，最有效的方法是建立人—机系统，以完成不能由单独的人或单独的机器人所能胜任的工作。

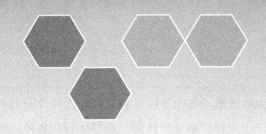

第五章 机器人操作系统（ROS）开发接口技术

机器人操作系统 ROS（Robot Operating System），是一种开源机器人操作系统，或者说次级操作系统。它提供类似操作系统所提供的功能，包含硬件抽象描述、底层驱动程序管理、共用功能的执行、程序间的消息传递、程序发行包管理，它也提供一些工具程序和数据库，用于获取、建立、编写和运行多机整合的程序。

第一节 ROS 基本知识

一、ROS 简介

ROS 是由 Willow Garage 公司发布的一款开源机器人操作系统，随着机器人技术的快速发展和复杂化，代码的复用性和模块化需求越来越强烈，而现有的开源系统不能满足要求，ROS 应运而生，很快在机器人研究领域展开了学习和使用 ROS 的热潮。ROS 利用很多现在已经存在的开源项目的代码，比如从 Player 项目中借鉴了驱动、运动控制和仿真方面的代码；从 OpenCV 中借鉴了视觉算法方面的代码；从 OpenRAVE 借鉴了规划算法的内容。ROS 可以不断地从社区维护中进行升级，包括从其他的软件库、应用补丁中升级 ROS 的源代码。

ROS 的首要设计目标是在机器人研发领域提高代码复用率。ROS 以节点为基本单元，采用分布式处理框架，这使可执行文件能被单独设计，并且在运行时松散耦合。这些过程可以封装到数据包（Packages）和堆栈（Stacks）中，以便于共享和分发。ROS 还支持代码库的联合系统，使得协作亦能被分发。这种从文件系统级别到社区级别的设计功能让独立决定发展和实施工作成为可能。上述所有功能都能由 ROS 的基础工具实现。

（一）ROS 主要特点

ROS 的运行架构是一种使用 ROS 通信模块实现模块之间点对点的松耦合的网络连接处理架构，它执行若干种类型的通信，包括基于服务的同步 RPC（远程过程调用）通信、基于 Topic 的异步数据流通信，还有参数服务器上的数据存储。但是 ROS 本身并没有实时性。此外，ROS 提供多语言支持，在写代码的时候，诸多编程者会比较偏向某一些编程语言。

为了方便更多的使用者，ROS 现在支持许多种不同的语言，例如 C++、Python、Ocatave 和

LISP，也包含其他语言的多种接口实现。ROS 机器人操作系统是针对机器人开发而诞生的一整套软件架构的合集。ROS 操作系统提供了一个类操作系统的体验，能够运行在各种各样的计算机上。它提供了一套标准的操作系统功能，例如硬件抽象层、底层设备管理、常用函数、进程间的信息传递以及封装管理。ROS 的整体体系结构以节点（nodes）为基础，节点接收或者发布信息，与各种各样的传感器进行通信、智行控制、决策等。尽管实时性和低延迟在机器人控制中至关重要，ROS 本身却不是一个实时操作系统。当然，ROS 可以通过一些手段移植为实时操作系统。

（二）ROS 生态系统的软件分类

ROS 生态系统的软件大致可以分为三种。

①与编程语言和平台无关的基于 ROS 的工具。② ROS 系统的自带工具如 roscpp、rospy、rosLISP 等。③集成了许多 ROS 库的包。

编程语言的独立开发工具和主要库函数（C++，Python，LISP）都在 BSD 证书的约束下，对商业使用和私人使用都是免费的，并且 ROS 是开源的，大多数的包都是开源的。在各种开源协议的约束下，这些其他的包能够实现常用的功能，诸如驱动硬件、机器人建模、数据类型、决策、感知、位置模拟和构图、仿真工具和其他逻辑。

ROS 主要的函数库（C++，Python，LISP）面向 Unix 类的系统，主要原因是 Unix 上有许多开源软件。原生的 Java ROS 库 Rosjava 在使用上没有限制，所以可以移植到安卓系统上。Rosjava 同时也使得 ROS 可以使用官方的 MATLAB 库。Roslib，一个 Javascirpt 库，使得 ROS 可以用在浏览器上。

二、ROS 运行机制

ROS 有两个层次的概念，分别为 Filesystem Level 和 Computation Graph Level。以下内容具体地总结了这些层次及概念。除了概念，ROS 也定义了两种名称 Package 和 Graph，同样会在以下内容中提及。

（一）ROS 的 Filesystem Level 文件系统层

① Packages ROS 的基本组织，可以包含任意格式文件。一个 Package 可以包含 ROS 执行时处理的文件（nodes），一个 ROS 的依赖库，一个数据集合，配置文件或一些有用的文件在一起。② Manifests Manifests（manifest.xml）提供关于 Package 元数据，包括它的许可信息和 Package 之间依赖关系，以及语言特性信息，像编译旗帜（编译优化参数）。③ Stacks Stacks 是 Packages 的集合，它提供一个完整的功能，像 "navigation stack"。Stack 与版本号关联，同时也是如何发行 ROS 软件方式的关键。④ Manifest Stack Manifests Stack manifests（stack.xml）提供关于 Stack 元数据，包括它的许可信息和 Stack 之间依赖关系。⑤ Message（msg）types 信息描述，位置在路径 my_package/msg/MyMessageType，msg 里，定义数据类型在 ROS 的 messages ROS 里面。⑥ Service（srv）types 服务描述，位置在路径 my_package/srv/MyServiceType，srv 里，定义这个

请求和相应的数据结构在 ROS services 里面。

（二）ROS 的 Computation Graph Level

Computation Graph Level 就是用 ROS 的 P2P（Peer-to-Peer 网络传输协议）网络集中处理的所有数据。基本的 Computation Graph 的概念包括 Nodes>Master>Parameter Sever、Messages、ServicesTopics 和 Bags，以上所有的这些都以不同的方式给 Graph 传输数据。

① Nodes Nodes（节点）是一系列运行中的程序。ROS 被设计成在一定颗粒度下的模块化系统。一个机器人控制系统通常包含许多 Nodes。比如一个 Node 控制激光雷达，一个 Node 控制车轮马达，一个 Node 处理定位，一个 Node 执行路径规划，另外提供一个图形化界面等。一个 ROS 节点是由 Libraries ROS client library 写成的。② Master ROS Master 提供了登记列表和对其他 Computation Graph Level 的查找。没有 Master，节点将无法找到其他节点、交换消息或调用服务。③ Parameter Server 参数服务器，使数据按照关键参数的方式存储。目前，参数服务器是 Master 的组成部分。④ Messages 节点之间通过 Messages 来传递消息。一个 Message 是一个简单的数据结构，包含一些归类定义的区。支持标准的原始数据类型（整数、浮点数、布尔数等）和原始数组类型。Message 可以包含任意的嵌套结构和数组（很类似于 C 语言的结构 Structs）。⑤ Topics Messages 以一种发布 / 订阅的方式传递。一个 Node 可以在一个给定的 Topic 中发布消息。Topic 是一个 name 被用于描述消息内容。一个 Node 针对某个 Topic 关注与订阅特定类型的数据。可能同时有多个 Node 发布或者订阅同一个 Topic 的消息；也可能有一个 Topic 同时发布或订阅多个 Topic。总体上，发布者和订阅者不了解彼此的存在。主要的概念在于将信息的发布者和需求者解耦、分离。逻辑上，Topic 可以看作是一个严格规范化的消息 bus。每个 bus 有一个名字，每个 Node 都可以连接到 bus 发送和接收符合标准类型的消息。⑥ Services 发布 / 订阅模型是很灵活的通信模式，但是多对多，单向传输对于分布式系统中经常需要的"请求 / 回应"式的交互来说并不合适。因此，"请求 / 回应"是通过 Services 来实现的。这种通信的定义是一种成对的消息：一个用于请求，一个用于回应。假设一个节点提供了下一个 name 和客户使用服务发送请求消息并等待答复，ROS 的客户库通常以一种远程调用的方式提供这样的交互。⑦ Bags Bags 是一种格式，用于存储和播放 ROS 消息。对于储存数据来说，Bags 是一种很重要的机制。例如传感器数据很难收集，却是开发与测试中必须的。

在 ROS 的 Computation Graph Level 中，ROS 的 Master 以一个 name service 的方式工作。它给 ROS 的节点存储了 Topics 和 Service 的注册信息。Nodes 与 Master 进行通信从而报告它们的注册信息。当这些节点与 Master 通信的时候，它们可以接收关于其他已注册节点的信息并且建立与其他已注册节点之间的联系。当这些注册信息改变时，Master 也会回馈这些节点，同时允许节点动态创建与新节点之间的连接。

节点之间的连接是直接的。Master 仅仅提供了查询信息，就像一个 DNS 服务器。节点订阅一个 Topic 将会要求建立一个与发布该 Topics 的节点的连接，并且会在同意连接协议的基础上建立该连接。ROS 里面使用最广的连接协议是 TCPros. 这个协议使用标准的 TCP/IP 接口。

这样的架构允许脱钩工作（Decoupled Operation），通过这种方式大型或是更为复杂的系统得以建立，其中 names 方式是一种行之有效的手段。names 方式在 ROS 系统中扮演极为重要的角色：Topics、Servicesx Parameters 都有各自的 names。每一个 ROS 客户端库都支持重命名，这等同于每一个编译成功的程序能够以另一种 name 运行。

第二节 安装并配置 ROS 环境

一、安装 Ubuntu

由于 ROS 系统运行在 Linux 发行版 Ubuntu 上，在安装 ROS 之前，首先要安装 Ubuntu。安装步骤如下：

第一，准备一个 4GB 以上的 U 盘。

第二，下载 Ubuntu 最新镜像，下载地址为 http：//www.ubuntu.org.cn/。

第三，下载虚拟光驱软件 Daemon Tools，下载地址自行寻找。

第四，加载 Ubuntu ISO 镜像到虚拟光驱。

第五，打开 wubi.exe，这是 Ubuntu 提供的一款在 Windows 下简便安装的工具，新手可以使用 wubi 进行安装。

第六，分区。分出一个至少 20GB 的磁盘用来安装 Ubuntu，Windows 下可以使用 D1sk Genius 或者 Windows 自带的工具进行分区，具体分区方法这里不过多赘述。

第七，打开 wubi.exe。

二、安装并配置 ROS 环境

（一）配置 Ubuntu 软件仓库

配置 Ubuntu 软件仓库（repositories），以允许 "restricted" "universe" 和 "multiverse" 三种安装模式，可以按照 ubuntu 中的配置指南（https：//help, ubuntiixom/community/Repositories/Ubuntu）来完成配置。

（二）添加 sources.list

配置计算机使其能够安装来自 packages.ros.org 的软件，ROS Indigo 仅仅支持 Ubuntu 版本 Saucy（13.10）和 Trusty（14.04）。

注意：强烈建议使用国内或者新加坡的镜像源，这样能够大大提高安装下载速度。

修改方法：在 System Settings 中，选择 Software & Updates，在 Ubuntu Software 中，选择 Download from，挑选速度最快的网站。在国内，一般阿里云或者网易 163 的速度比较快。

（三）添加 keys

输入以下命令：

sudo apt-key adv--keyserver hkp：//pool.sks-keyserver.net--recv-key OxBO1-FA116

（四）安装

首先，确保 Debian 软件包索引是最新的。

sudo apt-get update

如果使用 Ubuntu Trusty 14.04.2 并在安装 ROS 的时候遇到依赖问题，可能还得安装一些其他系统依赖。

如果使用 Ubuntu 14.04，请不要安装以上软件，否则会导致 X server 无法正常工作或者尝试只安装下面这个工具来修复依赖问题。

sudo apt-get install libgll-mesa-dev-lts-utopic

ROS 中有很多各种函数库和工具，提供了四种默认安装方式，用户也可以单独安装某个指定的软件包。

桌面完整版安装（推荐）包含 ROS、rqt、rviz、通用机器人函数库、2D/3D 仿真器、导航以及 2D/3D 感知功能。

sudo apt-get install ros-indigo-desktop-full

桌面版安装包含 ROS、rqt、rviz 以及通用机器人函数库。

sudo，apt-get install ros-indigo-desktop

基础版安装包含 ROS 核心软件包、构建工具以及通信相关的程序库，无 GUI 工具。

sudo apt-get install ros-indigo-ros-base

单个软件包安装用户也可以安装某个指定的 ROS 软件包（使用软件包名称替换掉下面的 PACKAGE）。

sudo apt-get install ros-indigo-PACKAGE

（五）初始化 rosdep

在开始使用 ROS 之前还需要初始化 rosdep。rosdep 可以在用户编译某些源码的时候为其安装一些系统依赖，同时也是某些 ROS 核心功能组件所必需用到的工具。

sudo rosdep init

Rosdep update

（六）环境设置

如果每次打开一个新的终端时，ROS 环境变量都能够自动配置好（即添加到 bash 会话中），那将会方便得多。

注意：如果安装多个 ROS 版本，～ /.bashrc 必须只能 source 当前使用版本所对应的 setup.

bash。

如果用户只想改变当前终端下的环境变量，可以执行以下命令

soiree/opt/ros/indigolsetup.bash

（七）安装 rosinstall

rosinstall 是 ROS 中一个独立分开的常用命令行工具，它能够通过一条命令给某个 ROS 软件包下载很多源码树。

要在 Ubuntu 上安装这个工具，请运行：

sudo apt-get install python-rosinstall

安装好之后在 Terminal 中运行 roslanuch。

第三节 ROS 文件系统

一、文件系统概念

Packages：软件包，是 ROS 应用程序代码的组织单元，每个软件包都可以包含程序库、可执行文件、脚本或者其他手动创建的东西。

Manifest（package.xml）：清单，是对于"软件包"相关信息的描述，用于定义软件包相关元信息之间的依赖关系，这些信息包括版本、维护者和许可协议等。

二、文件系统工具

程序代码是分布在众多 ROS 软件包当中，当使用命令行工具（比如 ls 和 cd）来浏览时会非常烦琐，因此 ROS 提供了专门的命令工具来简化这些操作。

（一）使用 rospack

rospack 允许用户获取软件包的有关信息。在本教程中，只涉及 rospack 中 find 参数选项，该选项可以返回软件包的路径信息。

用法：#rospack find [包名称]

示例：$rospack find rosepp

应输出：YOUR_IN STALL PATH/share/roscpp

如果在 Ubuntu Linux 操作系统上通过 apt 来安装 ros. 用户应该会准确地看到：/opt/ros/groovy/share/rosepp。

（二）使用 rosed

rosed 是 rosbash 命令集中的一部分，它允许用户直接切换（cd）工作目录到某个软件包或者软件包集当中。

用法：#rosed［本地包名称［/子目录］］

示例：$rosed rosepp

为了验证已经切换到了rosepp软件包目录下，可以使用Unix命令pwd来输出当前工作目录：$pwd。

用户应该会看到：

YOUR_INSTALL_PATH/share/roscpp

可以看到YOUR_INSTALL_PATH/share/roscpp和之前使用rospack find得到的路径名称是一样的。

注意：就像ROS中的其他工具一样，rosed只能切换到那些路径已经包含在ROS_PACKAGE_PATH环境变量中的软件包，要查看ROS_PACKAGE_PATH中包含的路径可以输入：$echo$ROS_PACKAGE_PATH。

ROS_PACKAGE_PATH环境变量应该包含那些保存有ROS软件包的路径，并且每个路径之间用冒号分隔开来。一个典型的ROS_PACKAGE_PATH环境变量：/opt/ros/groovy/base/install/share：/opt/ros/groovy/base/install/stacks。

跟其他路径环境变量类似，用户可以在ROS_PACKAGE_PATH中添加更多其他路径，每条路径用冒号分隔。

子目录：使用rosed也可以切换到一个软件包或软件包集的子目录中。

执行：

$rosed roscpp/cmake

$pwd

应该会看到：

YOUR INSTALL PATH/share/roscpp/cmake

（三）使用rosed log

使用rosed log可以切换到ROS保存日记文件的目录下。需要注意的是，如果没有执行过任何ROS程序，系统会报错说该目录不存在。

如果已经运行过ROS程序，那么可以尝试：$rosed log。

（四）使用rosls

rosls是rosbash命令集中的一部分，它允许用户直接按软件包的名称而不是绝对路径执行ls命令（罗列目录）。

用法：#rosls［本地包名称［/子目录］］

示例：$rosls roscpp tutorials

应输出：cmake package.xml srv

（五）使用 Tab 自动完成输入

当要输入一个完整的软件包名称时会变得比较烦琐。在之前的例子中 roscpp tutorials 是个相当长的名称，幸运的是，一些 ROS 工具支持 TAB 自动完成输入的功能。

输入：#rosed roscpp_tut →请按 Tab 键

当按 Tab 键后，命令行中应该会自动补充剩余部分：

$rosed roscpp_tutorials/

该功能起到很大作用，可节省大量键入时间。因为 roscpp tutorials 是当前唯一一个名称以 roscpp tut 作为开头的 ROS 软件包。

现在尝试输入：#rosed tur →请按 Tab 键

按 Tab 键后，命令应该会尽可能地自动补充完整：$rosed turtle

但是，在这种情况下有多个软件包是以 turtle 开头，当再次按 Tab 键后，应该会列出所有以 turtle 开头的 ROS 软件包：

turtle actionlib/ turtlesim/turtle_tf/

这时在命令行中用户应该仍然只看到：$rosed turtle

现在在 turtle 后面输入"s"然后按 Tab 键：#rosed turtles →请按 Tab 键

因为只有一个软件包的名称以 turtles 开头，所以用户应该会看到：$rosed turtlesim/

用户也许已经注意到了 ROS 命令工具的命名方式：

rospack=ros+pack（age）

rosed=ros+cd

rosls=ros+ls

这种命名方式在许多 ROS 命令工具中都会用到。

第四节 ROS 消息发布器和订阅器

一、编写发布器节点

创建 ROS 工作环境。对于 ROS Groovy 和之后的版本可以参考以下方式建立 catkin 工作环境。在 shell 中运行：

$mkdir-p ~ /catkin_ws/src

$cd ~ catkin_ws/src

$catkin_init_workspace

src 文件夹中可以看到一个 CMakeLists.txt 的链接文件，即使这个工作空间是空的（在 src 中没有 package)，仍然可以建立一个工作空间。

$cd ~ /catkin_ws/

$catkin_make

catkin_make 命令可以非常方便地建立一个 catkin 工作空间，在当前目录中可以看到有 build 和 devel 两个文件夹，在 devel 文件夹中可以看到许多个 setup.*sh 文件。启用这些文件都会覆盖现在的环境变量，想了解更多，可以查看文档 catkinO 在继续下一步之前先启动新的 setup.*sh 文件。

$source devel/setup.bash

至此，环境已经建立好了。

"节点（Node）"是 ROS 中指代连接到 ROS 网络的可执行文件的术语。接下来，我们将会创建一个发布器节点（"talker"），它将不断地在 ROS 网络中广播消息。

转移到在 catkin 工作空间所创建的 beginner_tutorials package 路径下。

cd ~ /catkin_ws/src/beginner_tutorials

（一）源代码

在 beginner_tutorials package 路径下创建 src 目录。

mkdir –p catkin_ws/src/beginner_tutorials/src

这个目录将会存储 beginner_tutorials package 的所有源代码。

在 beginner_tutorials package 里创建 src/talker.cpp 文件，并粘贴如下网页中的代码：

https://raw.github.com/ros/ros_tutorials/groovy–devel/roscpp_tutorials/talker/talker.cpp

（2）代码解释

① #include " ros/ros.h "；

ros/ros.h 是一个实用的头文件，它引用了 ROS 系统中大部分常用的头文件，使用它会使得编程很简便。

② #include " std_msgs/String.h "；

动生成的头文件。需要更详细的消息定义，参考 msg 页面。

③ ros：：init（argc.argvr，" talker "）；

初始化 ROS。它允许 ROS 通过命令行进行名称重映射。目前这不是重点。同样，在这里指定节点的名称，节点名称必须唯一。这里的名称必须是一个 base name，不能包含 "/"。

④ ros：：NodeHandlen；

为这个进程的节点创建一个句柄。第一个创建的 NodeHandle 会为节点进行初始化，后一个销毁的会清理节点使用的所有资源。

⑤ ros：：Publ1sherchatter_pub=n.advert1se<std msgs：：String>（" chatter "，1000）；

告诉 master 我们将要在 chatter topic 上发布一个 std_msgs/String 的消息。这样 master 就会告诉所有订阅了 chatter topic 的节点，将要有数据发布：第二个参数是发布序列的大小。在这样的情况下，如果我们发布的消息太快，缓冲区中的消息在大于 1000 个的时候就会开始丢弃先前发布的消息。

NodeHandle：：advert1se（）返回一个 ros：：Publ1sher 对象，它有两个作用：①它有一个 publ1sh（）成员函数，可以让用户在 topic 上发布消息；②如果消息类型不对，它会拒绝发布。

⑥ ros：：Rateloop_rate（10）；

ros：：Rate 对象可以允许用户指定自循环的频率。它会追踪记录自上一次调用 Rate：：sleep（）后时间的流逝，并休眠直到一个频率周期的时间。

在这个例子中，我们让它以 10Hz 的频率运行。

⑦ intcount=0；

while（ros：：ok（））

{

rosepp 会默认安装一个 SIGINT 句柄，它负责处理 Ctrl+C 键盘操作，使得 ros：：ok（）返回 FALSE。

ros：：ok（）返回 FLASE 时，如果下列条件之一发生：① SIGINT 接收到（Ctrl-C）；②被另一同名节点踢出 ROS 网络；③ ros：：shutdown（）被程序的另一部分调用。所有的 ros：：NodeHandles 就会被销毁。一旦 ros：：ok（）返回 FALSE，所有的 ROS 调用都会失效。

⑧ std_jnsgs：：Stringmsg；

std：：stringstreamss；

ss<<＂hello world＂<<count；

msg.data=ss.str（）；

使用一个由 msg file 文件产生的"消息自适应类"在 ROS 网络中广播消息。现在使用标准的 String 消息，它只有一个数据成员"data"。当然用户也可以发布更复杂的消息类型。

⑨ chatter_pub.publ1sh（msg）；

现在已经向所有连接到 chatter topic 的节点发送了消息。

⑩ ROS_INFO 和类似的函数用来替代 printf/cout，参考 rosconsole documentation（http：//wiki.ros.org/rosconsole）以获得更详细的信息。

二、编写订阅器节点

（一）源代码

在 begirmer_tutorials package 目录下创建 src/listener.cpp 文件，并粘贴如下代码：

https：//raw.github.com/ros/ros_tutorials/groovy-devel/roscpp_tutorials/li stener/1istener.cpp

（二）代码解释

① voidchatterCalIbac（coaititd_msgs：：String：：ConstPtr & msg）

{

ROS_INFO（" I heard: [%s] "，msg->data.c_str（））；

}

这是一个回调函数，当消息到达 chatter topic 的时候就会被调用。消息是以 boost shared_ptr 指针的形式传输，这就意味着可以存储它而又不需要复制数据。

② ros：: Subscribersub=n.subscribe（" chattern "，1000，chatterCallback）；

告诉 master 我们要订阅 chatter topic 上的消息。当有消息到达 topic 时，ROS 就会调用 chatterCallback（）函数。第二个参数是队列大小，以防处理消息的速度不够快，在缓存了 1000 个消息后，再有新的消息到来就将开始丢弃先前接收的消息。

NodeHandle：: subscribe（）返回 ros：: Subscriber 对象，用户必须让它处于活动状态，直到不再想订阅该消息。当这个对象销毁时，它将自动退订消息。

有各种不同的 NodeHandle：: subscribe（）函数，允许用户指定类的成员函数，甚至是 Boost，Function 对象可以调用的任何数据类型。roscpp overview 提供了更为详尽的信息。

③ ros：: spin（）；

ros：: spin（）进入自循环，可以尽可能快地调用消息回调函数。如果没有消息到达，它不会占用很多 CPU，所以不用担心。一旦 ros：: ok（）返回 FALSE，ros：: spin（）就会立刻跳出自循环。这有可能是 ros：: shutdown（）被调用，或者是用户按下了 Ctrl+C 键，使得 master 告诉节点要 shutdown。也有可能是节点被人为关闭。

还有其他方法进行回调，但在这里我们不涉及。如用户想要了解相关内容，可以参考 roscpp_tutorials package 里的一些 demo 应用。如需要更为详尽的信息，请参考 roscpp overview。

下面我们来总结一下：

初始化 ROS 系统；

订阅 chatter topic；

进入自循环，等待消息的到达；

当消息到达，调用 chatterCallback（）函数。

第五节 ROS Service 和 Client

一、编写 Service 节点

这里，我们将创建一个简单的 Service 节点（" add_two_ints_server "），该节点将接收到两个整形变量，并返回它们的和。

进入先前在 catkin workspace 中所创建的 beginner_tutorials 包所在的目录：

cd ~ /catkin_ws/src/beginner_tutorials

（一）源代码

在 beginner_tutorials 包中创建 src/add_two_ints_server.cpp 文件，并输入下面的代码。

```
#include " Hros/ros.h "
#include " beginner_tutorials/AdciTwoInts.h "
booladd（beginner_tutorials：：AddTwoInts：：Request & req.
beginner_tutorials：：AddTwoInts：：Response & res）
{
res.sum=req.a+req.b;
ROS_INFO（" request：x=%ld，y=%ld "，（longint）req.a，（longint）req.b）;
ROS_INFO（" sending back response：[%ld] "，（longint）res.sum）;
returntrue;
}
intmain（intargc，char**argv）
}
ros：：init（argc，argv，" add_two_ints_server11）;
ros：：NodeHandlen;
ros：：ServiceServerservice=n.advert1seService（" add_two_ints "，add）;
ROS_INFO（" Ready to add two ints. "）;
ros：：spin（）;
returnO;
}
```

（二）代码解释

现在，让我们来逐步分析代码。

① #include " ros/ros.h "

#include " beginner_tutorials/AddTwoInts.h"

beginner_tutorials/AddTwoInts.h 是由编译系统自动根据先前创建的 srv 文件生成的对应该 srv 文件的头文件。

② booladd（beginner_tutorials：：AddTwoInts：：Request & req,

beginner_tutorials：：AddTwoInts：：Respgnse & res）

这个函数提供两个 int 值求和的服务，int 值从 request 里面获取，而返回数据装入 response 内，这些数据类型都定义在 srv 文件内部，函数返回一个 boolean 值。

③ {

res.sum=req.a+req.b;

ROS_INFO（" request：x=%ld，y=%ld "，（longint）req.a，（longint）req.b）；

ROS_INFO（" sending back response：[%ld] "，（longint）res.sum）；returntrue；

}

现在，两个 int 值已经相加，并存入 response。然后一些关于 request 和 response 的信息被记录下来。最后，service 完成计算后折回 true 值。

④ ros：：ServiceServerservice=n.advert1seService（" add_two_ints "，add）；

这里，service 已经建立起来，并在 ROS 内发布出来。

二、编写 Client 节点

（一）源代码

在 beginner_tutorials 包中创建 src/add_two_ints_client.cpp 文件，并复制粘贴下面的代码。

```
#include " ros/ros.h "
#include " beginner_tutorials/AddTwoInts.h "
#include<cstdlib>
intmain（intargc，char**argv）
{
ros：：init（argc，argv，" add_two_ints_client "）；
if（argc!=3）
{
ROS_INFO（" usage：add_two_ints_client X Y "）；
return1；
}
ros：：NodeHandlen；
ros：：Serviceclientclient = n.serviceclient<beginner_tutorials：：AddTwoInts>（" add_two_ints "）；
beginner_tutorials：：AddTwoIntssrv；
srv.request.a =atoll（argv[1]）；
srv.request.b =atoll（argv[2]）；
if(client.call（srv))
{
ROS_INFO（" Sum：%ld "，(longint) srv.response.sum)；
}
else
```

```
{
ROS ERROR( " Failed to call service add_two_ints " );
returnl;
}
returnO;
}
```

（二）代码解释

① ros：：ServiceClientclient=n.serviceclient<beginner_tutorials：：AddTwoInts>(" add two ints ");

这段代码为 add_two_ints service 创建一个 client。ros：：ServiceClient 对象后续会用来调用 service。

② beginner_tutorials：：AddTwoIntssrv；

srv.request.a=atoll（argv[1]）；

srv.request.b=atoll（argv[2]）；

这里，我们实例化一个由 ROS 编译系统自动生成的 service 类，并给其 request 成员赋值。一个 service 类包含两个成员 request 和 responseo 同时也包括两个类定义 Request 和 Response。

③ if（client.call（srv））

这段代码是在调用 service。由于 service 的调用是模态过程（调用的时候占用进程阻止其他代码的执行），一旦调用完成，将返回调用结果。如果 service 调用成功，call（）函数将返回 true，srv.response 里面的值将是合法的值。如果调用失败，call（）涵数将返回 FALSE，srv.response 里面的值将是非法的。

第六章 虚拟现实系统开发接口技术

第一节 虚拟现实概述

虚拟现实技术是通过计算机模拟出一个三维的虚拟世界或人工环境，并通过视觉、听觉、触觉、力觉等传感技术让参与者身临其境般地进行体验和交互，是被公认的将改变人们日常生活的高新技术之一。虚拟现实技术已经广泛应用于军事训练、医学实验、城市规划、应急演练、工业仿真、景观展示、智能制造、游戏娱乐、社交等各个领域，发展前景日益广阔。

伴随着虚拟现实技术从高端应用向消费应用的转变，虚拟现实市场容量将超过千亿美元，因此包括谷歌、微软、索尼、三星、Facebook、阿里巴巴等国际科技公司纷纷在虚拟现实领域投入巨大财力和研发力量，以期抢占市场先机。

虚拟现实最突出的特点是参与者可以借助于数据头盔、数据手套、位置跟踪器、体感传感器、力反馈臂、3D 眼睛、运动平台等交互设备实时与计算机中的虚拟环境进行交互。一个完整的虚拟现实应用系统一般由虚拟现实应用软件、运行应用软件的高性能工作站和交互设备等三部分组成。然而由于计算机处理能力、图像分辨率、通信带宽、外设传感水平等技术限制，开发完全高仿真的虚拟环境仍是非常困难的。因此，根据沉浸互动的程度，虚拟现实系统可以被分成三个等级：没有沉浸感的系统、部分沉浸系统和全沉浸系统。无论哪种层次的虚拟现实系统，构建虚拟现实应用软件均是整个虚拟现实系统的核心部分，它主要负责整个虚拟现实场景的开发、运算、生成，是整个虚拟现实系统最基本的物理平台，同时连接和协调整个系统的其他各个子系统的工作和运转，与它们共同组成一个完整的虚拟现实系统。一般来说，创建一个虚拟现实系统的基本方法是在一些通用计算机图形库上进行二次开发，比如 OpenGL、Direct 3D、Java 3D、VRML 等。另外一个途径则是应用商品化的虚拟现实引擎进行开发，这类软件包括 3D VIA Virtools、Quest 3D、Vega Prime、ORGE 等。相对而言，第一种方式对于开发者的编程能力有更高的要求。本章的后续内容将重点讲述基于 3D VIA Virtools 开发虚拟现实应用系统的基本接口技术。

第二节 Virtools 开发平台

一、Virtools 的含义

3DVIA Virtools 是法国达索公司旗下一款虚拟现实系统开发软件平台，其可视化的编程环境、自带的 400 多种行为开发模块、强大的 SDK 开发接口，可以满足虚拟现实系统从简单到复杂的多层次需求。Virtools 能根据开发需求去弹性切换开发模式，减少了烦琐的程序编写环节，且支持多平台发布，因此在人机交互系统、多媒体系统、娱乐游戏、产品展示系统和虚拟现实系统等方面均有广泛的应用。尽管达索公司已经停止了 Virtools 系统的升级和技术支持，转而推出了新一代 3D 交互内容开发平台 3DV1A Studio，但是后者集成了前者的大部分开发接口，比如行为模块（Building Block）、VSL（Virtools Script Language）脚本语言和 SDK（Software Development Kit）开发包。因此，学习 Virtools 的开发原理，对于学习 3DVIA Studio 也会有直接帮助。

作为一个 3D 交互内容创作和发布集成平台，Virtools 包括创作应用程序、互交引擎、渲染引擎、Web 播放器、SDK 等组成部分，下面分别进行介绍。

（一）创作应用程序

Virtools Dev 是一个创作应用程序，可以让用户快速容易的创建丰富、交互式的 3D 作品。

通过 Virtools 的行为技术，可以给符合工业标准的模型、动画、图像和声音等媒体文件赋予活力和交互性。然而需要指出的是，Virtools Dev 不是一个建模工具，它不能创建模型，但是可以创建摄像机、灯光、曲线、3D 帧等辅助元素。

（二）交互引擎

Virtools 是一个交互引擎，即 Virtools 对行为进行处理。所谓行为，是指某个元件如何在环境中行动的描述。Virtools 提供了 400 多种可复用的图形式行为模块，这些模块按照一定逻辑连接起来，几乎可以产生任何类型交互内容，而不用写一行程序代码。对于习惯编程者，Virtools 提供了 VSL 脚本开发语言和 Lua 语言，作为对图形式编程的一个补充。

（三）渲染引擎

Virtools 有一渲染引擎，在 Virtools Dev 的三维观察窗口中可以所见即所得地查看图像。Virtools 的渲染引擎通过 SDK 可以由用户开发或者定制的渲染引擎来取代。

（四）Web 播放器

Virtools 提供一个能自由下载的 Web 播放器。Web 播放器包含回放交互引擎和完全渲染引擎。

（五）SDK

Virtools Dev 包括一个 SDK，提供对行为和渲染的处理。借助 SDK，用户可以对 Virtools 展开更深层次的开发应用，比如可以开发新的交互行为模块（动态链接库 DLL 方式），修改已存在交互行为的操作，开发新的文件导入或导出插件，替换、修改或扩充 Virtools Dev 渲染引擎。

二、Virtools 创作流程

尽管 3DVIA Virtools 虚拟现实开发引擎已经提供了一个相对强大的交互性 3D 内容创作解决方案，但它仅仅是个集成发布、交互创作平台，本身不具备三维建模、材质建模、动画建模等功能。这决定了虚拟现实系统的开发仍然是一个技术链条长、涉及软件平台多的复杂开发过程。

首先，要搜集图纸、实际产品零部件的照片等基本素材，熟悉产品的工作原理和制造工艺，这是最基本的开发准备工作，也是确保虚拟现实系统高度逼真的基础。其次，应用 Solidworks、Inventor、CATIA 等三维建模软件，完成零部件和装配体的建模，并在 3DS Max 中完成渲染处理。为了保证建模的逼真程度，一般不忽略细节，并将已建立的 3D 模型保存成 STL、WRL 或者其他标准格式的文件。然后用动画制作软件像 3DS Max 和 Maya，读取这些中间格式文件，制作 3D 场景、人物角色和动画。接下来通过输出接口，将制作的媒体文件输出为 Virtools 可读取的 .nmo 格式文件。接下来将是虚拟现实开发的核心工作，主要在 Virtools 平台上完成。Virtools 采用图形化、模块化的编程语言，一共有大约 450 个可作用在物体、人物、相机和其他对象上的行为模块。如果这些现有的行为模块无法满足系统的开发需求，开发者可以用 Virtools 脚本语言或二次开发接口函数自己开发新的行为模块。当然，美观、友好的 GUI 界面对于整个系统也是一个不可缺少的部分，这需要用 Photoshop 软件做出按钮、背景等需要的图片。最后完成作品的测试发布工作。总之，Virtools 引擎平台可以通过对 3D 模型、人物角色、3D 动画、图像、视频和声音等媒体文件的交互定义，构造一个高仿真度的虚拟环境和人机交互环境。

三、Virtools 系统机制

Virtools 整个系统是基于面向对象的方法建立虚拟现实作品的，即每一个具体的元素都属于一个抽象的类。所有元素都通过封装成交互行为模块（BB）的方法和参数进行控制。常用的元素包括从外部导入的模型、声音、纹理等媒体文件，还包括在 Virtools 中创建的曲线、场景、位置以及参数、属性和脚本等。Virtools 中的类都称为 CKClass，即所有的元素都是 CKClass 的实例。

采用类封装方法的一个重要优势是可以使用继承。这样任何元素不仅可以集成其父类的所有特性，还可以有自己独特的特性。例如，CKLight 继承自 CK3Dentity，CK3Dentity 继承自 CKRenderObject，CKRenderObject 继承自 CKJBeObject。通过特性从父类到子类的传递关系，一个灯光对象（CKLight）首先是一个交互对象（CKBeObject），所以任何能够应用到交互对象的行为也能应用到一个灯光上。其次，灯光（CKLight）还是一个渲染对象（CKRenderObject），从而所有能应用到渲染对象上的任何行为也能应用到一个灯光上。进一步，灯光（CKLight）还是一个三维实体（CK3Dentity），从而它继承了三维实体在 3D 空间内的位置、方位等特性，能够应用到三维实体上的任何方法也能应用到灯光上。当然，灯光（CKLight）除了上述继承的特性之外，还有自身（CKLight）的特性，就像灯光类型（点光源、平行光等）、灯光颜色、照射区域等。

Virtools 应用多态（Polymorph1sm）技术对特定任务进行优化处理。在面向对象语言中，接口的多种不同的实现方式即为多态。多态性是允许将父对象设置成为一个或更多的与它的子对象相等的技术，赋值之后，父对象就可以根据当前赋值给它的子对象的特性以不同的方式运作。例如，移动一个 3D 帧比移动一个角色更容易，这是因为移动 3D 帧的行为被优化了。

优化行为减少了计算时间，在可接受的渲染质量下，使作品更小、对用户的输入反应更快。

Virtools Dev 支持集合，在具有逻辑关系的两个元素之间，一个元素是另一个元素的一部分，但它们分别都具有自己的特性。虽然在同一时刻只有一个网格能被激活，但是一个 3D 对象可以拥有好几个网格。

所以说，3D 实体元素之间有关联，但每个元素都保持相对的独立性。在上述的例子中，纹理是材质的一部分，材质是网格的一部分，网格是 3D 物体的一部分。因为每个元素都保持相对的独立性，所以每个元素的特性（例子中的物体网格、材质、纹理）都能够被快速简单地改变。事实上，全部的元素都能被另一个兼容元素所交换。例如，用户可以改变一个 3D 物体的网格、材质、纹理或者它们的任意组合，而不改变 3D 物体存在的现实。

Virtools Dev 由于支持集合，所以允许共享，例如像声音、动画、网格、材质和纹理这样的元素，并且贯穿在用户的作品中。例如两个椅子能共享相同的网格、材质和纹理，所以两把椅子看起来一样，但有不同的名字。然而，两把椅子也可以有相同的网格、不同的材质和纹理，那样两把椅子将会有相同的形状，但看起来不一样。共享元素能够极大地减小文件尺寸，减轻 CPU 和显卡的工作量。

一个场景由元素组成，通常被运行时激活。场景内的元素被组织到一个场景层次中。Virtools Dev 在场景层次内提供了一个特殊的集合形态。在运行时，元素之间的关系通过 Set Parent 和 Add Child（两者都在 3D Transformations/Basic 中）被确定。运行时集合允许用户在任意 3D 实体集之间建立关联，典型的是，通过建立 3D 实体集，产生单一化的应用程序。例如，利用建模软件，使用 Set Parent 和 Add Child，用户可以建立一部汽车的 3D 实体层级：一个有门、车身、轮子的汽车。一旦层级关系被确定，就能自动改变汽车的子物体，如门、车身、轮子。

四、Virtools 开发接口

开发接口：图形脚本、VSL、Lua 和 SDK，如此丰富的开发接口可充分满足不同层次创作者的业务需求。假如没有编程基础，只需要创作简单的交互作品，应用图形脚本开发就足以胜任。开发一些功能复杂或有特殊要求的交互作品，则往往需要综合应用上述开发接口。

（一）图形脚本

如前所述，Virtools 整个系统是基于面向对象的方法建立虚拟现实作品的，即每一个具体的元素都属于一个抽象的类。为了降低交互作品的开发难度，减少编程工作量，Virtools 进一步将抽象类的方法或属性封装成为行为模块（BB）。BB 是一个图形化的、具有特定功能的脚本元素，是一个对已知的任务迅速解决方案。可以通过拖拽或创建新脚本按钮，将 BB 施加给一个元素，脚本即以一个矩形图框显示在脚本流程图里。一个脚本由两部分组成：标题和主体。脚本标题包括脚本名称、脚本所有者、脚本缩略图等信息。脚本的主体由开始触发箭头和一个或者更多的 BBs、BGs、输入和输出参数、行为链路（bLinks）、参数链路（pLinks）、注释等组成。

（二）VSL

VSL（Virtools Script Language）脚本语言是一种强劲的脚本语言，通过对 Virtools SDK 脚本级的存取，创建新的 VSL 行为模块，弥补图形脚本的不足。VSL 编辑器提供智能的语境敏感高亮显示，语境敏感自动显示焦点函数。VSL 包括提供断点的全调试模式、具有值编辑功能的变量观察器、单步调试。对于开发者来说，VSL 是一个和 SDK 的接口。由于不需要建立 C++ 项目，所以可以容易快速地测试新的想法，在不需要执行订制动态链接库的情况下，执行自定义编码。对于脚本设计者来说，VSL 可以完美地替换重复参数操作（例如，数学运算、串操作）和创建高级的行为脚本。但是使用 VSL 需具备基础的编程经验并熟悉 Virtools SDK。

（三）Lua

Lua 是一个小巧的脚本语言，该语言的设计目的是为了嵌入应用程序中，从而为应用程序提供灵活的扩展和定制功能。Lua 由标准 C 编写而成，代码简洁优美，几乎在所有操作系统和平台上都可以编译、运行。一个完整的 Lua 解释器不过 200k，在目前所有脚本引擎中，Lua 的速度是最快的。上述特性决定了 Lua 是嵌入式脚本的最佳选择之一，在游戏工业中更是应用广泛。就像 VSL 一样，Virtools 引入 Lua 首先是为了通过扩展脚本级 SDK 接口，弥补图形脚本的不足。其次，是为了方便已经熟悉 Lua 语言的开发者使用 Virtools，减少学习成本。

（四）SDK

SDK 是 "Software Development Kit" 的首字母缩写，意思是软件二次开发工具包。这组开发工具（静态链接库、动态链接库、头文件、源文件）使得程序员能够方便地访问 Virtools 的功能函数。程序员直接使用这些功能函数将会有更大的发挥空间，不但可以扩展 Virtools 的 BB 模块，还可以使用 Virtools SDK 开发一些自定义的界面插件。

通过 SDK 接口对 Virtools 开发，需要开发者熟悉 VC 语言的开发机制，和前面的三种接口相比难度增加了很多，但是功能也增强了很多。相对复杂的虚拟现实系统一般都需要 SDK 接口开发，具体开发实例详见后文。

第三节 virtools 开发接口图形脚本

步骤一：将元素文件导入场景中。创作一个新作品需要准备好相关的模型文件、贴图文件、声音文件等资源，并把这些资源放在一个专门的文件夹中。进一步在层级管理器中，单击"3D Objects"，可以发现刚才导入的元素。为了便于后续的制作调试，按住 Shift 键将所有的对象选中，单击鼠标右键，在弹出菜单中选择 uSet initial conditions 这样就设置了元素的初始状态。也可以通过层级管理器"Level Manager"下方的"Set IC for selected"命令按钮设置对象的初始状态。假如不设置初始状态，脚本运行后元素的位置或外观发生了改变，就无法回到初始状态。

步骤二：赋予门旋转行为。单击右上方区域的"Building Blocks"切换按钮，会发现各种 BB 模块。从 3D Transformations→Basic 层级下，找到 Rotate Around 模块，将其拖放到场景中的门上。

然后，单击下方的 Schematic 编辑器，可以看到刚才拖放的 Rotate Around 模块。鼠标右键单击 Rotate Around 模块，在弹出菜单中选择 Edit Parameters，在弹出的对话框中，设置相关的参数，其中 Referential 选择 Door，Keep Orientation 设置为 False。若要详细了解各个参数的含义，可以选择该模块，然后按 F1 键，就会弹出该模块的详细帮助文档。

为不符合开门的实际情况，因为门开关会在一定的角度范围进一步的改进行为。

步骤四：调整开门角度。单击右上方区域的 Building Blocks 切换按钮，从 Logics→Loops 层级下，找到 Bezier Progression 模块，将其拖放到脚本编程区。Bezier Progression 行为模块是在 2D 贝塞尔曲线的最小值和最大值范围之间插补计算输出一个浮点数值，因此控制参数和变化快慢趋势时经常会用到这个行为模块。进一步设置该模块的参数，其中持续时间 Duration 设置为 1s，插值初始值 A 的数据类型设置为 Angle，值为 0；插值结束值 B 的数据类型同样设置为 Angle，值为 100；插补曲线默认为直线，不改变。将输出 Delta 连接到 Rotate Around 模块的第二个输入参数上，实现两个模块之间的参数传递。将 Bezier Progression 模块的输出端口 Loop out 连接到 Rotate Around 模块的触发端口，将 Rotate Around 模块的输出端口连接到 Bezier Progression 模块的输入端口 Loop in，实现两个模块行为链路的循环传递 oBezier Progression 模块的触发端口 in 连接到触发箭头上。进一步参考步骤三，单击界面右下角播放按钮画，观察行为效果，会发现门会慢慢打开，而不再 360° 旋转了。

步骤五：赋予交互动作。上一步中虽然实现了开门的角度设定，但是没有交互行为，现在进一步赋予门交互行为。单击右上方区域的 Building Blocks 切换按钮，从 Logics→Loops 层级下找到 Wait Message 模块，将其拖放到脚本编程区，并将其第一个输入参数 Message 设置为 OnClick。将 Wait Message 模块触发端连接到开始箭头，将其输出端连接到 Bezier Progression 模块的触发端口，其他不改变。

　　步骤六：进一步赋予交互动作。上一步中开门的交互，但是没有关门的交互行为，现在进一步编写脚本。单击右上方区域的 Building Blocks 切换按钮，从 Logics → Streaming 层级下，找到 Sequencer 模块，将其拖放到脚本编程区，并单击右键为其增加一个行为输出端口，如此循环激活。

　　在渲染阶段中，3D 对象（人物、场景几何等）和 2D 对象（游标、精灵、界面元素等）被当前图像渲染设备描绘出来。当前图像渲染设备保存着一个要渲染的对象的队列。可以在行为执行模块修改这个队列，来控制这个队列渲染那些对象。这个渲染阶段内部还可以细分，它首先对后备缓冲、深度缓冲的清除，其次是渲染背景 2D 对象，然后才是 3D 对象，接着是前置 2D 对象，最后将后备缓冲填充主缓中，屏幕才显示出来。

第七章 自动控制系统在给水处理工程中的应用

由于各水厂工艺及处理能力的不同，需要的控制设备不尽相同，控制系统也不尽相同。本文仅介绍给水厂水处理常见控制系统。

第一节 取水泵站控制系统

一、主要控制对象

取水泵组：取水泵组及其配套液控、电控阀门。

泵房配套设施：排水用潜水泵、真空泵、泵组冷却装置。

其他工艺设备：格栅、泵房附属配套设施。

仪表：原水水质仪表，水位液位计，用于取水泵组的压力表、流量计和出水管的压力表、流量计。

二、信号采集

第一，取水泵组的运行状态，其配套液控、电控阀门的位置状态，进出水管阀门位置状态，机组温度，设备故障等信号。

第二，排水用潜水泵运行状态，真空泵运行状态，泵组冷却装置运行状态，设备故障等信号。

第三，格栅、泵房附属配套设施的运行状态，阀门位置状态，设备故障等信号。

第四，用于原水监测的水质仪表（水温、pH 值、浊度、溶解氧、氨氮、电导率、COD_{Mn} 等）参数，原水的水位和出水管阀门位置状态，机组及出水管流量计、压力表等信号。

三、主要控制内容

（一）采集显示和控制

通过现场控制站可以对整个泵站系统的工艺参数、设备状态进行采集显示和控制，根据工艺过程要求，完成对上述所有设备及其配套的控制装置的控制和设定，并记录系统运行情况。

监控泵站系统内任意一台机组的运行状态并能设定和修改其运行参数，机组的启停满足工艺设备要求，采集综合保护器送出的有关监测参数。

监控系统内格栅、真空系统、泵组冷却装置、液下泵、潜水泵组、投加系统、流量计及其泵房附属配套设施的运行状态并能设定和修改其运行参数，采集系统送出的有关监测参数。

监测泵站任意一台电力监测器的送出的运行参数。

监测系统内水质仪表的送出的水质参数。

（二）格栅

格栅分为"就地手动""就地自动""远程控制"三种控制方式。正常格栅的操作根据周期运行的方式来控制，格栅的运行时间间隔及持续运行时间可根据工艺情况进行调节，由操作人员修改设定：PLC 系统及时判断设备运行状态，发生故障时在中控室有报警提示，提醒操作人员现场检查。

（三）取水泵组的控制

取水泵组分为"就地手动""就地自动""远程控制"三种控制方式。在"自动"或"远程"下，泵组可自检和一步化开停泵组。PLC 系统及时判断设备运行状态，发生故障时在中控室有报警提示，提醒操作人员现场检查。

（四）水源水质监测

水源水质的变化直接影响供水水质的优劣，在水厂内直接影响到水处理的所有工艺环节。这种变化不仅发生在季节变换期，也常常在一天之内发生，而且变化幅度有时很大，往往对水厂的生产造成很大的影响。因此应充分掌握水源水质及其变化规律。

在重要的水厂应建立原水水质在线监测系统，以水质分析仪器及仪表为系统核心，以实现远程监控、预防原水水质异常和突发性污染、对水质进行综合评价和预测为最终目的，运用现代传感技术、自动测量技术、自动控制技术、计算机应用技术以及相关的分析软件和通信网络组成综合性的在线监测体系。通过原水水质的在线监测，对地表水的水质及污染趋势进行在线检测，对水源水质污染迅速做出预警预报，及时追踪污染源，从而保障供水水质。

在选择原水水质监测指标时，应选择代表原水水质变化规律的特征参数和主要污染物参数，一般应包括水温、pH 值、浊度、溶解氧、氨氮、电导率、COD_{Mn} 等水质参数，有条件的地区宜设生物毒性在线监测设施和间接衡量藻类生物量的叶绿素 α 测定仪。

第二节 反应沉淀池控制系统

一、斜管沉淀池

（一）主要控制对象

反应池：进水阀门、格栅。

斜管沉淀池：沉淀池排污阀、排泥车。

用于反应池、沉淀池检测水质的仪表。

（二）信号采集

进水阀门的开关状态、格栅的运行状态、设备故障等信号。

沉淀池排污阀的开关状态、故障等信号。

排泥车：真空泵、行车马达的运行状态，电磁阀的开关状态，真空表及行车距离，设备故障等信号。

用于反应池的水质仪表（浊度、余氯、pH 值等）参数。

（三）主要控制内容

通过现场控制站可以对整个沉淀池系统工艺参数、设备状态进行采集显示和控制，根据工艺过程要求，完成对上述所有设备及其配套的控制装置的控制和设定，并记录系统运行情况。

第一，监控任意一台排泥车的运行状态并能设定和修改其运行参数。

第二，监控任意一个反应池的运行状态并能设定和修改其运行参数。

第三，监测反应沉淀池任意一台电力监测器送出的全部运行参数。

第四，监测净水系统水质仪表送出的全部水质参数。

第五，可直接控制反应沉淀池照明系统，

格栅分为"就地手动""就地自动""远程控制"三种控制方式。正常格栅的操作根据周期运行的方式来控制，格栅的运行时间间隔及持续运行时间可根据工艺情况进行调节，由操作人员修改设定。PLC 系统及时判断设备运行状态，发生故障时在中控室有报警提示，提醒操作人员现场检查。

排泥车分为"就地手动""就地自动""远程控制"三种控制方式。一般排泥车的操作根据周期运行的方式来控制，排泥车的运行时间间隔及运行模式可根据工艺情况进行调节，由操作人员修改设定。排泥车通过无线通信与上位 PLC 交换数据。PLC 系统及时判断设备运行状态，发生故障时在中控室有报警提示，提醒操作人员现场检查。

二、平流沉淀池

平流沉淀池与斜管沉淀池相比，其在主要控制对象、信息采集、主要控制内容方面与斜管沉淀池大体相同。其不同之处在于，为降低排泥水的含水率，可在泵吸虹吸式排泥车有代表性的部位安装污泥浓度计，在排泥车行走时根据污泥浓度计的检测值，由潜水泵排泥（浓度高），停泵虹吸排泥（浓度低），或者破坏虹吸不排泥。

第三节　滤池控制系统

一、V形滤池

（一）主要控制对象

反冲洗泵房：反冲洗水泵、鼓风机、空压机。

滤池：滤池水位计、进水阀门、排水阀门、出水调节阀门、气冲阀门、水冲阀门等。

用于滤池检测水质的仪表。

（二）信号采集

反冲洗水泵的运行状态（电流、电压、出水压力）及其阀门的位置状态，故障等信号；鼓风机的运行状态（电流、电压、出口压力）及其阀门的位置状态，故障等信号；空压机的运行状态（电流、电压、出口压力），故障等信号。

滤池水位计信号，进水阀门、排水阀门、出水调节阀门、气冲阀门、水冲阀门的位置状态，故障等信号。

用于滤池的水质仪表（浊度、余氯、pH值、颗粒计等）参数。

（三）主要控制内容

通过现场控制站可以对整个滤池系统工艺参数、设备状态进行采集显示和控制，根据工艺过程要求，完成对上述所有设备及其配套的控制装置的控制和设定，并记录系统运行情况。

第一，监控任意一格滤池的运行状态并能设定和修改其运行参数。

第二，监控反冲洗泵房内任意一台鼓风机、反冲洗水泵的运行状态，并能设定和修改其运行参数。

第三，监控任意一台空压机的运行状态并能设定和修改其运行参数。

第四，监控反冲洗泵房里任意一个电机变频器的运行状态并能设定和修改其运行参数。

第五，监测滤池任意一台电力监测器送出的全部运行参数。

第六，监测净水系统水质仪表送出的全部水质参数。

第七，可直接控制滤池照明系统。

滤池过滤控制方式有三种方式："就地手动""就地自动""远程控制"。滤池在上一个冲洗过程结束后或现场控制按钮直接打至自动，则进入 PLC 自动恒水位控制状态，并由 PLC 累计滤池过滤时间。应根据实际经验取得控制参数的最佳值，优化恒水位控制，在提高控制精度的同时延长阀门的有效使用周期。

当滤池运行到达设定反冲洗条件或者被"强制"进入反冲洗状态时，该滤池进入反冲洗阶段。同一时间只能够有一个滤池进入反冲洗程序，而在反冲洗过程中，如果同一组中又有其他滤池满足反冲洗的条件时，该池继续滤水，同时进入反冲洗的"排队"状态。当前滤池反冲洗完成后，主 PLC 将根据"排队"的先后次序对下一个滤池进行反冲洗，直至"排队"数量为零。实现反冲洗时各阀门顺序动作和反冲洗设备开停，接受上位机下达的控制指令、工艺参数的整定，判断其正确性、可行性后加以执行，发生故障时在中控室有报警提示，提醒操作人员现场检查。操作终端上动态显示滤池工艺流程、工艺检测参数和设备工作状态并实时上传数据。

反冲洗泵及鼓风机现场控制单元主要功能包括采集反冲洗水泵出口总管流量、压力，鼓风机出口总管空气流量。鼓风机、冲洗泵的开机顺序由 PLC 判别，PLC 累计鼓风机冲洗泵的运行时间，按照累计运行时间的大小选择开机，累计运行时间小的机泵优先开启。PLC 系统及时判断设备运行状态，发生故障时在中控室有报警提示，提醒操作人员现场检查。

二、虹吸滤池

（一）主要控制对象

虹吸滤池：进水虹吸、排水虹吸、冲洗气动阀门。

用于滤池检测水质的仪表。

（二）信号采集

进水虹吸、排水虹吸的电磁阀动作，冲洗气动阀门位置状态，故障等信号。

滤池的水质仪表（浊度、余氯、pH 值等）参数，滤池液位计等信号。

（三）主要控制内容

通过现场控制站可以对整个滤池系统工艺参数、设备状态进行采集显示和控制，根据工艺过程要求，完成对上述所有设备及其配套的控制装置的控制和设定，并记录系统运行情况。

第一，监控任意一个滤池的运行状态并能设定和修改其运行参数。

第二，监测滤池任意一台电力监测器的送出的全部运行参数。

第三，监测净水系统水质仪表的送出的全部水质参数。

第四，可直接控制滤池照明系统。

滤池过滤控制方式有三种方式："就地手动""就地自动""远程控制"。"远程控制"时，上位机可以一步化控制虹吸滤池，同时对其运行及故障状态进行监测和故障报警。可根据实际的水质及反冲洗的情况，调整反冲洗周期和反冲洗时间。当多于一格滤池同时提交反冲洗请求时，系统便需要对各格滤池的反冲洗进行"排队"，按照"先入先出"的原则。PLC 系统及时判断设备运行状态，发生故障时在中控室有报警提示，提醒操作人员现场检查。

三、移动罩滤池

（一）主要控制对象

移动罩：虹吸潜水泵、行车电机。

用于滤池检测水质的仪表。

（二）信号采集

移动罩虹吸潜水泵、行车电机的运行状态，真空表、故障等信号。

滤池的水质仪表（浊度、余氯、pH 值等）参数，滤池液位计，用于行车控制的接近开关，用于压罩冲洗的接近开关等信号。

（三）主要控制内容

通过现场控制站可以对整个滤池系统工艺参数、设备状态进行采集显示和控制，根据工艺过程要求，完成对上述所有设备及其配套的控制装置的控制和设定，并记录系统运行情况。

第一，监控任意一列滤池的运行状态并能设定和修改其运行参数。

第二，监测滤池任意一台电力监测器送出的全部运行参数。

第三，监测净水系统水质仪表送出的全部水质参数。

第四，可直接控制滤池照明系统。

滤池过滤控制方式有三种方式："就地手动""就地自动""远程控制"。移动罩通过无线通信与上位工控机交换数据。在"远程控制""就地自动"时，上位机可以一步化控制移动罩的启停，同时对其运行及故障状态进行监测和故障报警：可根据实际的水质及反冲洗的情况，由控制人员调整设置滤池的反冲洗周期和反冲洗时间。PLC 系统及时判断设备运行状态，发生故障时在中控室有报警提示，提醒操作人员现场检查。

第四节　投加控制系统

一、投矾系统

（一）主要控制对象

投加泵：投加泵及其变频器。

各部分管道上的主要阀门。

储液池、中转池。

用于投加的水质仪表、电磁流量计。

（二）信号采集

投加泵及其配套变频器的运行状态、变频器运行速度、故障等信号。

各部分管道上的主要阀门的开关状态、故障信号。

储液池、中转池的液位，中转泵的运行状态，故障等信号。

用于投加控制的水质仪表（浊度等）参数，取水的瞬时水量信号，投加量的电磁流量计的瞬时流量、累计流量等信号。

（三）主要控制内容

通过现场控制站可以对整个投加系统的工艺参数、设备状态进行采集显示和控制，根据工艺过程要求，完成对上述所有设备及其配套的控制装置的控制和设定，并记录系统运行情况。

第一，监控投矾系统里任意一台电机变频器及有关阀门的运行状态并能设定和修改其运行参数。

第二，监控投矾系统里任意一台中转泵的运行状态。

第三，监测投加系统里任意一台电力监测器的送出的全部运行参数。

第四，监测储液池、中转池的液位信号。

投加泵分为"现场控制""远程点动"和"自动运行"三种控制方式。在"自动运行"方式下，PLC采集河水浊度、沉淀池浊度、待滤水浊度、进水流量等相关参数进行PLC复合环控制。用户在此基础上，可以自行选择采用部分或全部控制量，并可以对系统的部分控制参数进行调整。在控制过程中，系统还检测阀门、变频器、流量等的故障报警。当变频器、投加螺杆泵发生故障时，系统自动将备用泵投入使用，并发出报警信号，记录故障时间。

中转泵分为"现场控制""远程点动"和"自动运行"三种控制方式。在"自动运行"方式下，PLC将检查相关阀门、中转泵的状态，当中转池的液位在用户设置上，PLC将自动记录有关的储液池的液位、时间，开启有关的阀门，开中转泵，向相应的储液池抽液，当液位降到低液位时，自动停泵、关阀。在这一过程中，如果中转泵出现故障，系统将自动切换备用泵，并记录故障时间。此外系统将自动记录本次操作的抽加量、操作开始和结束时间。

PLC系统及时判断设备运行状态，发生故障时在中控室有报警提示，提醒操作人员现场检查。

二、投氯系统

（一）主要控制对象

加氯机：加氯机和切换阀门

蒸发器：蒸发器和管道阀门。

压力管道检测和氯瓶组切换装置。

电子秤：测量正在使用和备用的氯瓶。

漏氯检测和氯吸收装置：在氯库和蒸发器室等处，设有漏氯检测装置，当发生漏氯时，发出控制信号，控制漏氯吸收装置，吸收泄漏的氯气。

用于投氯控制的水质仪表。

（二）信号采集

加氯机的运行状态、投加量和切换阀门的开关位置，故障等信号。

蒸发器的运行状态、管道阀门开关位置、故障等信号。

压力管道上的压力值、切换阀门的开关状态，转换开关的运行状态，故障等信号。

正在使用和备用的氯瓶的重量等信号。

在氯库和蒸发器室等处的漏氯检测装置的运行状态，漏氯吸收装置及其阀门的运行状态，故障等信号。

用于投氯控制的水质仪表（余氯等）参数，取水瞬时水量等信号。

（三）主要控制内容

通过现场控制站可以对整个投加系统的工艺参数、设备状态进行采集显示和控制，根据工艺过程要求，完成对上述所有设备及其配套的控制装置的控制和设定，并记录系统运行情况。

第一，监控投氯系统里任意一台加氯机的运行状态及有关阀门的运行状态，并能设定和修改其运行参数，采集投氯系统送出的有关监测参数。

第二，监控投氯系统里任意一台蒸发器的运行状态及有关阀门的运行状态。

第三，监控投氯系统里任意一点漏氯检测和氯吸收装置的运行状态及有关阀门的运行状态。

第四，监控投氯系统里氯瓶切换装置的运行状态及有关阀门的运行状态。

第五，监测投氯系统里任意一台电子秤、电力监测器的送出的全部运行参数。

氯瓶和氯瓶组：电子秤测量使用和备用氯瓶的重量，检测管道上的压力情况，根据用户的设置，可以发出预警信号，提示操作人员，当管道上的压力开关发出低压报警时，可以自动或远程切换氯瓶组。检测管道上的安全阀的状态，及时发出警告信号。

压力管道和蒸发器：监测压力管道上安全开关的状态；监测电动真空调节器的开停状态和低温开关信号；检测蒸发器的运行状态，包括使用状态、高水位、低水位、低温信号等，及时发出报警信号。

当投氯机处于远程控制时，控制终端的界面可以模拟现场的控制器，进行远程控制投加量，另外，PLC可以通过检测有关参数，通过计算，计算出合理的投加值，满足用户所设定的余氯值。

前投氯自动控制：PLC可以采集进水水量、原水余氯、沉淀池余氯、待氯水余氯等参数，计算出相应各台滤前投氯机的投加量，输出模拟量信号，控制氯前加氯机增加或减少投加量，保证投氯需要。可以选择一种或多种测量参数来控制，并且可以修正部分控制参数。

后投氯自动控制：PLC可以采集采样点的余氯、出厂水余氯等参数，计算出相应各台滤后投氯机的投加量，控制氯后加氯机增加或减少投氯量，保证投氯需要。用户可以选择一种或多种测量参数来控制，并且可以修正部分控制参数。

漏氯检测和氯吸收装置。在氯库和蒸发器室等处，设有漏氯检测装置，当发生漏氯时，发出控制信号，控制漏氯吸收装置，吸收泄漏的氯气。吸氯装置一般由供应商成套提供，吸氯装置设备应包括溶液泵、风机、中和塔、溶液池、响应的控制阀门。当系统被激发后，设备可以自动完成功能。

三、投氨系统

（一）主要控制对象

加氨机：加氨机和切换阀门。

压力管道检测和氨瓶组切换装置。

电子秤：测量正在使用和备用的氨瓶。

用于投氨控制的水质仪表。

（二）信号采集

加氨机的运行状态、投加量和切换阀门的开关位置，故障等信号。

压力管道上的压力值、切换阀门的开关状态，转换开关的运行状态，故障等信号。

正在使用和备用的氨瓶的重量等信号。

用于投氨控制的水质仪表参数，取水瞬时水量等信号。

（三）主要控制内容

通过现场控制站可以对整个投加系统的工艺参数、设备状态进行采集显示和控制，根据工艺过程要求，完成对上述所有设备及其配套的控制装置的控制和设定，并记录系统运行情况。

第一，监控投氨系统里任意一台加氨机的运行状态及有关阀门的运行状态，并能设定和修改其运行参数，采集投氨系统送出的有关监测参数。

第二，监控投氨系统里氨瓶切换装置的运行状态及有关阀门的运行状态。

第三，监测投氨系统里任意一台电子秤、电力监测器的送出的全部运行参数。

氨瓶和氨瓶组：投氨电子秤测量着使用和备用氨瓶的重量，检测着管道上的压力情况，根据设置，可以发出预警信号，提示值班人员，当管道上的压力开关发出低压报警时，可以自动或远程切换氨瓶组。检测管道上的安全阀的状态，及时发出警告信号。

压力管道：监测压力管道上的安全开关的状态；监测电动减压阀的开停状态。

当投氨机处于远程控制时，控制终端的界面可以模拟现场的控制器，进行远程控制投加量，PLC可以通过检测有关参数，通过计算，计算出合理的投加值，满足所设定的余氯值。

前投氨自动控制：PLC可以采集进水水量、滤前投氯量、原水氨氮等，计算出相应各台滤前投氨机的投加量，控制氨前加氨机增加或减少投加量，保证投氨需要。可以选择一种或多种测量参数来控制，并且可以修正部分控制参数。

后投氨自动控制：PLC可以采集采样点的余氯、滤后投氯量、出厂水余氯等参数，计算出相应各台滤后投氨机的投加量，控制滤后加氨机增加或减少投氨量，保证投氨需要。用户可以选择一种或多种测量参数来控制，并且可以修正部分控制参数。

四、石灰投加系统

（一）主要控制对象

投加泵：投石灰泵及其变频器。

各部分管道上的主要阀门。

储液池、溶解池。

用于投石灰的水质仪表、电磁流量计。

（二）信号采集

投加泵及其配套变频器的运行状态、变频器运行速度、故障等信号。

各部分管道上的主要阀门的开关状态，故障信号。

储液池、溶解池的液位，搅拌机的运行状态，故障等信号。

用于投石灰控制的水质仪表（pH 值等）参数，取水瞬时水量等信号，投石灰的流量计的瞬时流量、累计流量等信号。

（三）主要控制内容

通过现场控制站可以对整个投加系统的工艺参数、设备状态进行采集显示和控制，根据工艺过程要求，完成对上述所有设备及其配套的控制装置的控制和设定，并记录系统运行情况。

第一，监控投石灰系统里任意一台电机变频器及有关阀门的运行状态，并能设定和修改其运行参数。

第二，监控投石灰系统里任意一台搅拌机的运行状态。

第三，监测投加系统里任意一台电力监测器的送出的全部运行参数。

第四，监测储液池、溶解池的液位信号。

投石灰泵分为"现场控制""远程点动"和"自动运行"三种控制方式。在"自动运行"方式下，采用与原水流量按比例投加的控制方式。在控制过程中，系统还检测阀门、变频器、流量等的故障报警。当变频器、投石灰泵发生故障时，系统自动将备用泵投入使用，并发出报警信号，记录故障时间。

搅拌机分为"现场控制""远程点动"和"自动运行"三种控制方式。在"自动运行"方式下，PLC 将检查相关阀门、搅拌机的状态，定期分组开停搅拌机，如果搅拌机出现故障，系统将自动切换备用搅拌机，并记录故障时间。

五、次氯酸钠投加系统

（一）主要控制对象

投加泵：投加泵及其变频器。

各部分管道上的主要阀门。

储液池、中转池。

用于投次氯酸钠的水质仪表、电磁流量计。

（二）信号采集

投加泵及其配套变频器的运行状态、变频器运行速度、故障等信号。

各部分管道上的主要阀门的开关状态、故障信号。

储液池、中转池的液位，中转泵的运行状态，故障等信号。

用于投次氯酸钠控制的水质仪表（余氯等）参数、取水瞬时水量等信号。

（三）主要控制内容

通过现场控制站可以对整个投加系统的工艺参数、设备状态进行采集显示和控制，根据工艺过程要求，完成对上述所有设备及其配套的控制装置的控制和设定，并记录系统运行情况。

第一，监控投次氯酸钠系统里任意一台电机变频器及有关阀门的运行状态并能设定和修改其运行参数。

第二，监控投次氯酸钠系统里任意一台中转泵的运行状态。

第三，监测投加系统里任意一台电力监测器送出的全部运行参数。

第四，监测储液池、中转池的液位信号。

投加泵分为"现场控制""远程点动"和"自动运行"三种控制方式。在"自动运行"方式下，接受模拟量信号，进行远程控制投加量，另外 PLC 可以通过检测有关参数，通过计算出合理的投加值，满足用户所设定的余氯值。

前投自动控制：PLC 可以采集进水水量、原水余氯、沉淀池余氯、待氯水余氯等参数，计算出相应各台滤前投加泵的投加量，控制投加泵增加或减少投加量，保证投次氯酸钠需要。可以选择一种或多种测量参数来控制，并且可以修正部分控制参数。

后投自动控制：PLC 可以采集采样点的余氯、出厂水余氯等参数，计算出相应各台滤后投加泵的投加量，控制滤后投加泵增加或减少投氯量，保证投次氯酸钠需要。用户可以选择一种或多种测量参数来控制，并且可以修正部分控制参数。

中转泵分为"现场控制""远程点动"和"自动运行"三种控制方式。在"自动运行"方式下，PLC 将检查相关阀门、中转泵的状态，当中转池的液位在用户设置上，PLC 将自动记录有关的储液池的液位、时间，开启有关的阀门，开中转泵，向相应的储液池抽液，当液位将到低液位时，自动停泵，关阀。在这一过程中，如果中转泵出现故障，系统将自动切换备用泵，并记录故障时间。此外，系统将自动记录本次操作的抽矾量、操作开始和结束时间。

PLC系统及时判断设备运行状态，发生故障时在中控室有报警提示，提醒操作人员现场检查。

六、粉末活性炭和高锰酸钾投加系统

粉状活性炭适用于季节性短期污染高峰负荷的水源净化。在水源受污染较重的季节，投加粉状活性炭可作为水质保障的应急措施。

粉末活性炭的投加方法有湿投法以及干投法两种粉末活性炭投加时粉尘很大，必须采取防尘措施。

投加高锰酸钾复合药剂可以采用重力投加和压力投加两种投加方式。重力投加操作比较简单，投加安全可靠，缺点是必须建造高位药液池，增加加药间层高。

压力投加较多是采用隔膜计量泵投加。这种方式的优点是定量投加，不受压力管压力等所限，缺点是价格较贵，需要维护。

由于各地的水质和处理工艺条件不同，在实际应用中应根据水质和具体可能进行的反应时间来确定高锰酸钾复合药剂中高锰酸钾的含量和高锰酸钾复合药剂的投加量。

第五节 送水泵房

一、主要控制对象

送水泵组：送水泵组及其配套液控、同步机组励磁屏、电控阀门。

泵房配套设施：排水用潜水泵、电磁流量计等。

其他工艺设备：泵房附属配套设施。

计量仪表：出厂水水质仪表，用于机组的压力表、流量计和出水管压力表、流量计。

二、信号采集

送水泵组及其配套液控、电控阀门的位置状态，进出水管压力，送水泵组流量，阀门位置状态，机组温度，故障等信号。

同步送水泵组励磁屏的励磁电压、励磁电流、工作状态参数，故障等信号。

排水用潜水泵运行状态，电压、电流，液位高低，故障等信号。

泵房附属配套设施的运行状态，阀门位置，故障等信号。

用于出厂水的水质仪表（浊度、余氯、pH值等）参数，和出水管阀门位置，流量计的瞬时流量、累计流量，压力计等信号。

三、主要控制内容

通过现场控制站可以对整个泵站系统工艺参数、设备状态进行采集显示和控制，根据工艺过

程要求，完成对上述所有设备及其配套的控制装置的控制和设定，并记录系统运行情况。

第一，监控系统内任意一台机组的运行状态并能设定和修改其运行参数，机组的启停满足工艺设备要求，采集综合保护器送出的所有监测参数。

第二，监控清水池水位、出水水质、出水压力、流量及其泵房附属配套设施的运行状态及运行参数，采集系统送出的有关监测参数。

第三，监测任意一台电力监测器送出的所有运行参数。

第四，接收取水泵站相关数据。

第五，接收变电站送出的所有运行数据。

送水泵组分为"就地手动""就地自动""远程控制"三种控制方式。在"就地自动"或"远程控制"下，泵组可自检和一步化开停泵组。PLC 系统及时判断设备运行状态，发生故障时在中控室有报警提示，提醒操作人员现场检查。

第六节 污泥处理控制系统

一、主要控制对象

排水池、上清液集水池、排泥池、浓缩池、储泥池、脱水机房。

潜污泵、出口阀、搅拌 / 刮泥机、污泥切割机、脱水机组等设备及相关阀门。

药物投加系统及用于污泥处理的水质仪表。

二、信号采集

排水池、上清液集水池、排泥池、浓缩池、储泥池、脱水机房等的工艺参数、电气参数、设备状态的信号。

潜污泵、出口阀、搅拌 / 刮泥机、污泥切割机、脱水机组的运行状态及相关阀门位置状态等信号。

药物投加系统的运行状态，用于污泥处理的水质仪表参数。

三、主要控制内容

通过现场控制站可以对整个污泥处理系统的工艺参数、设备状态进行采集显示和控制，根据工艺过程要求，完成对上述所有设备及其配套的控制装置的控制和设定，并记录系统运行情况。

第一，监控排水池任意一台污泥泵和刮泥机运行状态并能设定和修改其运行参数。

第二，监控上清液集水池任意一台上清液回收泵运行状态并能设定和修改其运行参数。

第三，监控排泥池任意一台污泥泵和搅拌机运行状态并能设定和修改其运行参数。

第四，监控浓缩池任意一台污泥泵和刮泥机运行状态并能设定和修改其运行参数。

第五，监控储泥池任意一台污泥泵和刮泥机运行状态并能设定和修改其运行参数。

第六，监控脱水机系统任意一套脱水机系统和 PAM 药物投加系统及出泥系统运行状态并能设定和修改其运行参数。

第七，监视任意一座浓缩池污泥浓度、切割机后管道污泥浓度运行状态及运行参数。

第八，监控用于助凝剂（聚丙烯酰胺）投加的任意一台螺杆泵及其控制设备。

第九，监测任意一台电力监测器的送出的全部运行参数和污泥系统液位以及流量仪表的送出的全部水质参数。

排水池控制：将排水池水泵控制箱打到"自动"位置，水泵将按照以下程序运行。

水泵的启动采用时间控制：当排水池液位高于设定值时，泵组每小时开动一次，每次启动一台泵组运行设定的时间，同时抽吸预沉池的污泥，与沉淀池排泥水混合后输往浓缩池；当排水池液位低于设定值时，泵组停止运行。

中心刮泥机：当排水池开始运行后，中心刮泥机将 24 小时连续运行。

集水池控制：将上清液集水池水泵控制箱打到"自动"位置，水泵将按照以下程序运行。排水池的上清液进入后，上清液集水池开始工作，当上清液集水池水位升至一定高度时，开第一台泵，当水位继续下降至设定高度时，泵组全停。用 PLC 程序根据液位控制潜水泵开停及泵组运行组合。

排泥池控制：将排泥池水泵控制箱打到"自动"位置，水泵将按照以下程序运行。将沉淀池排泥水和排水池底部的污泥水收集、混合，当排泥池水位升至一定高度时，开第一台泵，当水位继续下降至设定高度时，泵组全停。用 PLC 程序根据液位控制水泵开停及泵组运行组合。

浓缩池控制：将浓缩池水泵控制箱内的万能开关打到"自动"位置，水泵将按照以下程序运行。

污泥水通过池中间的进泥筒进入浓缩池进行泥水分离。

上清液由池上部的集水槽、集水总渠收集，通过回收管自流排入水厂配水池。

每个浓缩池配 1 台污泥泵，每台泵的出泥管上安装 1 台污泥浓度计。泥沉淀至池底进行浓缩，再由污泥泵将浓缩污泥抽升至储泥池，污泥泵的启动采用时间和出泥浓度双控制。当 1 台污泥泵运行设定时间或该台泵的出泥管上的污泥浓度计检测到出泥浓度小于设定值时，该水泵停止抽泥。第 2 个浓缩池的污泥泵启动，各个浓缩池依次抽泥。当全部污泥切碎机都停止运行或储泥池液位高于设定值时，污泥泵将停止运行。

刮泥机应 24 小时连续运转，并具有机械过扭矩保护装置。

储泥池控制：将储泥池控制箱打到"自动"位置时，污泥浓缩池的污泥泵将泥水抽至储泥池，储泥池开始工作，当一个池进泥时，另一个池应停止进泥，交替轮流使用。

当储泥池水位上升至设定值时，搅拌机启动并应保持 24 小时连续运行。

为保证搅拌机的正常运行，脱水机房的泵组在一个池的泥水位降至设定值时，应停止从该池抽取泥水。

如果遇到特殊情况，一个池水位下降到最低限值以下时，该池潜水搅拌机应立即关机。并应将余下的泥抽空，以免污泥沉积在搅拌机底部。

配药系统控制：将控制方式打到"自动"时，整个投配药系统将根据搅拌筒内的液位开关和储药桶内的液位开关状态变化情况自动完成投配药系统工作全过程。

污泥处理系统：在自动工作方式状态下和总电源接通情况下，污泥脱水成套装置受控设备将按 PLC 内已编制好的自动控制程序，完成整个自动开机过程。

第七节 新工艺控制系统介绍

一、生物预处理系统

（一）主要控制对象

给水曝气生物滤池：滤池水位计、进水阀、排泥阀、排气阀、曝气阀、冲洗阀等。

反冲洗泵房：反冲洗设备、曝气鼓风机、空压机。

总管放空阀、曝气总阀，固液分离器。

计量、仪表：用于生物预处理控制的仪表。

（二）信号采集

滤池水位计，生物滤池进水阀、排泥阀、排气阀、曝气阀、冲洗阀的位置状态等信号。

反冲洗设备（配套变频器）、曝气鼓风机（配套变频器）、空压机的运行状态，及其附属阀门的位置状态，冲洗流量的瞬时和累计数值，故障等信号。

总管放空阀、曝气总阀的位置状态，压力表，固液分离器运行状态，故障等信号。

水质仪表（温度、浊度、pH 值、余氯等）参数，生产过程参数（压力、流量、液位）等信号。

（三）主要控制内容

通过现场控制站可以对整个生物预处理系统的工艺参数、设备状态进行采集显示和控制，根据工艺过程要求，完成对上述所有设备及其配套的控制装置的控制和设定，并记录系统运行情况。

第一，监控任意一格滤池的运行状态并能设定和修改其运行参数。

第二，监控反冲洗泵房内任意一台曝气鼓风机、反冲洗设备的运行状态并能设定和修改其运行参数。

第三，监控任意一台空压机的运行状态并能设定和修改其运行参数。

第四，监控反冲洗泵房里任意一个电机变频器的运行状态并能设定和修改其运行参数。

第五，监测滤池任意一台电力监测器的送出的全部运行参数。

第六，监测净水系统水质仪表送出的全部水质参数。

第七，直接可以控制滤池照明系统。

鼓风机房主站主要控制功能包括：

鼓风机、出风阀、旁通阀联动一步化控制。

曝气鼓风机根据生物滤池进水流量（原有设备通过通信提供信号）比例曝气总强度，参考进出水溶解氧值，自动或手动进行比例值调节，总管流量信号反馈控制。

曝气鼓风机根据运行时间及工况自动切换。

气囊冲洗鼓风机根据运行时间及工况自动切换。

空压系统根据压力限值自动运行并保持。

进行生物滤池滤格的冲洗排队，在排水池液位允许（暂定）的条件下，协调各滤格自动气冲。

获取低压开关柜上的进线电压 / 电流 / 功率因数 / 有功功率等电量参数和进线 / 分段断路器开 / 断、故障信号，以及鼓风机、空压机电机电流 / 有功功率 / 有功电度。

根据计算单个曝气量控制气体流量调节阀的开启度，曝气管流量信号反馈控制，曝气管出口压力限值控制最低开启度。

滤格子站主要控制功能包括：

根据滤格进水堰后水位限高、过滤时间，确定是否进行反冲洗，并向鼓风机房的 PLC 主站发出反冲洗请求。

当反冲洗条件成立时，还须检测冲洗资源是否满足，反冲洗泵房根据排队顺序冲洗滤格，只有设定条件都成立时才在堆栈中提取排队队列中的第一个滤格，实现反冲洗设备的一步化开停、变频电机调速控制和滤池反冲洗排队控制要求。反冲洗设备的开机顺序由计算机判别，计算机累计反冲洗设备的运行时间，按照累计运行时间的大小选择开机，累计运行时间小的设备优先开启。排泥时机及次数可根据运行一段时间后的经验调整。

二、臭氧—炭滤池系统

（一）主要控制对象

气源制备系统：VPSA（Vacuum Pressure Swing Absorption，真空变压吸附技术）系统、液氧储罐、空温式液氧汽化器。

臭氧发生系统（成套设备）：臭氧发生器、发生器供电单元（PSU，含变频、变压、冷却系统）、供配电系统（PDB）、空气和氮气投加系统、相关仪表阀门、管道等。

预臭氧接触反应系统：接触池数量、射流投加线、文丘里射流器数量、射流器动力水泵。

主臭氧接触反应系统：接触池数量、投加线。

臭氧尾气破坏系统：加热型臭氧尾气破坏器。

活性炭滤池及其反冲洗配套设备。

仪表设备：各控制系统中的仪表、计量等。

（二）信号采集

VPSA 系统、空温式液氧汽化器的运行状态，液氧储罐的储存量、压力、温度，故障等信号。

臭氧发生器、发生器供电单元、供配电系统、空气和氮气投加系统的运行状态、相关仪表的信号，阀门、管道的位置状态，故障等信号。

射流水泵组的运行状态，水射器的开停状态。

反冲洗水泵、鼓风机、空压机的运行状态、电流、电压、压力及其阀门的位置状态、故障等信号。

炭滤池水位计信号；进水阀门、排水阀门、出水调节阀门、气冲阀门、水冲阀门的位置状态、故障等信号。

用于臭氧系统控制的仪表设备，如氧气质量流量计、臭氧气体流量计、臭氧气体浓度计、水中余臭氧浓度计、气体压力表、气体温度表、冷却水流量计等信号。

检测臭氧浓度，包括发生器出气浓度、接触池进出口处浓度、臭氧车间和尾气车间的环境监测浓度。

检测压力，有进气压力、发生器压力、尾气压力、冷却水压力、加压泵压力、水射器前后压力。

检测温度，包括进气温度、尾气破坏温度、冷却水的进出水温度。

检测流量，包括进气量、臭氧气流量、各分配管的臭氧气流量、预臭氧加压泵流量。

（三）主要控制内容

通过现场控制站可以对整个臭氧投加系统的工艺参数、设备状态进行采集显示和控制，根据工艺过程要求，完成对上述所有设备及其配套的控制装置的控制和设定，并记录系统运行情况。

第一，监控臭氧发生间任意系统运行状态并能设定和修改其运行参数。

第二，监控任意一格滤池的运行状态并能设定和修改其运行参数。

第三，监控反冲洗泵房里任意一台风机、水泵电机的运行状态并能设定和修改其运行参数。

第四，监测任意一台电力监测器送出的全部运行参数。

第五，监测净水系统水质仪表的送出的水质参数。

第六，直接可以控制滤池照明系统。

预臭氧接触反应系统控制：在预臭氧接触池进水管处的电磁流量计，提供模拟量信号供臭氧发生器的 PLC 系统根据处理水量进行臭氧投加量控制。在全自动控制状态下，能自动切换水泵运行，保证射流器压力水压力。

主臭氧接触反应系统控制：在主臭氧接触池进水管道上的电磁流量计，提供模拟量信号供臭氧发生器的 PLC 系统进行臭氧投加量控制。

炭滤池过滤控制和反冲洗泵及鼓风机控制参考 V 形滤池的控制功能。

三、膜处理控制系统

（一）主要控制对象

供水泵组机房：供水泵组、真空泵组、自清洗过滤器等。

超滤主机房：膜主机。

清洗加药间：投药系统、反洗泵组。

风机房：鼓风机组、空压机组、储气罐。

计量、仪表：用于膜处理控制的仪表。

（二）信号采集

供水泵（配变频器）、真空泵、自清洗过滤器的运行状态，及其附属阀门的位置状态。

膜主机的运行状态，以及其附属阀门、管道阀门的位置状态。

加药泵、反洗泵的运行状态，清洗罐、储药罐、中和池的液位，及其附属阀门的位置状态。

鼓风机、空压机的运行状态，储气罐的压力，及其附属阀门的位置状态。

水质仪表（温度、浊度、颗粒、余氯、pH 值、QRP 等）参数，生产过程参数（压力、流量、液位）等信号。

（三）主要控制内容

1. 现场控制站

通过现场控制站可以对整个膜处理系统的工艺参数、设备状态进行采集显示和控制，根据工艺过程要求，完成对上述所有设备及其配套的控制装置的控制和设定，并记录系统运行情况。

2. 供水泵组机房控制

供水泵组机房包括供水泵、真空泵和自清洗过滤器。设备运行控制分"现场手动""远程手动"和"远程控制"三种方式。初次供水或调试时应采用现场手动操作。

在自动控制下，供水泵组可根据运行累计时间自动切换备用机组，供水泵根据自清洗过滤器后面的压力变送器作 PID 变频运行，使压力始终保持设定值。

真空泵在达到设定条件时，可自动对相应的供水泵启动抽真空程序。

自清洗过滤器可根据设定时间或设定压差两种条件进行自清洗。每台设备装有差压控制器，可自动控制清洗的开始和结束。

3. 超滤主机房控制

超滤主机房由若干组膜主机单元组成，每个膜主机单元可单独自控运行和联机自动运行，在正常情况下全部膜主机按联机自动运行。在公共 PLC 站故障或手动情况下，各个膜主机可现场单独运行。

膜主机联机运行由公共 PLC 站负责，总程序记录目前联机在线的膜组，按时序依次进行需要启动的程序，联机运行的膜组主要运行程序跟单独膜组的一样。对于公共 PLC 站具有全部自控功能，除了具有显示超滤膜处理系统工程设备的运行状态，显示工艺流程的动态参数外，还包括显示相关参数的趋势，历史数据及历史记录，各类报表，以及提供打印、报警、远程操作等功能。

4. 清洗加药间控制

清洗加药间包括投药系统和反洗泵组。

投药系统需要在维护性清洗、恢复性清洗及中和池废液中和时启动，除了设备检修、手动测试复核加药浓度等外，整个药剂溶解及药剂投加全部程序实现自动化。

反洗泵组设为膜组气洗程序的备用措施，当系统中膜压差过高、或进水浊度过高、系统膜污堵状况较大时，可以启动反洗系统。

5.风机房控制

风机房包括鼓风机和空压机。

鼓风机的主要功能是为膜主机提供气洗过程的气源，鼓风机只受 PLC 自控程序控制自动启停。鼓风机随膜组气洗程序、维护性 / 恢复性清洗程序需要吹扫搅拌风时自动启动。

空压机的主要功能是为系统中所有气动阀提供气源。空压机启动后会根据出口管路中的压力自动运行，即按设定的低点启动高点停止。

第八节 中控室子系统

一、概述

中控室通过系统网络通信，采集接收各现场控制站检测到的主要工艺设备工况及报警信号，送至中控室模拟板，对其进行定时刷新，实现实时动态显示。

二、监控及管理的软件平台

（一）监控软件功能

监控系统软件采用组态软件模块化设计，并具有汉化界面。各监控站数据从服务器数据库中获取，以客户端方式运行。现场控制站的操作员站的任务是在标准画面和用户组态画面上，设定、汇集和显示有关的运行信息，供运行人员对设备的运行工况进行监视和控制。

操作员站要求监视或控制工艺点的生产过程画面及生产实时数据，查询和打印各种历史数据。中控监控管理站作为取水、净水、供水和污泥处理的中心，用于全厂的数据监控和数据管理，具有各操作员站的全部内容。

各系统具有以下主要功能：报警处理、历史数据管理、事件处理、人机界面、画面显示、数据通信、报表产生、实时与历史数据分析、安全登录和密码保护、操作控制功能及其他功能。下面介绍前面五种功能。

1.报警处理

在任何时间和任何显示工作站均能在画面顶部或底部显示出总的报警信息，包括报警设定值（报警条件）、报警值、报警状态、报警时间。这些报警信息使操作人员快速地调用与本报警有关的画面，以得到可以寻找故障原因的详细资料。

2. 历史数据的管理

可按要求进行分类列表，对于变量应标明时标、属性、测量范围、实时值，并用颜色或符号表明数据性质；也可以在表格上用"指针"选定数据点，对其设定值、测量范围、数据性质进行修改（只能由赋予权利的人员进行）。

3. 事件处理

事件登记；

事件检索；

事件记录存储。事件库中具有足够的容量存储事件登记，事件登记每天以数据文件形式入库，盘区存满后通知操作员移出另外存储。

4. 人机界面

人机界面运用开放系统的图形窗口技术；

友好的操作人员界面；

程序员可在线修改和编辑画面；

支持三维图形；

带有详细的联机帮助功能。

5. 画面显示

助站级显示：包含站内整个系统及相关系统的运行状态总貌，显示出主设备的状态、有关参数以及控制回路中过程变量与设定值的偏差。工艺控制图形的总体结构形式为窗口式和分层展开式相结合，能从总图到详图多层次监视。

功能组显示：包含过程输入变量、报警条件、输出值、输入值、设定值、单元标号、缩写的文字标题、控制方式、报警值等。功能组显示画面包含所有监控单元或回路。系统提供图形符号库，这些图形可用来代表各种设备的类型且符合国标。

细节显示：可观察以某一单元为基础的所有信息。

其他显示：包含报警显示、趋势显示、成组显示、棒状图显示、帮助显示、系统状态显示等。在各个工艺过程的合适位置实时显示主要相关数据。

画面显示系统的操作采用图形标记，下拉式屏幕菜单和键盘按钮。

趋势图显示：可以用棒状图或线状图显示历史趋势或当前趋势，可选择 1 ~ 16 条实时或历史趋势图（用不同颜色）在同一时间内显示在一幅画面上。当前趋势显示根据实时原理不断校正。操作员可以方便地调整趋势显示的时间坐标或输入范围。

（二）数据管理软件功能

根据水厂的工艺特点及分布式监控系统的特点，数据的存储有两种：一是现场存储，主要用于数据的后备，当控制系统中心数据服务器存储失败后，可作补充或效验比较之用；二是中央存储，由数据服务器完成，用作标准数据源，作为所有的处理和查询之用。

RSVIEW SE 先从各个主控 PLC 中得到各种生产数据，同时利用 RSVIEW SE 的标签功能，计算那些二级数据（指需由多个实时生产数据复合计算而成的数据，如效率、电耗等）。RSSQL 采集各个 RSVIEW SE 标签的值并保存到 SQL SERVER 中，先储存到原始信息数据库。

数据库分为以下几种：

1. 原始信息数据库

保存整个工控系统实时采集的数据，原始采集数据内容包括水质以及电站、取水泵站、送水泵站、滤池、投药、污泥处理等子系统的主要参数。它主要用作显示趋势图，并为实时信息数据库提供数据源。数据定时采集，在线存储，记录周期可调，采样周期缺省值为 5s。数据采用先入先出的保留形式，保存一个月。数据同时保留在本地的 ACCESS 数据库和 SQL SERVER 中。当 SQL 服务器维护或网络堵塞，RSVIEW SE 无法把数据存储到 SQL SERVER 时，数据继续保存在当地的 ACCESS 数据库中。当故障消除后，RS SQL 再把 ACCESS 原始信息数据库中的数据导入 SQL SERVER，这样充分保证了数据的连续性。

2. 实时信息数据库

保存由原始信息数据库转换而成的数据，还有其他水厂的生产数据，包括天气情况、生产调度数据、材料价格等。主要作用是用于报表处理、统计分析，并为标准数据库提供数据源。数据库保存于 SQL SERVER 中，生产数据记录周期为 5min，并可保存 6 个月（采取先进先出的数据更新方式）。原始信息数据库中的数据经过检查和过滤后，送到实时信息数据库保存。

这些数据将作为厂内的数据标准，即全厂所有的工控子站（包括现场子站）、MIS 系统，对外实时数据交换的标准数据，同时也作为以后统计、计量、保存、与外界数据交换、报表生成的数据依据。工程师能在工程师工作站上输入和编辑历史数据。用这种方法可以输入外部产生或遗漏的信息。

此外，可以根据最新被输入的或被编辑数据重新计算历史计算值。

3. 标准数据库

由实时信息库中的内容、事件记录和报警记录生成一个主索引，按每天增加一项新记录形式的关系数据库，还包括以此为基础衍生出的各个生产报表数据，如电子文档、打印硬拷贝等，还有各种初级统计报表（如月报表、旬报表、季度报表等）。系统定时提示、人工确认，由工程师站或授权计算机进行转存、压缩保存，容量不限，可再刻录到光盘。转存数据可人工操作，也可设置定时自动转存，以保障数据安全。

4. 历史数据库

为使水厂的数据能长期保存，必须定时对数据进行转存和备份。系统定时提示、人工确认，由工程师站或授权计算机将标准数据库、实时信息数据库、原始数据库中的数据进行转存、压缩保存。容量不限，再刻录到光盘。转存数据可人工操作，也可设置定时自动转存，以保障数据安全。原则上由工程师按每月一次转存和备份，并可自由选择保存的时间范围，采样周期可调。从历史数据能够计算最小值、最大值、平均值、标准值、偏差值、累积值和其他特殊的方程式。此外，运行程序的结果也可以存储在历史数据库。所有收集的实时数据都按时序依次存储，对重要的过程数据和计算数据进行在线存储，并可保存至少48h。用户可定期将这些数据转存成历史数据，并可根据数据的组号、测点号、测点名称、时间间距、类型、名称、属性等项目来检索所存储的历史数据。历史数据保存期为两年，可转存。

5. 实时与历史数据分析

根据水厂工艺运行与管理的特点，建立各种重要参数的历史知识规则库，自动学习建立其规则知识库；实时采集现场数据进行计算（如泵站效率、供水成本、机组电耗等），自动根据数据规则库建立水厂重要参数的知识学习规则库、分析判断泵组是否在高效区运行，分析供水电耗是否正常，供水成本是否合理，为生产运行决策提供依据。可以对每日生产运行结果进行分析与处理，供相关人员分析参考。

第九节 原水管网监测

原来的水管网监测主要包括原水管压力和流量监测系统，还有管线重点区域实时视频监控辅助系统。

一、原水管压力和流量监测系统

在输水管沿线建立若干压力监测点，各点的表压值随着压力传感器安装高程的变化而高低起伏。但是在输水管爆漏情况下，各点的表压压降与水压高程的变化值应完全相等。因此，可以直接利用输水管线的压力传感器监测值（即表压值）监测输水管沿线的压降，无须通过各压力监测点的安装高程进行水压高程的计算。

将输水管各节点的表压不断与背景值比较，当沿线大部分节点的表压差均达到报警值时，即可以判断输水管已经发生爆漏。爆漏事故的压降曲线为单峰折线，压降峰值所处节点的附近即为爆漏点。

至于爆漏量，可以根据输水管的压力高程线和爆漏压降线以及取水泵站的水泵工况，借助输水管线的动态水力模型间接加以计算，作为独立于流量监测的参考值。

所谓输水管的节点表压背景值，即为引水输水管线系统各压力监测点在该工况下正常表压值。

表压背景值由于以下原因而变化：①取水泵站改变运行泵组；②取水点水位的变化；③机械振动；④管内积气。

输水管的沿线爆漏压降为单峰折线，爆漏点位于单峰折线的折点，压降最大。

压降峰值的大小与下列因素有关。

（一）输水管爆漏量

输水管爆漏水量越大，输水管爆漏的压降峰值也越大。

某节点下游的输水管特性曲线为：

$$H = H_0 + a \cdot L \cdot Q^2 \qquad (7-1)$$

该节点发生爆漏流量为 ΔQ 时，其下游的输水管特性曲线为：

$$H_b = H_0 + a \cdot L(Q - \Delta Q)^2 \qquad (7-2)$$

该节点爆漏压降 ΔH 为：

$$\Delta H = H - H_b \approx a \cdot L \cdot Q \cdot \Delta Q \qquad (7-3)$$

从上式可以看出，该节点发生爆漏流量 ΔQ 越大，输水管爆漏的压降峰值 ΔH 也越大。

（二）取水泵站泵组工况

从上式可以看出，取水泵站的提升水量 Q 越大，输水管爆漏的压降峰值也越大。反之，取水泵站的提升水量 Q 越少，输水管爆漏的压降峰值也越小。

（三）水管爆漏位置

从上式可以看出，爆漏点越靠近取水泵站，则节点至下游配水泵站的输水管长度 L 越大，输水管爆漏的压降峰值 ΔH 也越大。反之，爆漏点越靠近配水泵站，爆漏压降也越小。

爆漏监测信息上传至调度中心，借助输水管线动态水力模型系统，完成管线爆漏信息处理，还可以通过和输水管线地理信息系统（GIS）对比，进行事故决策。

二、管线重点区域实时视频监控辅助系统

根据引水原水管线的工程条件，在盾构段、跨堤段、人口稠密段等重点区域设置摄像点，实时监测管线所在地面的发生情况。摄取的图像及控制信号传输到监控中心，在摄像点可定时发送单幅图像，也可通过指令发送单幅图像。随着网络的发展，逐步传送连续的视频图像。

第八章 水轮发电机组及辅助设备自动控制

　　水轮发电机组自动化是为了满足水电站安全发电、保证电能质量和经济运行，同时以减少运行人员和改善劳动条件为原则，在水轮发电机组自动化运行经验的基础上，根据科学进步，新技术、新产品的产生和发展需要建立的。

第一节 水轮发电机组自动化概述

　　水轮发电机组的自动控制设计中考虑了机组不同型式和结构、调速器型式、自动化元件配置、配套附属设备和运行方式等因素。水电站自动化一般包括水工闸门的自动化、水轮发电机组及其辅助设备的自动化、电气设备的自动化。

一、水轮发电机组自动化

（一）水轮发电机组自动控制基本要求

以一个指令完成机组的开机或停机。

根据系统要求，以一个指令完成发电转调相或进行相反操作。

开机过程中，应能进行相反的操作。

发生机组内部事故应动作事故停机或同时关闭进水阀（或快速闸门），发生外部事故可动作空载运行或事故停机。

事故停机引出继电器自保持回路应由手动解除。

水电站的发电机层应设紧急停机按钮或事故停机按钮。

水轮发电机组的下列部位应装设温度监视装置：推力轴承和导轴承的轴瓦和油，空气冷却器的进风和出风，发电机定子线圈及铁芯。

（二）水轮发电机组轴承润滑油系统自动控制要求

采用内循环冷却的机组，冷却水应在开机的同时获得，冷却水中断时应立即投入备用水源。

外循环冷却的机组，必须在开机前获得润滑油；润滑油中断时，应自动投入备用油源。

弹性金属塑料瓦的轴承润滑油系统，当其油槽油位降低时可发出信号。

采用水润滑的导轴承，应在给出开机指令的同时投入润滑水，当确认有水后，才允许启动机组；应保证润滑水的连续性，当润滑水中断时，应立即投入备用水源，润滑水管上应装设反映供水状态的示流信号装置。

水轮发电机组应在开机同时打开冷却水电磁液压阀或启动冷却水泵组，机组冷却水管总管的排水侧应装设反映供水状态的示流信号装置。

油系统的下列装置应装设油位信号器：调速器和进水阀压油装置的油罐，推力轴承和导轴承的油槽，重力油箱和漏油箱。

（三）水轮发电机组的制动装置自动控制要求

发电机组应装设机械制动装置，亦可同时装设电气制动装置。

在停机过程中，当机组转速下降到 35% 额定转速以下时应投入机械制动装置，机组停止转动后解除制动贯流式机组停机后，若无停机锁锭装置，不宜解除制动。

机组采用电气制动装置时，可在机组转速下降到 60% 额定转速左右时投入电气制动，待机组转速继续下降到 10% 额定转速以下时投入机械制动装置，机组停转后解除制动。

推力轴承采用弹性金属塑料瓦的机组，机械制动装置投入的转速允许低于 20% 额定转速。

对于冲击式机组，当转速下降到 70% 额定转速左右时，投入反喷嘴制动装置，机组停止转动后解除制动。

在停机过程中，当导水叶剪断销剪断时，制动后不应解除制动。

对于具有高压油减载装置的机组，停机过程中机组转速下降到 90% 额定转速时，投入高压油减载装置，机械制动装置投入的转速可降低到 10% 额定转速。

（四）水轮发电机组应装设的水力机械保护

水力机械保护按事故和故障性质不同，可分为以下三类：

1. 作用于紧急停机的保护

机组过速；

事故停机过程中导水叶剪断销剪断。

水力机械事故应先动作关闭导水叶，在导水叶关至"空载"位置时跳开发电机断路器，并执行正常停机程序。

2. 作用于事故停机的保护

轴承温度过高；

水轮机导轴承润滑水中断；

重力油箱油位过低；

油压装置油压过低。

3. 作用于预告信号的保护

轴承温度升高；

空气冷却器温度升高；

轴承油槽油位不正常；

机组冷却水中断；

油压装置油压降低；

导水叶剪断销剪断；

集油槽油位不正常；

漏油箱油位过高；

重力油箱油位降低；

水轮机顶盖水位过高；

开停机未完成；

备用冷却水、润滑水投入；

水力机械操作回路电源消失。

二、水电站辅助设备自动化

（一）进水阀自动控制要求

进水阀（蝶阀、球阀、闸阀）自动控制应能按一个控制指令完成开阀、关阀的自动控制。开启时应按先平压、后开启的控制程序进行。

进水阀的自动控制应作为机组开机、停机控制的一个程序，由正常开停机控制指令联动完成。紧急事故关阀指令应能直接动作关阀。

水电站的快速闸门应在中控室或主机室设置紧急关闭闸门的控制按钮。

（二）油压装置自动控制要求

调速器的油压装置油压应保持在规定的工作压力范围内。压力油泵电动机应根据工作压力实现自动控制。

辅助设备控制接线中的切换开关宜设有手动、自动、备用和断开四个位置；采用自动转换工作制时宜设手动、自动、断开三个位置。

（三）空气压缩装置自动控制要求

储气罐或供气管道压力应保持在规定的工作压力范围内，空压机应根据工作压力实现自动控制空压机出气管温度过高时应动作停泵并发出信号。

空压机采用水冷却时，应先自动检查，有水时才开机；停机时切除冷却水。空压机一般以空载启动，经延时关闭空载启动阀后，再向储气罐内充气。

（四）技术供水系统及集水井排水系统自动控制要求

采用单元技术供水的发电机组，全厂设有一台公用的备用供水泵组。当总技术供水管水压下降时自动启动备用供水泵并自保持，同时发出信号。采用集中技术供水的发电机组，工作水泵宜与各台机组的开机联动。

渗漏排水泵组控制接线的切换开关宜设有手动、自动、备用和断开四个位置，并宜按自动轮换工作制的方式工作。

全厂集水井应装设水位信号器，水位升高时，启动工作排水泵。当水位过高时应自动启动备用排水泵组并发出信号。

水电站辅助设备互为备用的电动机宜采用自动轮换工作制。当辅助设备采用可编程控制器控制时，可编程控制器可采用分散设置。无人值班（少人值守）的水电站可编程控制器宜集中设置。

第二节 水轮发电机组自动化元件

水轮发电机组的自动化元件分为信号元件和执行元件两大类。信号元件主要有转速信号器、温度信号器、压力信号器、液流信号器、液位信号器、剪断销信号器等，执行元件主要有电磁阀、液压操作阀等。

一、信号元件

（一）转速信号器

转速信号器用于检测机组的转速。机组转速是反映机组运行工况的一个主要技术指标，根据机组不同的转速值，转速信号器可以发出不同的命令和信号，以对机组进行保护和自动操作。转速信号器有机械型、电磁型、数字式等。下面简要介绍数字式转速信号器。

AXP 型数字式转速信号器是一种新型的转速信号器，利用 MCS-51 单片微型计算机的优点，具有精度高、功能强、信号准确、抗干扰强、操作方便等特点。AXP 型数字式转速信号器集频率表、转速表、转速继电器、转速测控仪表于一体，能够记忆并保存当前机组转速的最大值，给机组过速事故分析带来方便。

（二）温度信号器

在机组及其辅助设备中，各发热部件和各摩擦表面的工作温度均有一定限制。如果温度超过这个限度，则可能引起这些部件或摩擦表面烧毁，因此必须对发热部件和摩擦表面的工作温度进行监视。一般采用温度信号器监视水轮机导轴承、发电机推力轴承和上下导轴承的轴瓦温度，发电机线圈和空气冷却器的进出口风温等。当工作温度升高至允许上限值时，发出故障信号；温度继续上升至危险的过高值时，发出水力机械事故信号，并作用于事故停机。

（三）压力信号器

压力信号器用于监视油、气、水系统的压力。在机组制动系统、压力油槽、技术供水及气系统上，均装有压力信号器，以实现对压力值的自动控制和监视。

（四）液流信号器

液流信号器用来对管道内的流体流通情况进行自动控制。当管道内流量很小或中断时，可自动发出信号，投入备用水源或作用于停机，主要用于水电站技术供水管路中，反映管路中技术供水的情况。

SLX 系列液流信号器为双向液流信号器，采用靶式结构其测量元件是一长方形的平板靶，靶置于管路中央，并与水流方向垂直。当管路中有正常水流流过时，流体的流动对靶产生一作用力，此力与靶杆旋转中心形成一力矩，当管路中的水流大于液流信号器所整定的动作流量时，靶杆和靶在这个力矩的作用下发生倾斜，克服弹簧的作用力直至极限位置，在靶杆旋转过程中，带动推杆推动微动开关，使其动作，动合触点闭合，发出信号，表明管路中水流正常。

当管路中的水流逐渐减小，水流在靶杆上的作用力逐渐减小，水流的作用力矩也逐渐减小，靶杆在弹簧力的作用下，使推杆逐渐离开微动开关。当管路中的水流小于液流信号器所整定的动作流量时，微动开关动断触点闭合、动合触点断开，表明管路中水流低于规定值，向控制系统发出报警信号。

如果管路中的水流方向改变，靶连同靶杆被推向相反的方向，使液流信号器另一边的微动开关动作。液流信号器双向工作时与单向工作时的动作原理相似。

（五）液位信号器

液位信号器用于监视水轮发电机组各轴承的油位，并可用于对机组顶盖漏水、集水井排水等水位进行自动控制，当监视处的液位过高或过低时，其触点动作，向控制系统发出报警信号。目前广泛采用浮子式和电极式液位信号器。

轴承油位信号器的磁性浮球在浮力的作用下，随轴承油位的变化而升降，当浮球靠近所整定的湿簧触点时，在磁力的作用下，湿簧触点接通，发出油位过高或过低信号。运行人员可以透过玻璃直接观测轴承的油位。

在轴承油位信号器的浮球中的磁钢内设有一个屏蔽罩，使浮球达到湿簧触点时，只能让湿簧触点接通一次，以保证动作准确可靠。

（六）剪断销信号器

剪断销信号器由剪断销信号元件和剪断销信号装置组成，反映水轮机导叶剪断销剪断信号。一般装设在剪断销的轴孔内，每一个剪断销轴孔内装设一件。在正常停机过程中，若某个导叶被卡住，剪断销被剪断，则发出报警信号；在机组事故停机过程中发生为断销被剪断，则作用于紧急事故停机并关闭机前主阀或快速闸门。

二、电磁阀

电磁阀是水轮发电机组自动化系统中的重要元件之一，通过电磁阀将电气信号转换为机械动作，是一种液压中间放大的变换元件，用于控制油、气、水管道的通断，其结构一般均由电磁操作部分和阀体构成。

（一）DPW-8（10）-63（B）型电磁配压阀

DPW-8（10）-63（B）型电磁配压阀是一种带有辅助触头的二位四通电磁换向阀，可以用于电站的各种液压控制系统中，为二位式执行机构换向配油，如液压阀、调速器油缸等。该阀主要由配压阀阀体、配压阀阀芯、电磁铁和辅助触头装置等四部分组成。阀体水平卧放，阀体左右两端装有电磁铁，阀体上部装有柱塞和行程开关触头装置。

（二）DP2型弱电小功率电磁配压阀

DP2型弱电小功率电磁配压阀由于采用主管道液压进行一次液压放大，并采用横轴、四通滑阀结构以及小钢珠锁扣措施，因此具有启动功率小、结构紧凑、体积小巧、加工方便、造价低等优点，并克服了立轴电磁配压阀容易发卡、动作不够可靠等缺点。

DP2型弱电小功率电磁配压阀除远方操作外，也可手动操作，只要手动按电磁铁的衔铁顶杆，推动辅助阀的小活塞改变位置，即可达到手动切换的目的。

（三）DYW-15-63B型电液动配压阀

DYW-15-63B型电液动配压阀也是一种带有辅助触头的二位四通电磁换向阀，比一般电磁配压阀多一级液压放大，因而可以控制较大流量的压力油。它应用于电站的各种液压控制系统中，为二位式执行机构换向配油，如液压阀、主阀油缸等，该阀主要由主配压阀阀体、主配压阀阀芯、先导阀阀体、先导阀阀芯、电磁铁和辅助触头装置六部分组成。主配压阀阀体水平放置，其上部放置先导阀阀体，先导阀左右两端装设电磁铁，先导阀阀体上部装有柱塞体和行程开关触头装置。

第三节 蝶阀的自动控制

水轮发电机组的主阀装设在水轮机蜗壳进口前的进水钢管上，当机组检修或机组出现飞逸事故、事故停机过程中剪断销剪断时，用以切断进入水轮机的水流，以加速机组的停机过程。

主阀自动控制应能按一个控制指令完成开阀、关阀的自动控制。开启时应按先平压、后开启的控制程序进行。主阀的自动控制应作为机组开机、停机控制的一个程序，由正常开机、停机控制指令联动完成。紧急事故关阀指令应能直接动作关阀。

机组的主阀一般为蝶阀和球阀，以蝶阀为多。在中小型水电站中，蝶阀的操作系统有液压操作和电动操作两种，液压操作系统较复杂，球阀操作系统以液压操作为主。蝶阀只能用来切断水流，只有全开或全关两种状态，不能用来调节流量。蝶阀的自动控制属于二位控制，多采用终端开关作为位置信号和控制信号，控制系统并不复杂，操作过程也较简单。

一、液压蝶阀自动控制

图8-1为普遍采用的蝶阀自动控制液压机械系统图。主要元件有电磁配压阀

1YDV～2YDV、电磁空气阀 YAV、差动配压阀 DMV、四通滑阀 SV、油阀 OV、压力信号器 1SP-2SP 和压力表等。所有这些元件（除油阀外）都集中装在蝶阀控制柜内，控制柜与蝶阀接力器、旁通阀和锁锭之间用管道连接。图 8-2 为蝶阀自动控制电气接线图，它是按照蝶阀的结构特点和二位控制的要求，并根据其液压机械系统和规定的操作程序设计的。

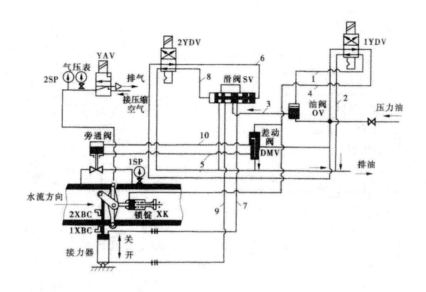

图 8-1　蝶阀自动控制液压机械系统图

（一）蝶阀开启自动控制

蝶阀开启应满足下列条件：①水轮机导叶处于全关位置，主令开关接点 XG08 闭合；②蝶阀在全关位置，其端接点位置重复继电器的接点 1K2 闭合；③机组无事故，停机继电器 1KSTP 未动作；④蝶阀关闭继电器 KBC 未动作。

当具备上述条件时，即可发蝶阀开启命令。此命令可由开机继电器 2KST8 发出，也可由机旁操作控制开关 ISA 发出，还可在现场操作启动按钮 1SB，开阀令发出后，蝶阀开启继电器 KBO 动作，并由 KB01 闭合而自保持。

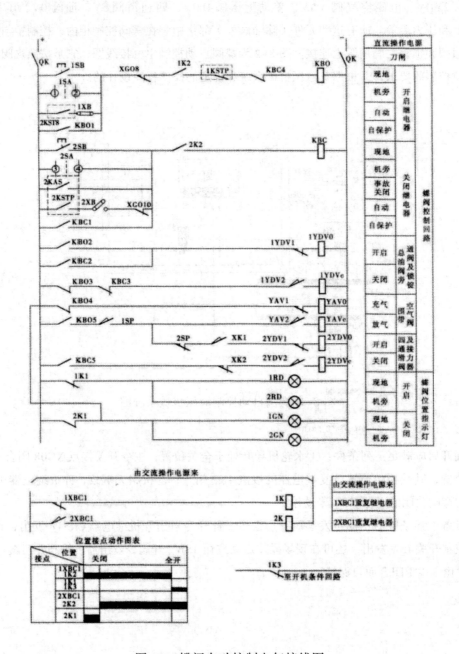

图 8-2 蝶阀自动控制电气接线图

KB02 闭合使电磁配压阀 1YDV0 动作，切换油路，管道 4 与压力油相通，管道 1 则与排油相通，压力油经 1YDV 和管道 4 进入锁锭 XK，将锁锭拔出；同时，压力油进入差动配压阀 DMV 的上腔，将其差动活塞压至下端位置，使管道 5 与压力油相通，管道 10 与排油相通，从而打开旁通阀对蜗壳进行充水；油阀 OV 在下部油压的作用下开启，压力油进入四通滑阀 SV，为操作蝶阀接力器做好准备。KBO5 闭合后，若旁通阀已对蜗壳充满水，使蝶阀前后的水压基本平衡，压力信号器 1SP 动作，电磁空气阀 YAV 复归，空气围带排气。当围带排气后，监视围带气压的压力信号器 2SP 返回，使电磁配压阀 2YDV 吸上，切换油路，这样压力油经管道 6 进入到四通滑阀 SV 的右端，而其左端经管道 8 与排油相通，使其活塞被推至左端，切换油路。此时，压力油从管道 7 进入接力器的上腔，而其下腔经管道 9 与排油相通，接力器活塞下移，将蝶阀开至全开。当蝶阀开至全开位置时，其终端开关接点 1XBC1 动作，蝶阀全开位置指示灯 1RD、2RD 亮。同时，1XBC 打开使 1K 失磁，其触点 1K2 断开，KBO 复归；KBO3 闭合，电磁配压阀 1YDVc 动作，切换油路，使锁锭 XK 在本身弹簧力作用下投入；旁通阀则因差动配压阀 DMV 的活塞上移而被压力油推向关闭，油阀 OV 也在压差作用下关闭，开阀过程结束。

（二）蝶阀关闭自动控制

蝶阀关闭命令由停机继电器 2KSTP 发出，也可由手动操作控制开关 ISA 或关闭按钮 2SB 发出。当机组发生事故，调速系统又失灵时，还可由紧急事故保护引出继电器 2KAS 发出。关阀令发出后，关阀继电器 KBC 动作，并由 KBC1 闭合而自保持。KBC2 闭合使电磁配压阀 1YDV 动作，切换油路。在压力油作用下锁锭拔出，旁通阀打开，油阀 OV 也打开，这个操作过程与开阀操作相同。KBC5 闭合后，随着锁锭拔出，XK2 闭合，使电磁配压阀 2YDV 复归，切换油路。此后，在压力油的作用下，四通滑阀 SV 移向右端，压力油进入接力器下腔，使其活塞上移至蝶阀全关。当蝶阀关至全关位置时，其终端开关接点 2XBC1 断开，2K 失磁，蝶阀全关位置指示灯 1GN、2GN 亮。同时，2K2 和 KBO4 闭合使电磁空气阀 YAV 吸上，对空气围带进行充气，并使关阀继电器 KBC 复归，KBC3 闭合使电磁配压阀 1YDV 复归，锁锭 XK 投入，并关闭旁通阀和切断总油源。这样，整个关阀操作完成。

二、电动蝶阀自动控制

电动蝶阀的自动控制系统在小型水电站中应用也较广泛，其电气接线如图 8-3 所示。

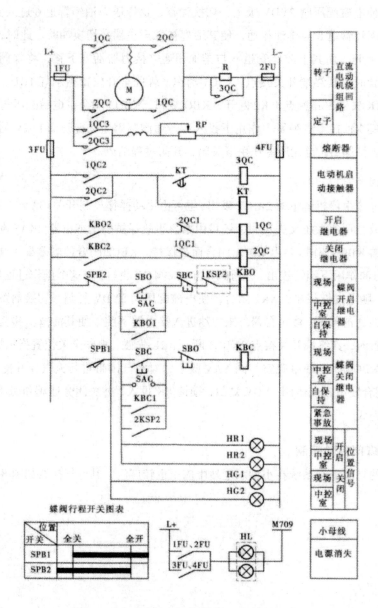

图 8-3 电动蝶阀自动控制电气接线图

（一）蝶阀的开启

蝶阀开启前，必须具备下列条件：

蝶阀处于全关位置，其行程开关 SPB 的 SPB2 闭合。

机组无事故，事故出口继电器 1KSP2 闭合。

当上述条件具备时，可通过操作控制开关SAC或按钮SBO发出蝶阀开启命令。开阀命令发出后，开阀继电器KBO启动，且由其触点KBO1自保持，并作用于下述电路。

KBO2闭合，磁力启动器1QC通电，主触头1QC闭合，电动机的转子绕组励磁；同时1QC3闭合，电动机M的定子绕组励磁，使电动机正转，逐渐开启蝶阀。1QC2闭合，时间继电器KT启动，待KT延时触点闭合时，磁力启动器3QC励磁，主触头3QC闭合，短接电阻器R，电动机加速正转，直至全开。

当蝶阀全开后，其行程开关SPB2断开，使KBO、1QC、KT及3QC相继断电而复归，相应的各触点断开，电动机停转。同时，由于行程开关SPB1闭合，蝶阀开启位置指示灯HR1、HR2亮。

（二）蝶阀的关闭

直接通过操作控制开关SAC或按钮SBC发出蝶阀关闭命令，或由紧急事故引出继电器2KSP2闭合联动关闭命令发出后，关阀继电器KBC励磁，且由其触点KBC1自保持，并作用于下述电路。

KBC2闭合，磁力启动器2QC励磁，主触头2QC闭合，电动机的转子绕组励磁；同时2QC3闭合，电动机的定子绕组励磁，使电动机反转，逐渐关闭蝶阀。2QC2闭合，时间继电器KT启动，待KT延时触点闭合时，磁力启动器3QC励磁，主触头3QC闭合，短接电阻R，电动机加速反转，直至全关。

当蝶阀全关后，其行程开关SPB1断开，使KBC、2QC、KT及3QC相继断电而复归，相应的各触点断开，电动机停机。

在该电气接线中，还考虑了以下保护和信号监视：

常闭触点2QC1和1QC1接在磁力启动器1QC和2QC的回路中，起互相闭锁作用，以防止磁力启动器IQC和2QC同时励磁，其触头将电源短路。

电源消失时，1FU、2FU或3FU、4FU因熔件熔断而使触点1FU、2FU或3FU、4FU闭合，光字牌HL亮。

第四节 辅助设备的液位控制系统

水电站的油、气、水系统中，例如技术供水、集水井排水、转轮室、油压装置油槽和轴承油槽等，都需要维持其液位在一定范围内。蓄水池水位降到降低水位时，工作水泵向蓄水池供水，若降低到过低水位，则应启动备用水泵一起向蓄水池供水，当水位达到正常水位时，工作水泵和备用水泵应停机。同理，集水井水位涨到升高水位时，启动工作水泵排水，若涨到过高位置水位，启动备用水泵一起排水，当水位降到正常水位时，工作水泵和备用水泵停机。机组由发电转为调相运行时，转轮室水位在上限水位以上，需开启给气阀向转轮室充压缩空气进行压水，直至水位压到转轮室以下位置（下限水位）时，关闭给气阀停止给气，压油槽油位过高时，要开启充气阀，直到油位回到正常油位时关阀停止充气；当轴承油槽的油位过高或过低时都会报警，提醒运行人员进行干预。

一、蓄水池供水装置的自动控制

水电站技术供水系统，除蓄水池供水方式外，还有自流供水和水泵直接供水方式。自流供水和水泵直接供水的自动系统属于机组自动控制系统。

蓄水池供水装置控制的自动化要求如下所述：

自动启动和停止工作水泵和备用水泵，维持蓄水池水位在规定的范围内。

当蓄水池水位降到降低水位时，自动启动工作水泵；当工作水泵故障或供水量过大，蓄水池水位降到过低水位时，应启动备用水泵，同时还应发出信号。

当蓄水池水位达到正常水位时，无论工作水泵还是备用水泵都应自动停止运行。

二、集水井排水装置的自动化

水电站的集水井排水装置，是用来排除厂房的渗漏水和生产污水的。为了保证运行安全，使整个厂房不致被淹和潮湿，集水井排水装置应实行自动控制。

集水井排水装置的自动化要求如下所述：

自动启动和停止工作水泵，维持集水井水位在规定的范围之内

当工作水泵发生故障或来水量过大，集水井水位上升到备用水泵启动水位时，自动投入备用水泵。

当备用水泵投入时，发出报警信号。

集水井排水装置通常设置两台水泵（离心泵或深水泵），正常时一台工作，一台备用，可以互相切换，互为备用。

第五节 辅助设备的压力控制系统

一、油压装置自动化

油压装置在水电站内是重要的水力机械辅助设备，由它制成并储存高压油，以供机组操作用。高压油是机组启动、停机、调整负荷等操作的能源，有时在水轮机前装设的蝶阀或球阀也通常是采用压力油操作的。

油压装置自动化，应满足下列要求：

机组在正常运行或在事故情况下，均能保证有足够的压力油供操作机组及主阀用。特别是在厂用电消失的情况下，应有一定的能源储备。

无论机组是在运行状态还是在停机状态，油压装置都应经常处于准备工作状态。也就是要求油压装置的自动控制是独立进行的，即由压油槽中的油压来自动控制。

在机组操作过程中，油压装置的投入应自动地进行，不需要值班运行人员参与。

油压装置应设有备用的油泵电动机，当工作油泵发生故障时，备用油泵应能自动投入。

当油压装置发生故障而油压下降至事故低油压时，应作用于停机。

二、空气压缩装置储气罐气压的自动控制

空气压缩装置根据用气设备气压的高低分为低压空气压缩装置和高压空气压缩装置。低压空气压缩装置供调相压水及机组制动用气，高压空气压缩装置供调速器及主阀用气，高压空气压缩装置与低压空气压缩装置气压自动控制相类似，下面以低压空气压缩装置为例进行介绍。

空气压缩装置的自动化，必须实现下列操作：

自动向储气筒充气，维持储气筒的气压在规定的工作压力范围内。

在空气压缩机（简称空压机）启动或停机过程中，自动关闭或打开空气压缩机的无负荷启动阀。对于水冷式空压机，还需供给和停止冷却水。

当储气筒的气压降低至工作压力下限时，备用压气机自动投入，并发出报警信号。

第六节 机组自动程序控制原理

各种水力机组的自动控制程序虽可能有许多差别，但其控制过程大体上是相同的。

一、机组启动操作程序

机组处于启动准备状态时，应具备下列条件：

机组无事故，其事故引出继电器未动作，其动断触点闭合。

机组制动系统无压力，监视其压力的压力信号器的动断触点闭合。

接力器锁锭拔出，其动断辅助触点闭合。

发电机断路器处于分闸位置，其辅助触点引出继电器未动作，其动断触点闭合。

上述条件具备时，机组启动准备继电器励磁，并通过其触点点亮开机准备灯。此时发出开机命令，机组启动继电器启动并自保持，同时作用于下列各处：

开启冷却水电磁配压阀，向各轴承冷却器和发电机空气冷却器供水

投入发电机灭磁开关 QDM。

接入准同步装置的调整回路，为投入自动准同步装置做好准备。

接通开限机构的开启回路，为机组准同步并列后自动打开开限机构做好准备。

接通转速调整机构增速回路，为机组同步并网后带上预定负荷做好准备。

启动开、停机过程监视继电器，当机组在整定时间内未完成开机过程时，发出开机未完成的故障信号。

冷却水投入后，示流信号器动作，其动合触点闭合，将开限机构打开至空载开度位置；同时

使调速器开机电磁阀励磁，机组随即按调速器启动装置的控制特性启动。

当机组转速达到额定转速的 90% 时，自动投入准同步装置，条件满足后发电机以准同步方式并入系统。并列后，通过断路器位置重复继电器作用于下列各处：开限机构自动从空载转至全开；转速调整机构正转带上一定负荷；发电运行继电器励磁，发电运行指示灯亮。

机组开机成功后，机组启动继电器复归，为下次开机创造条件。机组启动过程至此即告结束。有功功率的调节，可借助于远方控制开关进行，使机组带上给定的负荷。

二、机组停机操作程序

机组停机包括正常停机和事故停机。

正常停机时，操作发出停机命令，机组停机继电器励磁，并由其动合触点闭合而自保持。然后按预先规定顺序完成全部停机操作，其操作程序如下：

启动开停机过程监视继电器，监视停机过程。

转速调整机构反转，卸负荷至空载。

当导叶关至空载位置时，发电机断路器跳闸，机组与系统解列。

导叶关闭至空载位置，待机组与系统解列后，导叶继续关至全关位置；同时使开限自动全关。

机组转速下降到 35% 火时，转速信号器动作，使制动系统电磁空气阀励磁而打开，压缩空气进入制动闸对机组进行制动，同时监视制动时间。

延时 2 min 后，停机继电器复归，制动电磁空气阀励磁，压缩空气自风闸排出解除制动，监视停机过程和制动的时间继电器相继复归，停机过程即告结束。此时机组重新处于准备开机状态，启动准备继电器励磁，开机准备灯点亮，为下一次启动创造了必要的条件。

在机组运行过程中，如果调速器系统和控制保护系统中的机械设备或电气元件发生事故，则机组事故引出继电器将动作迫使机组事故停机。

事故停机与正常停机的不同之处在于，前者不等负荷减到零，同时使调速器停机电磁阀和停机继电器动作，从而大大缩短了停机过程。

如果发电机内部发生事故，差动保护动作，则发电机保护出口继电器既使机组事故引出继电器动作，又使发电机断路器 QF 和灭磁开关 QDM 跳开，以达到发电机和水轮机连锁保护及避免发生重大事故的目的。

三、发电转调相操作程序

发出调相命令后，调相启动继电器励磁并自保持，作用于下列各处：

使转速调整机构反转，卸负荷至空载；

当导水叶关至空载位置时，停机电磁阀励磁，使导叶全关，同时使开限机构反转自动全关；

由于机组仍然与系统并列，且冷却水继续供给，机组即作调相运行，然后通过调节励磁即可发出所需的无功功率。此时，调相运行指示灯亮。

在调相运行过程中，可借助于电极式水位信号器控制给气电磁空气阀当转轮室水位在上限值时，接通调相给气电磁空气阀，打开调相给气阀，使压缩空气进入转轮室。将水位压低至规定下限值时，关闭调相给气阀，压缩空气即停止进入转轮室。此后，如果由于压缩空气的漏损和逸出使转轮室水位上升到上限值，则重复上述操作过程。

为了避免调相给气阀频繁启动，在给气管路上并联一条小支管，由调相补气电磁空气阀控制。在机组作调相运行期间，调相补气阀始终开启，以弥补压缩空气的漏损和逸出。

四、停机转调相操作程序

当机组处于开机准备状态时，发出调相命令，则调相启动继电器励磁并自保持，同时开机继电器也启动并自保持，机组并网和开机继电器复归后，立即使停机电磁阀励磁，并将开限机构全关，将导叶重新关闭，使机组转入调相运行。此时，调相运行继电器励磁，其接点点亮调相运行指示灯，并使调相启动继电器复归。调相压水给气的自动控制过程与发电转调相的控制过程相同。

五、调相转停机操作程序

发出停机命令，使停机继电器励磁并自保持，将开限机构打开至空载开度，使机组转为发电运行工况。当导叶开至空载开度时，使调相运行继电器复归，发电机断路器跳闸，开限机构立即全关，同时使停机电磁阀励磁，将导叶全关，机组转速随即下降。以下动作过程与发电转停机过程相同。调相转停机操作时之所以要先打开导叶，是为了使转轮室充满水，使转轮在水中旋转（比在空气中旋转时转速下降得快），以缩短停机时间。

第九章 水样采集自动化

第一节 水样采集子系统设计

采样头保持在水面下 0.5～1.0m 浮动，并与水体底部有足够的距离（枯水期 > 1m），以保证不受水体底部泥沙的影响。

采水系统采用四泵四管路（一般专为特定仪器设计）/ 双泵双管路设计，交替工作，保持进样连续性，满足实时不间断监测要求，所有取水管路配有管道清洗、防堵塞、反冲洗等设施。

采水泵选用质量优良的潜水泵、自吸泵或潜污泵，可有效防止堵塞，采水泵流量应保证 3t/h 以上；室外采水管路超过 100 m 时，采水泵电缆应选用比泵线线径大一倍的电缆以避免压降。

采水系统保证在河流不断流（采水点位上、下游 50 m 无水）的情况下，终年能够正常采水。根据河流丰、枯水期点位变化情况，动态调整采水位置。

在航道上建站应考虑能长期稳定安全运行，栈桥及取水部件要注意既不影响航运，又能够保护自身安全。栈桥式采水方式保证坚固稳定，能抵挡洪水的冲击不被损坏。

采水装置具有清洗反吹系统，防止藻类生成，避免影响水质。取水口具有防堵塞措施。通过流量或压力显示取水状态并能报警。

采水系统管路和电路分开安装，采水管路材质保证不影响水质变化，管路外有必要的保温、防冻、防腐、防压、防淤、防撞和防盗措施，电线安装套管，采水管路和电路深埋不小于 80 cm，过路时加装钢套管。并对采水设备和设施进行必要的固定。

子站站房内所有管路材质为内外抛光的 PVC 管道，管路安装前清洗干净，有合理的流路设计，便于拆卸清洗，并配备足够的活动接头。

第二节 采水自动化设备

一、水泵选型和技术性能

取水单元是系统成功运行的保证，取水泵的选择至关重要。泵的选择主要有以下两点：

一是供水压力的要求。根据现场的取水距离和扬程落差，以满足水样顺利输送到站房内，同时还要考虑一定的余量。二是供水量的要求。根据系统正常上水的要求，泵的供水量应保证 3 ~ 4 t/h。

（一）潜水泵

潜水泵为直接放置在水中取水的水泵。潜水泵适用于远距离、大落差的取水条件，但是由于其在室外水中工作，因此其维护量较大、需额外安全保护。在维护及更换时应参照执行，因为正确可靠的安装可以尽量延长水泵寿命、保证其性能，所以应注意以下几点：

检查水泵的输入电压是否与铭牌上的一致；

安装前应检查机组紧固件有无松动现象，泵体流道内有无异物堵塞，以免水泵运行时损坏叶轮和泵体；

安全可靠的固定水泵；

管道的连接必须牢靠；

确保水泵地线接线良好或安装漏电保护器。

（二）自吸泵

1. 自吸泵技术特点

自吸泵安装灵活简单，可放置在室内也可放置于栈桥之上，根据取水距离和吸程决定；自吸泵检修方便，运行稳定，由于不与水体有大面积直接接触，寿命较长；自吸泵避免了水体中浮游物拴挂和沙砾、悬浮物的堵塞，减少了故障的发生；自吸泵避免了河面船只过往造成的碰撞。

自吸泵避免了如潜水泵置于水体中由于经常浮动造成的电缆磨损，减少了故障的发生；自吸泵故障诊断简单，管路中有活接，维修拆卸更换方便。自吸泵节能环保，运行费用低。

自吸泵主要是依据真空离心作用下使液体、气体甚至固体产生位移的原理设计制造的。当水泵的引流体内注满引流液并接通电源时，水泵叶轮转动，使水泵引流体内形成真空离心状态，排空管路中气体后使液体在真空离心作用下产生移动，达到抽水目的。

由于自吸泵的工作原理决定其吸程高度不可能太高，从目前国际上自吸水泵的技术水平来看，自吸泵的吸程最高只能为 8 m，并且还需要考虑管路的长度、材料和角度等因素对吸程的降低。因此自吸泵适用于自吸泵距取水点落差小于 8 m，距离小于 50 m 的系统。

2. 自吸水泵的安装

正确可靠的安装可以尽量延长水泵寿命、保证其性能，所以应注意以下几点：

检查水泵的输入电压是否与铭牌上的一致；

水泵必须水平安装，在保证水泵安全的前提下越接近水源越好，这样可完全充分发挥水泵短吸程高扬程的性能；

安装前应检查机组紧固件有无松动现象，泵体流道内有无异物堵塞，以免水泵运行时损坏叶轮和泵体；

管道的连接必须完全密封，管道内不应漏气，如果空气从进口管道进入会造成对真空性能的影响，甚至不能抽上水来；

安装水泵时应可靠固定水泵，管线的重量不能作用在泵体上；

确保水泵地线接线良好或安装漏电保护器；

水站采用自吸泵时应根据实际需要的吸程和扬程选择自吸泵的功率，并根据自吸泵的工作曲线合理配置。

3. 自吸泵适配器

为适应水质自动监测站的自动运行监测，提高采水系统的自动化程度，保证自吸水泵的可靠运转，降低水泵人工维护强度，系统集成对现有自吸水泵做了部分改进，以达到上述目的，提高整个采水系统可靠性。

改进后的自吸泵增加了一个常开电磁阀，电磁阀的电源线与自吸水泵电源线并联，状态是通电后电磁阀闭路，断电时电磁阀通路，主要作用是排气，即断电自动破坏真空状态，防止虹吸，保证自吸水泵储水罐内有足够水量以便下次水泵提水。另外人为提高进水口高度与出水口高度，主要作用也是为保证引流体内水量，提高提水成功率。

连接管采用 U-PVC 材料，保证化学稳定性，增加水样分析结果可信度。连接管中间有活结连接，利于拆卸，方便水泵维修维护。

4. 自吸水泵使用中的注意事项

为了延长水泵的使用寿命，保证其性能，在使用中应注意以下几点：

水泵首次运行启动时，应先打开进出水口密封物（一般情况下无），进行灌液。灌液时先松开灌液口螺栓，然后向泵体内注满清水，再上好螺栓。严禁水泵在无水情况下运行；

水泵在出水口被堵塞时，严禁运行。水泵不可频繁启动，否则会出现电机过热，烧毁保险的后果，严重的可烧毁电机；

如发现水泵运行过程中有异常的声音，应立即停机，检查原因；

水泵如长时间不用，要排净泵体里的水，用清水冲洗干净。气候寒冷的地方更应注意泵环境的保温，以免结冰膨胀，损坏泵体；

使用自吸泵时，从泵到取水点处的管路最好选用硬质材料管路，如 U-PVC、弹簧胶管；否则由于胶管长时间使用强度减弱、水泵发热等原因将导致胶管打折，水泵长时间空转而损坏。

二、管路选型和技术性能

（一）室外取水管路

1. 架空管路选择

综合考虑管路防护、保温、水位变动、寿命以及出现故障时容易检测和维修，一般室外管路水中与采水点连接采用磐石胶管，承压承重好，耐腐蚀，能保证在 -30℃ ~ 50℃正常运行。

2.地埋管路选择

一般采用钢丝软管。施工简便，管路柔韧性好，承压承重好，耐腐蚀，能保证在 $-30 \sim 50℃$ 正常运行。

（二）取水连接管路

室外取水管路短或管路经过控制点后，需要与室内取水管路连接，保证上水质量，同时不改变水样代表性。一般采用 UPVC 管道。其化学稳定性好，且易于安装和拆卸清洗，不会对水质造成影响。UPVC 还有如下技术特点：管壁内外温度皆达 $-18℃$ 时，管材开始脆化，但因 UPVC 管的热传导率极低，所以管壁越厚越不容易达到脆化点；耐酸、碱、盐及有机药品的腐蚀；采用胶粘连，安装方便；管材公差符合国际要求，便于配套；符合给水要求，管材不对水样水质造成影响；机械强度及化学稳定性好，寿命长，价格合理。

（三）管路安装、保温和防护说明

取水管路架空铺设：取水管路架空铺设时，确保电源线等线路和室外管路等经管箍固定后，用聚乙烯保温材料包住后包裹一层耐氧化防护油皮，同时为减轻管路和电缆负重以及水流的冲刷承压，油皮外用强化油缆栓挂牵扯，打桩或架杆固定。

取水管路深埋于地面冻土层以下或者沟槽内铺设：取水管路地埋铺设时，确保电源线等线路和室外管路等经管箍固定后，用聚乙烯保温材料包住后，置于一粗为 40 cm 的防护套管中。

站房和河流中间部分管路护套管上，加 0.8 m 覆土。如经过路面则需钢管套护。在部分水体杂物较多的场所，水中预留管线采用架空处理，防止挂住过多水草，增加维护工作量。

经验表明安装管路时，适当增加管路长度，维持增加量在 10 m 以内，以备水位骤降可以及时调整取水点安装位置。

三、控制设备选型和技术性能

（一）电动球阀

1.原理及规格

电动球阀工作原理是由蓝色的执行器带动阀体中的球型密封阀门做 90° 的旋转，实现阀体的导通与关闭，达到控制介质通断目的。选择的电动 UPVC 球阀应具有小体积，合理结构，执行机构全部密封，防水性好的特点，可在恶劣场合使用。技术特点有：新型电动球阀是以大功率电动机为动力驱动球型阀，阀的开与闭是利用定位准确的微触点开关与电子控制器转换来实现；仅需 220V，50Hz 交流电源；控制方式简单；三根控制线断开状态对应阀门全部关死状态。两根控制线短接状态（不需外加电源），对应阀门全部打开状态；全流量、阻力小、体积小，打开或关闭时间约 8 s。

2.安装与调试

装前请将阀接电观察其是否运转正常：阀体尺寸与管路可靠固定，确认阀体与执行器连接正确稳定；依接线图连接电源线与信号线后观察运转情况是否正常；通过控制两根信号线通断测定，观察指示灯情况，正常安装调试完毕。

3.电动球阀维护与维修

定期检查中，如发现阀前有水样而阀后无水样，且是在电动阀正常切换的前提下，可以肯定是球阀损坏需维修或更换。

（1）更换阀体

确定电动阀执行器（即蓝颜色的方形盒状物）切换正常，即可拆下执行器更换阀体（阀体是深灰色的中间凸起物），将执行器与阀体连接的两颗金黄色螺钉旋下即可使执行器与阀体分离，这时将执行器微用力向外拔即可取下执行器，更换时最好关闭阀电源，重新换上新的阀体后将执行器装上即可。

（2）更换执行器

在发现系统运行处于正常状态下，而电动球阀执行器上无指示灯亮时（非红即绿）可判定执行器损坏，需更换。拆下执行器与阀体间螺钉，取下执行器并同时观察阀体是否损坏，如无损坏，只更换执行器即可，更换执行器必须首先断开球阀电源方可进行更换，将球阀原电源线接头断开，可发现球阀共有四条线，其中红、黄两根为球阀供电电源线（注：220V交流电）蓝绿两根为信号线，按原方法将四根线分别接到各自位置，用绝缘电工胶布缠绕可靠后，与阀体重新相连，旋紧螺钉即可。

注：更换新阀体后，装上执行器时要保证阀体的凸起与执行器的凹槽完全吻合才可以装入螺钉然后旋紧（电动球阀及手动阀不可随意进行调节）。

（二）取水压力传感器

电压传感器在系统上水压力不足或者管路破裂导致上水无法完成时，及时发出报警信息，防止系统在非正常情况下运转而受到损坏。

第三节 水样采集方式

一、浮船采水

浮筒与自吸泵配合使用。浮筒用于安装取水头和取水管路。

该浮筒适用于水流不大，取水头易于固定的站点。自吸泵放置在室内或其他符合安装条件的位置，采水距离较短（自吸泵距离取水点小于40 m），站房与采水点落差不大（小于5 m）情况下多采用这种方式。

（一）取水头及浮筒

1. 浮筒

浮筒主体为主要漂浮部分，浮筒主体底部连接以锚链固定，或者采用钢丝绳绑缚在水中固定桩或其他建筑物上。

2. 取水头

由于系统采用双泵双管路，因此浮筒上安装有两个取水头。取水头采用不锈钢材质，为圆筒形，用于连接取水管路；不锈钢取水头本身带有许多小孔构成粗过滤装置，可以防止大的杂物进入采水系统，而且能够有效防止取水口堵塞，方便清洗和清除杂物。

3. 取水头及浮筒的维护

清洗维护采水头时只需搬动浮筒，使采样头露出水面，用刷子、扫帚清洗采水头表面的杂物和藻类。

与取水头连接的取水管路应以适量配重沉入水下，避免漂浮在水面上拦截水中杂物和易被过往船只挂断。

（二）潜水泵专用浮船

船式浮筒长 2.7m，宽 1.2m，玻璃钢材质，设计载重量为 250 kg。浮筒用于固定潜水泵吊桶，以及与潜水泵相连的电缆和取水管，维修时可允许人员在浮筒上操作。

注：应在确保维修船只与船式浮筒连接牢固的状况下，方能登上船式浮筒进行维修。

船式浮筒中部可安装不锈钢吊桶，用螺栓固定。潜水泵放置在吊桶中。吊桶自带许多小孔构成了粗过滤装置，可以防止大的杂物进入水泵和采水系统。

潜水泵、不锈钢吊桶依次安装到船式浮筒中。取水管路与水泵用快接头连接，在快接头与磐石管连接一端有一不锈钢吊链应固定在浮筒上，在检修水泵时，可以避免磐石胶管滑落到水中。磐石胶管应从不锈钢吊桶的侧面缺口处进入水中，保证磐石胶管在水面下同时让磐石胶管没有死弯。另备有水泵提链与水泵吊耳连接，便于水泵从吊桶中提起和放下。浮筒上的固定金属环用于锚链、钢丝等固定。船舵起到稳定船体并且可使船顺水流方向漂。

（三）采水工程

采水工程为靠近取水点处的河道内或河岸上的建筑，其主要作用：固定浮筒、固定水位计，便于水泵、浮筒的维护维修工作，或者放置自吸泵等。

以下为几种采水工程方式：

1. 栈桥式

此采水方式仅适用于采水点距离岸边小于 20 m，水位变化小于 2 m 的情况，取水点深度不应低于 2 m。

此方式采用混凝土桩或钢桩作为基础，桥体采用混凝土结构或钢结构；

可装备近水操作平台，便于水泵的维修、更换；

安装绞轮，用以提升水泵，便于水泵的维修、更换；

如使用自吸泵，并且无冰冻问题，可把自吸泵直接放置在栈桥上；

安装警示标志，避免河道内过往船只造成的危险；

输水管线可在栈桥下方固定，便于检修、维护。

2. 锚式或固定桩

此采水方式可用于采水点距离岸边较远（大于 50 m）的情况，取水点深度不应低于 2 m，并且适用河道中水流不是非常急的水域中。

在河床或岸边修建固定桩，用钢丝绳将浮（船）筒用钢丝绳与桩牵连，并用锚链方式固定；或直接将潜水泵悬挂在水中固定桩上。

水下管线与钢丝绳捆绑，在钢丝绳上增加等距离间隔的配重，使取水管路沉入河底；陆上管线采取埋设方式。

3. 自来水厂取水

有些站点建设在自来水厂内，直接从水厂的取水管路上取水，由于水厂取水管路为有压管路，因此该采水方式不需要水泵、浮筒等设备，只需要把取水管路连接在水厂管路上即可，因此该采水工程只需铺设管路。

（四）取水管路

取水管路为从取水点到站房内配水单元之间的管路。其主要功能是为样品水的传输提供途径，并且在传输过程中对样品的物理、化学性质不产生影响。

1. 取水管路的种类

根据系统对取水管路的要求，系统集成公司选用日本 TOYOX 公司生产的胶管，选用 R25 磐石胶管和 TS 25 弹簧胶管两种型号。此两种管路化学性质稳定，重量轻、耐磨耗质能优良，耐油性强，适合用于管路铺设。

R25 磐石胶管与潜水泵配合使用，而 TS25 弹簧胶管则与自吸泵配合使用。

2. 管路铺设

（1）陆上部分

①胶管敷设

胶管的敷设分为两种形式：外装保护套管形式和支承物绑缚形式。埋地敷设时一般采用外装保护套管形式：管线施工都应做到保温、防冻、防压、防盗，不应有死弯，并且有一定的坡向。外装保护套管的材质可以是 PVC，也可以是钢管（考虑防腐），建议管径不小于 150 mm，需考虑胶管穿入作业的便利性，尤其是在弯管处，应采用 45° 弯头或大半径弯头。

②地埋敷设

地埋敷设时必须采用外装保护套管形式；地埋敷设时应考虑保护深度，保护深度一般在浮土之下 300 mm：若考虑承重，则保护深度为 700 mm；在北方地区还应考虑冰冻深度，所以应埋在冰冻层以下;为防止套管内部集水,套管敷设时应保持一定的坡向;必要时最好留有检查维护用井。

③明管敷设

明敷保护套管时至少应在5 m间距设置管墩或管架;明敷套管考虑到安全因素宜采用钢制套管;采用钢制套管应考虑防腐问题;保护管最好设置法兰连接。明敷保护套管也可采用明沟或水泥砌筑,注意保温。

④支承物绑缚形式

支承物绑缚形式一般用于地上敷设,采用钢管、角钢等作为支承物,胶管经过保温处理后,与水泵电缆、水位计电缆一同绑缚在钢管等支承物上,再用岩棉等材质的保温壳管裹敷,外缠玻璃布并刷防水保护漆。保温处理因地区不同而不同,做到防冻及防晒,避免胶管冻裂或老化,所以应根据当地情况施工。

（2）水中部分

①埋地入水

埋地敷设时,胶管及电缆均应加保护套管后埋在地下送至最低水位以下;若考虑防冻问题,还应在最低水位加上冰冻深度以下。

②架空入水

不管是采用外装保护套管形式还是支承物绑缚形式都应将磐石胶管与电缆送至最低水位以下,入水后的胶管不需再作保温处理。

凡采用支承物绑缚形式敷设的,在五十年一遇的最高水位之下不能采用岩棉等不耐水浸的保温材料,可采用发泡材料、聚乙烯等耐水保温材料。

③采水管固定

采水管用事先固定在水下的钢丝绳捆绑固定。采水管也可悬重物后沉入水中。采水管也可沿水中构筑物固定。要避免过往船只将其挂断。

胶管和电缆应沉入水中,以避免胶管和电缆浮在水面上拦截杂物,不仅会造成安全隐患,也影响美观。水下铺设胶管和电缆时,由专用配重将其沉入水中。胶管和电缆应根据最高水位时,胶管与河床夹角应大于45°。

根据胶管和电缆预期沉入的深度以确定胶管和电缆的长度,而且胶管和电缆应尽可能与固定浮筒的缆绳绑缚在一起,绑缚的距离应与预期沉入的深度相匹配。

二、栈桥采水

栈桥在水站建设中的应用越来越被用户所认可,所体现的意义也越来越重要。栈桥架设体现的技术特点如下:栈桥的架设,很好地保护了取水点附近的环境,为水样真实性提供了保障,同时明显的警示标志也避免了取水点遭受破坏,为其提供了有效的防护手段;规范了取水装置的安装;是超声波水位计准确测试的最佳安装方式;大大方便了取水单元的人员维护操作。

栈桥一般设计要点如下:

第一，栈桥主体一般为钢结构，河堤处桥面"△±0"以下为钢结构基础（岸基）。桥面伸出长度在满足采水要求基础上进行优化选择；桥面主体及加工固件以焊接为主，桥面采用国标"80mm×3mm"方钢，提高抗扭曲力。

第二，柱桩采用特定型号的镀锌钢管，内部贯入螺纹钢，并灌注混凝土提高整体支承强度；支柱间距不大于 5 m。

第三，钢件之间用焊接和螺纹连接；钢结构与混凝土之间采用预埋件连接。

第四，护栏为满足安全所需及外观要求，根据需要，栏杆主柱、栏杆扶手、栏杆中间采用不同型号的方钢；栏杆间距一般不大于 20 cm；栏杆高度不低于 1.2 m；地角焊接。

第五，对呈强酸、碱性水体的水站，栈桥入水构件进行抛光喷涂防腐材料处理，避免强酸、强碱腐蚀和氧化锈蚀。

第六，桥面宽度 1 m 以上，桥面采用防腐实木板或花纹钢板，满足使用要求的同时大大增加了美观性。

第七，栈桥在堤岸一端台阶加装扶手与护栏连接，方便工作人员上下，护栏临堤岸一端及临河一端安装向护栏内方向开启的活动门，并加锁防止外人擅自进入。

第八，栈桥前端加装警示标志和警示灯，警示标志有"有电危险、注意安全、环保设施严禁攀爬损坏和非工作人员不得入内"等字样。

三、潜水式采水

"潜水式"的取水方式，综合考虑了两种情况：一种是现场常规取水困难，水流湍急，水位常年变化较大、取水设施不易安装等特点，通过在河岸安装固定悬臂，悬臂安装滑轮导索，部分点位加装悬浮漂体牵引潜水泵随水位上下浮动，保持取水在水下 0.5 ~ 1 m 的位置，保证了取水点的取水可能性，有效隔离了杂草等的干扰。另一种是潜水泵和浮筒组合的简易取水，适用于水位常年变化不大的地方。

技术要点如下：

第一，悬臂为不锈钢结构，具体尺寸根据现场情况而定；

第二，悬浮漂体为轻型钢化材质，浮力好，强度大质量优良，抗氧化和碰撞。系统空压机进气和排气控制浮体的上下浮动；

第三，悬浮漂体下拴挂潜水泵，连接处做妥善处理，保证管路和电缆不因磨损而损坏。

四、自吸泵采水

采用自吸泵取水，自吸泵可放置站房内，也可置于站房外，既便于安装维护，又避免了因为安装潜水泵造成的固定难、提升检修难、容易拴挂浮游物、容易被船只碰撞损毁和容易被颗粒物和水中生物进入阻碍泵体叶片运转等问题；浮动式直杆更加方便灵活地安装，通过对水力浮力精确计算后的设计尺寸，会跟随水位的变化保持在水面下 0.5 ~ 1m。

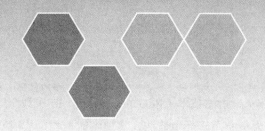

第十章 水质质量管理自动化

为了加强地表水自动监测站的管理，确保水站长期稳定运行，及时准确地发布水质自动监测数据，发挥水站的实时监控和预警监视作用，应按照统一领导、明确职责、密切配合的原则做好水质自动监测的质量控制和管理工作。

第一节 质量管理概述

一、质量保证和质量控制

质量保证和质量控制是环境监测的重要组成部分，环境监测是准确地测取数据，科学地解析数据和合理地综合利用数据的过程，环境监测质量保证和质量控制则是使环境监测数据具有代表性、准确性、精密性、可行性和完整性的重要保证。完善和发展质量保证体系和质量控制措施是环境监测走向自动化、现代化、科学化、标准化的具体要求。

质量保证是指为能满足规定质量要求，提供适当信任所必需的全部有计划、有系统的活动。是整个监测过程的全面质量管理，是保证监测数据有效性程序的总体，是一套质量管理的体系文件。

质量控制是为表达质量要求所采取的作业技术和活动，是科学管理、具体运用的有效方法，是获得正确数据的一个重要环节，是用于环境监测过程中的诸多控制方法，为保证监测质量所执行的一系列的具体操作，包括内部质量控制和外部质量控制。其目的是要把监测分析误差控制在允许限度内，保证监测结果有一定的精密度和准确度，使监测数据在给定的置信水平内达到所要求的质量。

二、环境监测的发展趋势

水质自动监测发展很快，监测的因子较多，监测的污染物的种类也较多，并且向监测有机的污染物、生物毒性等方面发展。单就监测的手段方面，世界环境监测的发展趋势是利用现代的IT技术，先进的仪器仪表，进行自动化、现代化监测。目前发达国家的自动化监控程度高，基本上做到了自动化采样、自动化分析、自动化数据处理和数据转输，同时将一些新技术，如地理信息（Geographical Information System，GIS），遥感技术（Remote Sensing，RS）和全球定位系统（Global Position System，GPS）3S 技术为核心用于环境监测，实施实时监控、实时数据传输并用计算机进行声、像、图、表、文等多媒体方式大屏幕演示等。相应的质量管理技术也在不断地发展。

三、质量保证和质量控制的现状

近年来，随着监测技术水平和监测实力的快速发展，IT 技术的广泛应用，自动化、现代化的监测技术给质量保证和质量控制提出了新的课题。环境监测电子信息的质量保证和质量控制有待进一步完善；自动化、现代化的监测技术标准和质量保证技术规定有待尽快出台；尤其是水质自动监测技术标准和质量保证技术规定仍然落后。质量保证和质量控制技术滞后监测技术的发展。而现代环境监测从化学分析向仪器分析方向发展，从手工监测向自动化在线监测系统发展，从单一的监测分析技术向多种监测技术联用发展，从纸质文字传输（递）向电子信息传输（递）方向发展。环境监测的质量保证与质量控制需要进一步的提高和完善，水质自动监测作为较早开展自动化的环境监测手段之一，其监测质量保证和质量控制急需提高和完善。

四、监测数据的"五性"

从质量保证和质量控制的角度出发，为了使监测数据能够准确地反映水环境质量的现状，预测污染的发展趋势，要求环境监测数据具有代表性、准确性、精密性、可比性和完整性。环境监测结果的"五性"反映了对监测工作的质量要求。

（一）代表性

代表性是指在具有代表性的时间、地点，并按规定的采样要求采集有效样品。所采集的样品必须能反映水质总体的真实状况，监测数据能真实代表某污染物在水中的存在状态和水质状况。

（二）准确性

准确性指测定值与真实值的符合程度，监测数据的准确性受从试样的现场固定、保存、传输，到实验室分析等环节影响。一般以监测数据的准确度来表征。准确度常用以度量一个特定分析程序所获得的分析结果（单次测定值或重复测定值的均值）与假定的或公认的真值之间的符合程度。一个分析方法或分析系统的准确度是反映该方法或该测量系统存在的系统误差或随机误差的综合指标，它决定着这个分析结果的可靠性。

（三）精密性

精密性和准确性是监测分析结果的固有属性，必须按照所用方法的特性使之正确实现。数据的准确性是指测定值与真值的符合程度，而其精密性则表现为测定值有无良好的重复性和再现性。

精密性以监测数据的精密度表征，是使用特定的分析程序在受控条件下重复分析均一样品所得测定值之间的一致程度。它反映了分析方法或测量系统存在的随机误差的大小，测试结果的随机误差越小，测试的精密度越高。

（四）可比性

指用不同测定方法测量同一水样的某污染物时，所得出结果的吻合程度。在环境标准样品的定值时，使用不同标准分析方法得出的数据应具有良好的可比性。

（五）完整性

完整性强调工作总体规划的切实完成，即保证按预期计划取得有系统性和连续性的有效样品，而且无缺漏地获得这些样品的监测结果及有关信息。

人们常说："错误的数据比没有数据更可怕。"为获得质量可靠的监测结果，世界各国都在积极制订和推行质量保证计划，正如工业产品的质量必须达到质量要求才能取得可观的承认一样，环境监测结果的良好质量，必然是在切实执行质量保证计划的基础上方能达到。只有取得合乎质量要求的监测结果，才能正确地指导人们认识环境、评价环境、管理环境、治理环境的行动，摆脱因对环境状况的盲目性所造成的不良后果，这就是实施环境监测质量保证的意义。

第二节　水质自动监测质量管理基本要求

一、保证条件

（一）前期性保证

前期性保证是质量管理工作的开端，也是在水质监测工作开始之前所应实施的质量保证。其中包括对监测人员素质、实验设备与环境、检测方法及方法的确认、标准样品和化学试剂、检测样品的检前处理这几个方面的准备工作，也可以说是一种预防性的控制，为水质监测的检测过程提供十分必要的前期保证。

（二）对监测人员素质的质量保证

在监测这个有机整体系统中，影响其工作结果——数据的可靠性、准确性的诸多因素中，监测人员的素质是最重要的一个因素。监测人员水平的高低直接影响着监测数据的可靠性与准确性，尽管目前现代化的仪器越来越多，也越来越先进，但监测人员的技术判断、经验技巧等仍对实验结果的质量水平起到举足轻重的影响。

监测人员必须具备与检测项目要求相当的能力水平，并经理论知识与实际操作的考核合格后，持证上岗。此外，还需要在计量知识、误差理论等方面具有相当程度的认识，并随着工作经验的增加，逐步提高监测能力，以保证水质监测过程的工作质量。

（三）对实验所涉及的设施和环境条件的质量保证

设施和环境条件是实验室为保证监测结果的准确性、可靠性、一致性而建设的相应环境及相应设施。现代化学分析需要合适的设备和仪器，实验的成功与否常常可以追溯到设备和仪器的配备和使用的合理性，所以必须对仪器设备进行必要的日常维护和保养，以便于有效地保证设备的完好性和准确度。仪器所处的环境也是十分重要的，现在大多数精密仪器都对室内的温度和湿度有要求，这就需要我们配备空调、通风橱等设施并保持实验室内的整洁有序。此外，还要尽可能地防止因设施或环境对实验人员的健康造成的伤害。

（四）对标准物质和化学试剂的质量保证

实验室应配备有专人负责保管标准物质和化学试剂并做好出库入库的登记工作，以确保试剂的安全有效。在实验开始之前应当检查所需用到的试剂是否过期或者变质，避免造成人力、物力和时间上的浪费。

二、具体实施细则

（一）管理制度

建立自动监测系统运行管理制度是实施质量控制与保证的基础和依据，因此，自动监测站应制定并严格实施各项管理制度，确保水质监测的质量。水站管理制度包括：

水质自动监测站运行管理办法；

岗位培训及考核制度；

运行与管理人员岗位职责；

水质自动监测站质控规则；

水质自动监测站仪器操作规程等。

（二）常规性措施

1.提高技术人员素质

（1）加强技术培训与教育

对自动监测站运行人员定期进行职业教育和培训，以提高运行人员的责任感和敬业精神；运行人员应定期参加培训，应了解和掌握全面的专业技术知识和操作技能，熟悉自动监测站内的仪器和设备性能，严格按照安全操作规程正确、规范地使用仪器设备。

（2）实施持证上岗制度

应统一制定并实施水质自动监测系统上岗考核与管理办法，水站运行人员应通过岗位考核才能承担自动监测站的运行与管理工作。

2.严格执行操作规程

按各系统、单元及各种监测仪器的操作规程要求进行系统启动前的检查、开机操作步骤，调节仪器运行状况等。

严格按照操作规程规定的周期更换试剂、泵管、电极等备品备件，试剂的更换周期一般不超过两周；泵管、电极等关键部件不得超期使用；自动监测仪器使用的实验用水、试剂、标准溶液须达到有关质量保证的要求。

试剂配制与有效性检查。

所有使用的试剂必须为分析纯，且未失效。

标准溶液贮存期除有明确的规定外，一般不得超过三个月。

标准溶液和试剂的配制按计量认证的要求进行。

按照操作规程的要求定期进行仪器设备、关键部件的维护、清洗；发现问题并及时处理，保证系统的正常运行。

根据系统运行规则，负责系统运行的监测站必须每天通过远程控制系统查看自动监测站的运行情况和监测数据的变化，发现监测数据有较大的变化时，首先要检查系统的运行状况，判断是否由于仪器的不正常运行所致，若发现仪器运行问题应及时维修、排除故障，自动监测站管理人员无法修复的，应及时向系统维护部门及总站报告。

建立系统建设与运行档案：

基本建设档案：建立完整的自动监测站建设的技术档案，包括站址选择与论证材料：土地、站房、采水等基础设施的审批文件、设计图纸等技术材料；项目立项、评估、建设过程中的行政、技术文件和文档。

建立完整的仪器设备档案：包括仪器设备档案、产品说明及操作手册；设备运行及维修档案。

建立监测数据管理档案：各托管站应认真做好仪器设备日常运行的现状记录及质量控制实验情况记录，数据采集器必须至少保存 1 年原始数据；中心站必须下载子站的每日均值数据，并用光盘保存。中心站应保存全部自动监测站的周报数据，并定期以光盘保存。

3. 建立水站质控档案管理制度

水站应建立严格的质控管理档案，认真做好各项质控措施实施情况的记录，包括水站日常数据检查情况、试剂配制情况，每周巡检的作业情况、每周标准溶液的核查结果、每月比对实验的结果、自动监测系统日常运行情况等的记录。

4. "日监视、周巡检"

水站应保持各仪器干净清洁，内部管路通畅，流路正常。对于各类分析仪器，应防止日光直射，保持环境温度稳定，避免仪器振动，日常应经常检查其供电是否正常、过程温度是否正常、工作时序是否正常、有无漏液，及管路是否有气泡、搅拌电机是否工作正常等。

（1）"日监视"

技术人员每天上午和下午两次通过中心站软件远程下载水站监测数据，并对站点进行远程管理和巡视，内容包括：

根据仪器分析数据判断仪器运行情况；

根据管路压力数据判断水泵运行情况；

根据电源电压、站房温度、湿度数据判断站房内部情况。发现数据有持续异常值出现时，应立即前往现场进行调查和处理，必要时采集实际水样进行实验室分析；

定期对分析仪器进行校正，两周应更换试剂。定期清洗各个电极、采样杯、废液桶和进样管路及测量室等。必要时对各电极膜、液进行更换；

根据易耗品和消耗品（如泵管、滤膜、活性炭及干燥剂等）的更换周期要求，必须定期更换；

水站负责人员应认真做好仪器设备运行记录工作，对系统运行状况和维修维护应详细记录。

（2）"周巡检"

负责自动监测站运行的部门对整个系统应每周进行 1 ~ 2 次巡检，检查系统各单元、仪器、设备的运行状况，进行例行的设备维护，发现故障应立即进行排除，如果故障不能在现场立即排除时，应向上级管理部门报告，联系系统维护单位进行故障排除，以尽快恢复系统的正常运行。同时应按规定，进行手工采样和实验室分析。

每周巡检的主要内容应包括：

查看各台分析仪器及设备的状态和主要运行参数，判断其运行是否正常；

检查并清洗电极、泵管等关键部件；

检查试剂、标准液、去离子水是否有效，存量是否满足仪器运行要求；

检查电极、泵管和其他备件的使用情况，如发现已达到使用期限，应立即进行更换；

检查水站的电路系统、通信系统和卫星通信线路（如有 0，是否正常）：

检查采水系统、配水系统是否正常；

按系统运行要求对管路及与处理装置进行清洗。

（3）半年巡检

水站每年应完成至少两次的巡检，巡检时对水站系统进行全面的运行状况检查和维护；排除事故隐患，保证水站的长期稳定运行。主要的检查和维护内容应包括：

更换已到期或明显存在质量变化的备品备件；

检查系统各单元的运行参数，调整或恢复正常的参数值；

进行系统的全面清洗、除藻；

进行各项目仪器的标准校正；

进行采水、配水系统的检查和维护，包括清淤、清藻、防压防冻等；

测试并恢复远程通信、控制系统的运行参数；

检查并维护防雷、安全系统；

检查子站的运行、维护记录、档案。

5. "月对比"

水站应定期进行仪器检测和实验室分析的对比试验，或使用仪器进行标准溶液核查。比对可采取"周核查、月对比"的方法进行，即每周进行一次标准溶液检查测试，每月进行一次实际水样的实验室比对测试，水站运行人员应在每次比对后将测试结果上报有关管理部门。

另外，还可以通过中心站不定期发放密码样进行考核，可用于检查自动监测站数据的准确性。

6. 数据管理

（1）日常数据管理

技术管理人员必须每日 1～2 次通过系统软件远程监视系统运行情况和监测的实时数据，并对实时数据进行分析，发现可疑数据时应及时处理。

中心站必须定期备份监测的原始数据，每年对全年的监测数据拷贝至光盘保存。

水质自动监测站的监测报告要严格执行三级审核制度：

一级审核为自动监测站监测人员随时对仪器监测的数据进行检查和审核，发现异常值时应对仪器的运行情况进行检查，若确定为仪器故障时，对异常数据做标记，并及时排除仪器故障。

二级审核为自动监测站技术负责人（或室主任）对上报的监测数据进行审核，并对一级审核提出的异常数据进行复核。

三级审核为站长对上报上级监测站的数据进行审核。

（2）异常数据的判别与处理

在系统运行期间异常值的确定应根据以下原则：

当仪器一次监测值在前 7 天的监测值范围内，但连续 4 次为同一值时，应检查仪器及系统的运行状况，系统或仪器为正常时，确定为正常值。若仪器不正常时，判定为异常值。

当一次峰值或最低值超过前 3 天和后 2 天各次监测值平均值的 2 倍标准差时，确定为异常值。

当连续多次仪器监测值为最高或最低检测限时，应对仪器或系统的运行状况进行检查，若系统和仪器运行正常时，确定为正常值。否则判定为异常值。

当数据采集系统发出异常值警告，并确定仪器正常时，警告值不作为异常值处理。

当已知仪器或系统运行不正常期间的监测值应作为异常值处理。

异常值应根据以下方法处理：

当异常值的频次不影响日均值计算的数据频次要求时，异常值不参与日均值统计，也不需手工补测，但是在原始数据库中应给予标注。

仪器连续发生可疑值而且无法及时确定系统或仪器是否运行正常时，应立即采取手工监测进行对比，当对比结果证实为异常值时，应以手工监测数据参与计算。对比结果误差小于规定时，则仍以仪器监测值参与计算。

当仪器监测出现峰值而又不属于异常值时，应及时向管理部门及总站报告水质变化情况。

7. 日常运行维护记录

应建立水站维护档案，将水站的运行过程和运行事件进行详细记录，并进行归档管理。日常运营中使用运行管理相关记录表至少应包括以下表格：

水质自动监测站运行维护记录表；

水质自动监测系统仪器设备维修记录表；

水质自动监测系统备品备件管理记录表；

水质自动监测站主要消耗材料使用登记表；

水质自动监测系统仪器资料保管清单。

三、考核要求

运行维护管理方针与目标

（一）运行维护管理方针

运行规范、反应及时、数据准确、管理有效。

（二）运行维护管理目标

全面贯彻质量方针、建立符合国家标准且适合于中心监管—公司运行模式下的质量管理体系，提供及时、准确、有效的监测数据，同时对监测数据进行保密。

应保证水站的运行质量，接受对运行情况进行的单站考核（停电、台风、雷击、外部通信线路故障、子站房维修及改造等不可抗力的情况发生除外，以下简称免责天），并达到以下指标：

1. 系统正常运行率达到95%

日运行正常：即该日水质监测子站的90%的监测项目能够报出不少于4个质控达标的监测数据。

周运行正常：该周中，日运行正常的天数 ≥ 5 天

$$系统正常运行率 = 考核年中系统运行正常的周数 /52 \qquad （10-1）$$

2. 数据捕获率达到95%

一个正常数据：在测量时间点，90%的监测项目能测出该时间点水质的质控达标监测数据包。

$$数据捕获率一年中正常数据个数 / （365 \times 6） \qquad （10-2）$$

3. 数据质控合格率达到95%

质量控制合格：每月对各个水站进行质量控制考核，对该月的质量控制工作进行评价。分为合格、不合格两类。

$$数据质控合格率 = 质量控制检查合格次数 /12 \qquad （10-3）$$

4. 异常情况处理率达到100%

$$异常情况处理率 = 异常情况处理次数 / 异常情况发生次数$$

异常情况处理次数指仪器或子站系统发生异常情况下，能12 h内有效处理或能查明异常情况原因的次数。

5. 对比实验合格率达到100%

每季度对水站各监测指标进行一次实验室对比分析，对比实验分为合格和不合格两类。

$$对比实验合格率 = 对比实验合格次数 / 对比实验次数 \qquad （10-4）$$

四、报告制度

（一）通信要求

要保证水站的数据传输线路专线专用，严禁私自挪用。

为保证及时交流信息，应配置专用电话和计算机；技术人员应配置其他通信手段，并将通信方式报总站水室。

（二）监测频次与数据量要求

至少每间隔 4 h 监测 1 次，每天至少采集 6 个数据。

水站监测时间为每天 0：00，4：00，8：00，12：00，16：00 及 20：00。需要加密监测的在统一规定时间内按整数时间均匀增加，但需经总站书面同意。

系统控制的调整由总站负责，不得随意调整系统控制参数。

（三）数据处理与传输

1. 周报内容

各站应于每周的星期一报送上周的监测数据，和水质周报数据质量报告。

2. 填表说明

（1）站点名称

各个水站的名称按流域、市（县）和具体位置的顺序填写。

（2）填写规定

指标缩写、单位与位数按规定填写。水站如增加其他项目的监测仪器，可按有关监测技术规范进行。

（3）质量报告

凡剔除数据或缺损数据均需在"水质周报数据质量报告"中加以说明，并注明数据的监测时间。

当水质状况变化较大时，要分析变化原因。

水质周报的数据质量报告单如填写内容较多，可另页说明。

3. 数据处理

各项指标日均值的计算均采用算术平均的方法，周均值的计算采用日均值的算术均值。

水质周报符项指标日均值的计算至少需要 4 个有效数据；周均值的计算至少需 5 个有效日均值。有效数据量达不到以上要求则为异常状态，须尽快查找原因、及时处理并上报总站水室。

（四）应急措施

如果水站仪器设备发生故障，应采取实验室方法进行人工补测，每周不少于两次，直至系统或仪器设备恢复正常为止。补测项目暂定为水温、pH 值、溶解氧、高锰酸盐指数及氨氮。

周报上传线路故障时，可通过传真上报《水质自动监测站水质周报》和《水质周报数据质量报告》。

第三节 质量控制的自动化

质量控制的自动化监管应简单化、程序化、可操作性强，既逐步减少现在所执行的日监视、周巡检、周比对、周核查、月比对工作的频次和劳动量，又能保证数据高质量。结合水质自动监测系统的现有平台，在水质自动站前端、中心平台端进行建设和升级，建立质量控制监管的自动化系统。

一、水质数据感知单元

水质数据感知单元内容包括：在无须进行系统集成改造工作的情况下能将所有水站仪器测试值参数无缝接入质量控制监测系统。能随时查询监测数据和系统状态。能够准确采集总磷、总氮、氨氮、高锰酸盐指数、pH 值、溶解氧、电导率、浊度的数据并储存在基站数据库中，确保远程能够随时调取数据信息和查看历史数据。当数据超出设定值会自动启用报警系统，并留样。对异常情况导致的数据丢失有报警记录（如停电，取水故障等）。

二、水站运行状况感知单元

水站运行状况感知单元内容包括：结合自动监测自身特点，建立运行监控系统，对自动监测仪器工作状态参数进行自动记录保存，对系统各单元运行全流程工况进行自动记录保存等质量监管，实现远程对水站工控系统、仪器设备运行参数、取水系统工作情况的实时监视和控制，满足监管部门对水站现场进行远程监管及反控功能要求。要求对系统各运行单元运行状态参数的实时监控，对系统各主要工艺和仪器设备进行平台控制。

（一）对系统运行配电及站房温湿度进行监控

对水站系统流程日志中，全程自动监控、记录、保存系统供电电压是否正常、停电恢复时间、站房内温度、湿度等自动监测基本环境条件和动力条件。

（二）对采水单元运行参数监控

在采水单元运行中记录保存采水泵运行停止时间、采水压力、沉淀池电动球阀工作时间、控制水位的浮球开关动作时间和原水沉淀起止时间等必要条件。

（三）对配水单元运行参数监控

在配水单元中记录保存测量杯电磁阀工作时间、清水加压泵工作时间、清水压力、进样泵工作时间、进样压力等必要条件。

（四）对仪器分析单元运行参数监控

拟建网络化质控监管系统能自动采集、保存仪器分析单元中各仪器设备内部设定量程、量程标准液人工手动校准、量程标准液自动校正、动态随机标准液网络质控监控核查等主要参数。

具体要求为能够采集、保存现有水质自动监测站自动检测仪器校准／校正、运行状态主要仪器的校正信息，如水站名称、校准／校正项目、日期、时间（包括内部设定自动校正时间和自动校正完成时间）、量程、校正结果恢复或增加清洗水、标 A、标 B 等试剂的液位报警功能，以此判断仪器运行是否正常；

采集、保存主要仪器内部设定量程，根据仪器校准时间间隔要求，自动提醒下次校准时间等；

采集、保存总氮磷仪器校准时间、量程、空白和量程标液校正的吸光度值等；

采集水质五参数、重金属、氟化物、氯化物其他检测设备的能够体现仪器运行情况的重要状态参数。

实现远程对仪器设备的实时校准，对具备条件的仪器设备，可远程进入仪器内部单元，实行维护操作。

（五）对自动留样单元运行参数监控

由于超过设定标准值的超标水样，系统启动自动留样单元，对相关参数进行监控、记录，并对数据进行有效性判别、确认和标记，必要时间设定人员发送超标预警手机信息。

（六）对清洗单元清洗系统流路相关参数监控

在仪器分析结束后，对沉淀池、测量杯、质控杯、五参数池、室内外采水流路管道全部进行清洗时，记录各电磁阀、清水加压泵的动作时间以及清洗水压等参数。

（七）对视频系统相关参数监控

能远程实时查看视频影像，能够远程调取各摄像头并调节位置（如摄像头可转动）。

三、监测数据质量控制感知单元

为保证水质自动监测数据可靠性、准确性和可塑性，将实验室质量控制体系中的空白样品测试、平行样测试、标准样核查测试和加标回收测试手段运用到水质自动监测网络化质控监管系统中，增加标准动态配置的功能单元，建立完整的自动监测质量控制体系。

建立数据审核分析系统，对超标或预警等原始监测数据进行复核，判别确认和有效标记，通过对前端标注动态配置单元，建立标准化的质量控制程序，满足系统日常运行和异常情况下的系统校准，实现针对异常数据、超标数据的自动识别与核查检验，及时预警响应。建构水质污染物扩散模型，结合水利数据动态的掌控和判别污染物的踪迹。

中心站要配备一套与现有水站运行控制系统兼容的 PLC 软件程序，具有水站前端独立控制平台系统以用于对水站现有相对应仪器的质控监管运行测试。管理人员可随时通过网络对水站一台或多台仪器实施一种或多种质控措施，并自动生成质量控制报告和报表。

（一）质控样溶液在线测定

对系统一个或多个参数进行质控样样品在线核查时，通过网络远程操作设定质控单元采取质控样供仪器进行质控分析，根据质控分析结果与相对误差要求，判定仪器是否正常。应考虑到样品在抽取过程中的浓度和温度的变化。

（二）周核查溶液在线测定

对系统一个或多个参数进行周核查样品在线核查时，通过网络远程操作设定核查单元采取周核查样供仪器进行周核查分析，根据周核查分析结果与相对误差要求，判定仪器是否正常。应考虑到样品在抽取过程中的浓度和温度的变化。

（三）平行样品的在线核查

网络化对水站进行一个或多个参数空样核查，质控单元可根据远程操作启动相应程序，直接控制仪器对测量杯中剩余水样进行二次测试，并根据仪器分析结果和误差规定进行评价，并生成质控报告或报表。

（四）超标样品的核查

根据签订的年度地表水水质责任目标任务限值，设定各水站系统自动监测最高限值，当监测数据超过设定最高限值时，系统自动启动留样器工作，并根据预设的监测结果超标倍数范围，控制程序有选择性地进行质控测试、平行样测试、标准样品核查测试，根据结果对超标数据进行判定、确认和有效性标记，必要时自动发送水质预警响应手机信息。如果判定不合格，对数据进行标记。

四、数据分析单元

根据校准质控结果，结合运行参数监控情况，在自动站前端根据业主要求自动生成各类质控报告或报表。

为了实现上述目的，要建立的网络化质控监管系统所必需的软硬件设施及前端、后端功能单元。在现场增加的必要设备的实施过程中，不能影响现有水站系统正常运行，不对现有水站让行系统进行较大改动，为自动监测数据应用于地表水环境责任目标考核、流域生态补偿、地表水环境质量监测监控预警响应、环境决策和环境管理提供准确、及时、可靠的技术支承。

（一）结合历史数据，对上传监测数据进行分析审核和异常情况的判别

对水站系统正常运行中产生的监测数据，应结合仪器工作状态和历史数据趋势进行分析、比较，并进行自动分析审核、有效性标记。

1.断面同一参数数据相关性审核

同一水站同一参数相邻监测数据突然出现较大波动时，可根据历史数据相关性设定要求限值进行核查，对波动较大的数据进行有效性识别。

对单个断面自动监控历史数据进行统计分析，生成断面各监测因子在不同水期（丰、平、枯）的常态和异态分布情况，根据分布情况对自动监控数据进行初步的审核和评定，判断数据是否异常、超标，并对异常、超标数据进行标记。

2. 单个断面相关参数数据相关性审核

同一水站相关参数监测数据，如总氮和氨氮，DO、电导率和 pH 值，当其中一项突然出现较大波动而其他参数基本稳定时，可根据历史数据相关性，自动核查相关参数监测结果，对相关参数数据进行有效性识别。

3. 上、下游断面数据相关性审核

当有关联的上、下游（或支、干流）流域的一个水站出现数据较大波动时，可根据相关水站的距离和水流速度，根据平时观察河水从上游水站流经下游水站的大致时间（上游河水突然暴涨并有污水团下泄时），判断波动数据是否为异常值，并进行有效性标记。

对存在上下游关系断面实时自动监控数据进行审核。对同一流域不同断面，当某一断面出现数据异常或超标时，可根据断面上下游关系提取相关断面数据进行比较分析，根据断面水质常态和异态分布情况，判断数据是否异常、确定水质超标范围，并对异常、超标数据进行标记。

提取相关断面数据时需考虑上下游关系，并根据断面间距离和河流流速计算同一水样在不同断面的检测时间，使各断面所采水样能相对一致。

4. 异常数据审核统计

对审核发现的异常数据情况进行统计，包括断面名称、所属河流、监测次数、异常次数等，可生成统计报表和统计图，并提供数据获取、导出功能。

5. 超标情况统计

对断面超标情况进行统计，包括断面名称、所属河流、监测次数、超标次数、超标值范围等，可生成统计报表和统计图，并提供数据获取、导出功能。

（二）建立起标准化的质量控制程序，满足系统日常运行和异常情况下的系统校准

1. 日常审核质量管理程序

建立标准化质控程序，对水站日常数据进行自动审核、有效性标记。按照日、周、月、季、年，启动相应的自动质控措施，如周核查、质控样测试、标液核查，月手工比核查，月、季期间核查、年度仪器自校。

2. 异常情况审核质量管理程序

建立网络化标准化智能质控监管系统，对水站出现异常数据时，根据数据异常度，启动相应级别自动质控措施，对异常数据进行审核、有效性标记，并生成审核报告或报表。

3. 随机审核质量管理程序

在水站系统运行或待机时，网络化质控智能监管系统可以根据业主需要进行随机运行，启动网络设定相应质量管理程序核查程序。

（三）依据质量控制结果，生成不同类型的质量控制报告

1. 生成日、周、月、季、年质量报告（报表）

对进行采取质控措施的站点生成相应的质控日报表；根据一周内质控日报表内容自动生成质控周报表；依此类推，生成质控月报、质控季报和质控年报。

根据仪器自校或手动校准记录，自动生成仪器年度校准报告，根据仪器检定或自校周期，每季度对仪器至少进行一次期间核查，并生成核查报告。

2. 年度质量控制措施统计报告

将单个水站一年内所执行的质量控制措施分类进行统计，生成年度质量控制措施统计报告。

3. 根据业主要求，生成不同格式的表格和报告

五、水质预测预警单元

建立水质污染扩散模型，利用模型软件，进行水质示踪和预测。

第一，采购适合的水质模型，建立研究分析方法；采用国内使用情况较好，便于升级维护的成熟的模型，建构于平台软件上。能够结合 GIS 信息、水文信息、监测数据进行动态污染源示踪和水质预测模拟；

第二，结合水文、地质参数，可输入污染物浓度和数量，动态模拟河段污染扩散情况及水环境质变化情况；

第三，可进行水质模拟结果与实测值分析比对；

第四，具备升级和扩展空间，可以动态接入省环保厅污染源信息及实时监测数据。

第五，接入水质自动站网络化质量控制监管系统平台软件。

第六，与现有 GIS 集成，建构水质自动站网络化质量控制监管系统平台软件。

调用现有 GIS 平台提供的地图服务，建立高效数据库，建构水质自动站网络化质量控制监管系统平台软件。实现水质自动站信息在地图上分专题展示，通过地图直观展示站点的位置信息和周边信息，并提供查询功能，找到站点后，点击可以看到站点的所有档案信息，如基本信息、上下游信息及数据关联、动态目标值、年度达标情况等信息。前端功能所生成的功能、数据、报告、通过平台软件实现单元功能的远程控制，对数据、报告统计汇总。接入水质预测预警单元相关功能。

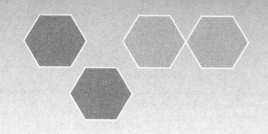

第十一章 水电厂计算机监测与控制

第一节 基本知识

一、水电厂计算机监控系统及组成

（一）水电厂计算机监控系统

计算机监控系统就是利用计算机（工业控制机或 PLC 等）来实现生产过程自动控制的系统。

1. 计算机监控系统的工作原理

在计算机监控系统中，由于控制计算机的输入和输出是数字信号，因此需要 A/D（模数）转换器和 D/A（数模）转换器。从本质上看，计算机监控系统的工作原理可归纳为以下三个：

（1）实时数据采集

对来自于测量变送装置的被控量的瞬时值进行检测和输入。

（2）实时控制决策

对采集到的被控量进行分析和处理，并按已定的控制规律，决定要采取的控制行为。

（3）实时控制输出

根据控制决策，适时地对执行机构发出控制信号，完成控制任务。

上述过程不断重复，使整个系统按照一定的品质指标进行工作，并对被控量和设备本身的异常现象及时做出处理。

2. 在线方式和离线方式

在计算机监控系统中，生产过程和计算机直接连接并受计算机控制的方式，称为在线方式或联机方式；生产过程不和计算机相连且不受计算机控制，而是靠人工进行联系并做相应操作的方式，称为离线方式或脱机方式。

3. 实时的含义

所谓实时，是指信号的输入、计算和输出都要在一定的时间范围内完成，即计算机对输入信息，以足够快的速度进行控制，超出了这个时间，就失去了控制的时机，控制也就失去了意义。实时的概念不能脱离具体过程，一个在线的系统不一定是一个实时系统，但一个实时控制系统必定是在线系统。

（二）水电厂计算机监控系统的组成

计算机监控系统由工业控制装置和生产过程两大部分组成。工业控制装置是指按生产过程控制的特点和要求而设计的计算机，它包括硬件和软件两部分。生产过程包括被控对象、测量变送装置、执行机构、电气开关等装置。

二、水电厂计算机监控系统的功能

水电厂计算机监控系统需要实现的功能与水电厂的装机容量、机组台数、在电力系统中的重要性及承担任务的复杂性（如发电、航运、防洪、灌溉等）等因素有关，具体需要的功能可根据上述因素来确定。

（一）数据采集和处理

水电厂各运行设备的参数需要经常进行巡回检测，检查它们是否异常（越限），并对数据库不断进行更新。这些参数通常按照被测量性质的不同分为模拟量、开关量、脉冲量、数码量、相关量、计算量等，其采集及处理方法各有特点。

1.模拟量

模拟量是指电气模拟量、非电气模拟量和温度量等实测量。电气模拟量（常简称为电量）指电压、电流及功率等实测值。非电气模拟量（常简称为非电量）主要指转速、位移、压力、流量、水位、油位以及振动、摆度等。温度量属于非电气模拟量的一种，通过采集热电阻的变化来计算温度，虽然其变化速度一般较缓慢，但仍然是很重要的被测量，因此将其单列出来，称之为温度量。这些模拟量的处理主要包括信号抗干扰、数字滤波、误差补偿、数据有效性合理性判断、标度变换、梯度计算、越复限判断及越限报警、传感器失真和断线检测等，最后经格式化处理后形成实时数据并存入实时数据库。经处理后的模拟量可输出至模拟量表计，例如电厂模拟屏及其他盘柜上的电流、电压表计等。

通常对交流信号直接采集而得电气模拟量，即对直接引入 TV、TA 的信号，通过采集电压、电流值及电压、电流之间的相位，经过计算求出所需的各种电气量，如电压、电流、有功功率、无功功率、功率因数、频率及电能等，并通过通信接口实现其数据传送。交流采样的优点是省去了常规的变送器，简化了系统设计，减少了现场接线和设备的占地面积，降低了系统成本，并提高了测量精度，已得到了广泛的应用。目前专用交流量采集装置功能已较完善，很多产品集采样、显示、波形记录、智能分析和报警于一体，实现了数字化、智能化、网络化。就其结构而言，有设计成通用仪表机箱、专用机箱或计算机系统内的专用交流量采集模块等多种方式，可满足不同应用场合的各种要求。

2.开关量

开关量即现场开关的位置信号，经变换后可转换为 0、1 型的数字信号。开关量包括中断型开关量和非中断型开关量两种。电厂的事故信号、断路器分合及重要继电保护的动作信号等作为中断型开关量输入。计算机监控系统以中断方式迅速响应这些信号，并自动进入中断处理程序来进行处理并报警。所谓中断方式输入，即采用无源接点输入、中断方式接收的方法引入事故信号。一旦这些信号发生变化，必须立即进行采集处理，并对断路器的位置信号、继电保护和安全自动装置的动作进行顺序记录，便于事后对事故进行分析除中断型开关信号外的其他开关量，包括各类故障信号、断路器及隔离开关的位置信号、机组设备运行状态信号（停机、发电、调相等）、手动自动方式选择信号等均作为非中断型开关量输入，这些信号的采集通常采用扫查的方式。这类开关量信号处理的主要内容包括光电隔离、接点防抖动处理、硬件及软件滤波、数据有效性合理性判断等，最后经格式化处理后存入实时数据库。

开关量输出主要用来进行控制调节，通常是用接点的方式进行控制，用脉宽的方式进行调节。计算机在输出这些信号前进行校验，同时对输出继电器采取防误措施，使控制调节命令能正确执行。为保证信号的电气独立性及准确性，开关量输出信号也常经过光电隔离、接点防抖动处理等。

3. 脉冲量和数码量

脉冲量主要指有功及无功电能量，由于它采用脉冲累加的方式进行测量，因此称之为脉冲量。脉冲量的输入为无源接点或有源电脉冲，采用即时采集即时累加的方式。对脉冲量的采集处理包括接点防抖动处理、脉冲累计值的保持和清零、数据有效性判断、检错纠错等，经格式化处理后存入实时数据库。

数码量指的是独立微机检测装置的数字信号输出，如水位测量装置的数字量输出等，可直接将现地数码量，采用通信的方式送入监控系统。对其处理方法主要有光电隔离、数字滤波、检错处理、码制变换等，最后经格式化处理后存入实时数据库。

4. 相关量、计算量

相关量是用来进行数据合理性、合法性检验的工具，一般通过计算而得。它可以是开关量输入信号（包括中断型和非中断型）的"非"信号，并与原始信号始终保持这种关系，如果这种相反的"非"关系被破坏，则说明数据有错。

计算量是指非实测量。这些量是根据工程的需要通过计算后产生的，因此称为计算量，如各种累加值，全厂总功率，每班、每日累计发电量，发电机与输电线路的日、月、年发电量和输电量累加值，主变压器和厂用电量累加以及效率计算、特征值计算等。此外，在顺控流程中使用的部分量也是计算量，它有别于一般的实测开关量和模拟量，能使顺控流程保持较好的唯一性、易识别性等。

（二）设备的操作监视和控制

对水电厂主要机电设备和油、气、水等辅助系统的各种设备进行操作监视和控制，主要包括机组工况的转换（如开机、停机、发电转调相、调相转发电等）、机组的同步并列、断路器和隔离开关的分合、机组辅助设备的操作、机组有功功率和无功功率的调整、变压器分接头有载调节等。

1. 开停机过程监视

开停机指令发出后，计算机监控系统自动显示相应的机组开停机画面。一般开停机画面显示的内容有机组接线图，开停机顺控流程，机组主要参数，P、Q、I、V 棒图，异常事件列表等。开停机过程的流程图实时显示开停机过程中每一步骤的执行情况，提示在开停机过程受阻时的受阻部位及其原因，进行分步执行或闭环控制等。

此外，设备操作还可采用典型操作票和智能操作票等方式。典型操作票即将各种典型的操作全部列出操作票，以备调用。智能操作票则是根据当时的实际情况列出相应的操作票，供操作员参考使用。

2. 设备操作监视

当要进行倒闸操作时，计算机监控系统能根据全厂当前的运行状态及隔离开关闭锁条件，判断该设备在当前是否允许操作，并自动执行该项操作。如果操作是不允许的，则提示其原因并尽可能地提出相应的处理办法。

3. 厂用电操作监视

当要进行厂用电系统操作时，监控系统根据当前厂用电的运行状态、设定的厂用电运行方式以及倒闸操作限制条件等，判断该厂用电断路器或隔离开关在当前是否允许操作，并自动进行操作，或给出相应的提示由人工进行操作。如操作允许则提示操作的先后顺序，否则提小其原因等。

4. 辅助设备控制及操作统计

水电厂的辅助设备一般采用两种方式控制：直接控制和干预控制。前者指电站的辅助设备直接由计算机监控系统进行控制，这主要适用于重要设备或大型设备。而一般情况下则是采用干预控制的方式，即正常情况下，由辅助设备的控制系统自主闭环进行控制，计算机监控系统不加干预，仅在特殊情况下，才由计算机监控系统或人为进行干预，并由计算机监控系统进行操作统计，这些统计结果可用来分析设备运行的状况。

5. 紧急控制和恢复控制

机组发生事故和故障时应能自动跳闸和紧急停机。电力系统发生故障或失去大量负荷（如频率过低或过高）时，能迅速采取校正措施和提高稳定措施，如增加机组出力，投入备用机组，或将机组转入调相运行，切除机组等，使电力系统能及时回到安全状态。当系统稳定后，进行恢复控制，使电厂恢复到事故前的运行工况。

以上操作和控制还涉及控制权限的问题。设备的操作权一般分为远方、中控室及现地三级。远方操作命令来自上级调度，根据电厂的实际情况而定，中控室操作属于电厂一级控制，而现地控制则在机旁完成。控制权可以切换，一般在中控室设置。但现地控制具有优先权，便于设备的检修和调试，当处于远方控制时，一旦发生事故或由于其他原因需人为干预，控制权自动地切换到电厂端，便于事故的及时处理。控制权的设定包括两方面的内容：其一是操作员控制台允许操作的设定，通常计算机监控系统设置 2 ~ 3 台控制台，但某一段时间对于某台设备只允许一个控制台能操作，以免操做出错或命令冲突，即只有一个控制台为操作台，其余均为监视台，当操作完毕或操作员离开时，可将另一控制台设置成操作台；其二是操作员权限的设定，即根据系统管理员、维护人员、运行人员的责任，对监控系统的掌握及熟练程度等分别给予一定的权限，以确保电厂设备及计算机监控系统的安全。

（三）设备运行安全监视

1. 越、复限监视

越、复限监视主要是对异常情况进行监视，如过电压、过电流、温度异常升高等。监视的参数通常包括电量、非电量、温度量等。对这些参数设置允许运行的范围，如高限、高高限或低限、低低限等。一般情况下当参数超出高限或低限时，发报警信号，而当出现超越高高限或低低限时，则动作于跳开关或停机。在出现参数越、复限后要进行的处理包括越限报警，越、复限时的自动显示、记录和打印，对于重要参数及数据还将进行越限后至复限前的数据存储及召唤显示，启动相关量分析功能进行故障原因提示等。

2. 事故顺序判别

当断路器异常跳闸、重合闸动作等情况出现时，监控系统将立即以中断方式响应并及时记录事故名称和发生时间，记录相关设备的动作情况，自动推出相关画面，必要时进行打印，进行事故原因分析，提示处理方法。计算机监控系统能将发生的事故及相应设备的动作情况按其发生的先后顺序记录下来，记录的分辨率根据电厂要求一般为 1 ~ 5 ms。

3. 事故追忆和故障录波

发生事故时，对一些与事故有关的参数的历史值和事故期间的采样值进行显示和打印，参数主要有重要线路的电压、电流、频率和机组的电压、电流等。

4. 故障状态显示

计算机监控系统定时扫查各故障状态信号，一旦发现状态变化，将及时记录故障名称及其发生时间，随之在画面上显示并发出音响报警。计算机监控系统对故障状态信号的查询周期一般不超过 2 s。

5. 趋势分析

对发电机定子温度、轴承温度、主变压器油温等进行趋势记录和分析。正常情况下，这些量变化的速率应在一个给定的范围内。当趋势变化速率超过限值时发出报警信号。这实际上是一种预警信号，便于及时采取措施预防烧瓦等事故的发生。

（三）自动发电控制 AGC

水电厂自动发电控制的任务是在满足各项限制条件的前提下，以快速、经济的方式控制整个水电厂的有功功率来满足电力系统的需要。其主要内容如下：

根据给定的水电厂需发功率，同时考虑调频和备用容量的需要，计算当前水头下水电厂的最佳运行机组台数和组合；

根据水电厂供电的可靠性、机组设备的实际安全和经济状况确定应运行哪台机组；

对并列运行机组间实现负荷的经济分配；

校核各项限制条件，如机组空蚀振动区、下游最小流量、下游水位变化等，不满足时进行各种修正。

（四）自动电压控制 AVC

自动电压控制是在满足水电厂和机组各种安全约束条件下，比较高压母线电压的实测值和设定值，根据不同运行工况对全厂的机组做出实时决策（改变励磁），或改变联络变压器分接头有载调节位置，以维持高压母线电压稳定在设定值附近，并合理分配厂内各机组的无功功率，尽量减少水电厂的功率消耗。

（五）数据通信

水电厂计算机监控系统内部各设备之间都存在数据通信的问题，其通信的方式和速率与监控系统的结构模式有关，反之，通信方式和设备的选择直接影响监控系统的性能指标，甚至影响到监控系统是否能正常工作。由于通信技术的快速发展，合理选择通信方式是监控系统选型或设计的重要内容之一。

监控系统应能与调度、水情测报系统、溢洪闸门控制系统、大坝安全监测系统、航运管理系统、厂内技术管理系统等实现通信。

监控系统内部通信包括水电厂级与现地控制单元级之间及现地控制单元与调速器、励磁调节器、同步并列装置之间的通信。

（六）自诊断和远方诊断

监控系统诊断功能主要包括自诊断和远方诊断两部分。监控系统应具备完善的自诊断能力，能够及时发现自身故障，并指出故障部位，还应具备自恢复功能，即当监控系统出现程序死锁或失控时，能自动恢复到原来正常运行状态。

远方诊断依赖于网络技术的发展，可以远方进行诊断，这对于水电厂计算机监控系统是很有实际意义的。要求水电厂维修人员的知识面覆盖主机、辅机、通信、其他厂用设备以及监控等多个方面，是不切实际的，再加上分析、检测工具不是很完备，要完全自行诊断有一定困难，而生产厂家人员专业专注，设备、工具齐全，进行远方诊断有一定优势。从实际情况看，远方诊断能发挥很好的技术支撑作用，但同时也需考虑通信或网络的安全问题。

（七）多媒体功能

多媒体技术在水电厂监控系统中的应用是多媒体应用技术的一个突破，在应用方式、应用风格、涉及的技术上均有突破，且与多媒体在出版、音像等领域的应用有很大的差别，可以说开辟了一个崭新的应用领域：将多媒体技术与工业电视结合，实现视频监视；将多媒体技术与报警结合，实现语音报警及远方电话查询；将多媒体技术与动画技术结合，实现屏幕显示的动画功能；

将多媒体技术与常规的人机界面结合，实现屏幕显示的实景化等。

（八）事故的自动处理

事故的自动处理是一项难度极大的功能，目前尚处于研究探讨阶段，但潜在意义极大。

水电厂发生事故后往往需要在极短时间（几秒或几十秒）内对事故情况做出正确判断，及时采取有效措施，防止事故扩大，并转入安全工况运行。目前，这些均由运行人员进行人工处理。人的反应能力有一定的局限性，不可能在这么短的时间内掌握并处理大量信息，并对事故情况做出正确的判断，更谈不上采取及时有效的处理对策了。而事故处理的好坏在很大程度上又取决于运行人员的经验和临场处置的能力。特别在发生重大事故时，运行人员处于高度紧张的状态下，很容易发生操作失误，导致事故的进一步扩大，造成更为严重的后果。许多事例说明了这一问题的严重性。即使不发生失误，运行人员采取的各项措施不一定都是最合适的。因此，需要建立一套科学的自动处理事故的方法，能以科学规则和准则为基础，自动寻找最佳的处置策略，以期达到最佳的效果。

计算机的人工智能专家系统正是解决这类问题的良好帮手，可以迅速地对收集到的每一个报警信息，根据其对事故的重要性和紧急程度进行相关处理和排除，把一些无关紧要的信息屏蔽掉，再对剩下的信息进行综合分析。根据存在计算机内的操作规程、事故处理规程、过去处理事故的经验和实例以及一些准则，推出相应的事故处理对策。

第二节　水电厂数据采集和处理

一、数据分类

在水电厂计算机监控系统中，数据采集主要是实现生产过程以及与过程有关的环境监视和控制信号的采集、处理和传输。其主要数据包括以下几种：

模拟输入量，指将现场的电量和非电量直接或经过变换后输入到计算机系统接口设备的模拟量。适合水电厂计算机监控系统的模拟输入量，参数范围包括 $0 \sim 5\,V$（DC）、$0 \sim 10\,V$（DC）、$0 \sim 20\,mA$、$\pm 5\,V$（DC）、$\pm 10\,V$（DC）、$\pm 20\,mA$，$4 \sim 20\,mA$ 等几种。

模拟输出量，指通过计算机接口设备输出的模拟量。水电厂中经常采用的输出标准为 $4 \sim 20\,mA$ 或 $0 \sim 10\,V$（DC）。

数字输入状态量，指生产过程的状态或位置信号输入到计算机系统接口设备的数字量（开关量），此类数字输入量一般使用二进制的一位"0"或"1"来表示两种状态。

数字输入脉冲量，指生产过程中经计算机过程通道的脉冲信息输入，由计算机系统进行脉冲累加的一位数字量，但其处理和传输属模拟量类型。

数字输入BCD码，指将其他设备输出的数字型BCD码量输入到计算机系统接口设备。一个

BCD 码输入量一般要占用 16 位数字量输入通道。

数字输入事件顺序记录 SOE 量，指将数字输入状态量定义成事件信息量。要求计算机系统接口设备记录输入量的状态变化及其变化发生的精确时间，一般应能满足 1 ~ 5 ms 分辨率要求。

数字输出量，指经计算机系统接口设备输出的监视或控制的数字量。一般数字输出量要经过光电隔离。

外部数据报文，指将生产过程或外部系统的数据信息以异步或同步报文形成通过串行接口与计算机系统交换的数据。

二、水电厂信息源及其特性

（一）水电厂信息源

水电厂信息源可按设备分布位置、设备对象或控制系统结构划分。按设备对象划分，比较方便和普遍，可归纳为以下种类：

发电机的信息：定子绕组及铁芯温度、推力轴承和导轴承温度、轴承油温、空气冷却器进出口的水流和空气温度、轴承油位、轴振动、推力轴承高压油系统、机组消防系统、机组制动系统、冷却系统及继电保护系统等信息。

发电机励磁设备的信息：励磁主回路测量、励磁设备监视及保护等信息。

发电机机端和中性点设备的信息：机组电气测量和机组运行监视信息。

变压器的信息：主变压器电气测量、绕组温度、油温、冷却系统、抽头位置及中性点接地等信息。

机组 / 变压器、断路器和开关的信息：主断路器位置、隔离开关位置、接地开关位置、GIS 气压监视、断路器操作设备监视、隔离开关操作设备监视等信息。

水轮机的信息：导轴承温度、导轴承油温、导轴承油位、轴密封水流、轴冷却水流、轴空气围带气压、轴振动、轴承油浑水、导叶剪断销、导叶 / 喷嘴位置、锁锭位置、桨叶位置、蜗壳水压、尾水管压力、尾水管水位、水轮机润滑系统等信息。

调速器的信息：机组转速信号、过速保护、机组蠕动、机组转速测量、开度限制位置、导叶开度、开 / 停电磁阀位置、功率设定反馈、压油罐油压、压油罐油位、调速器运行方式、调速器设备监视等信息。

引水系统设备的信息：进水口闸门位置、进水阀位置、压力管道压力、平压阀门位置、尾水门位置、上下游水位、引水管流量、引水系统控制设备控制信息等信息。

厂用交 / 直流电源设备的信息：高压厂用变压器电气测量和监视、高压厂用断路器位置、高压厂用母线测量和监视、高压厂用电源备自投监视、低压厂用电源备自投监视、厂用直流系统监视等信息。

全厂公用设备的信息：高压空压机系统监视、低压空压机系统监视、渗漏排水系统监视、检修排水系统监视、技术供水系统监视等信息。

开关站设备的信息：输电线路和母线电气测量、断路器位置、隔离开关位置、接地开关位置、GIS 气压监视、断路器操作设备监视、隔离开关操作设备监视、开关站继电保护系统等信息。

外部系统的信息：消防系统监视、上下游水文参数、泄洪设备状态及泄洪流量、上级调度系统的调度计划等信息。

计算机监控系统提供的输出信息：主要是过程设备需要的控制信。

（二）水电厂信息数据特征及分类

水电厂信息源包含大量信息，根据其特征可作以下分类。

模拟输入量可分成电气模拟量和非电气模拟量两大类。电气模拟输入量包括电流、电压、功率、频率的变换量，这类模拟量主要特征是变化快，对其测量应具有较快的响应速度。在运行管理中电气模拟量是直接的目标值，要求监测响应快，测量值准确，记录项详细。非电气模拟输入量包括温度、压力、流量、液位、振动、位移、气隙等，这类非电气模拟量可经变换器转换成电气模拟量。这些非电气模拟量在水电厂生产过程中大多变化较为缓慢，大部分是作为运行设备的状况监视，一般在运行监视中按变化范围设定报警限值。这样，对它们的测量响应大多不要求很快，测量精度也不必太高，记录项可详可简。

数字输入量按水电厂应用需求及其信息特征可分为数字状态点类型、数字报警点类型、事件顺序记录 SOE 点类型、脉冲累加点类型和 BCD 码类型等五种类型。前二种类型共同点是数字量均为设备的状态量，不同点是在对信息和记录的处理要求上具有差别。其中，数字状态点为操作记录类型；数字报警点为故障报警记录类型，除状态变化记录外，还应有音响报警；SOE 点为事件顺序记录类型，除状态变化记录外，还应包含分辨率项目和事故音响报警；脉冲累加点类型记录一位数字脉冲，按定时或请求方式冻结累加量并产生报文数据信息；BCD 码类型取并行二进制数字量，为取值完整、准确，应按并行方式采集。

三、水电厂数据采集和处理要求

（一）数据采集要求

水电厂数据采集是计算机监控系统最基本的功能，从中可以获取大量的过程信息。数据采集功能的强弱会直接影响整个系统的品质。为实现计算机监控任务，水电厂数据采集应该满足下列几个方面的要求。

1. 实时性

（1）对电量采集实时性的要求

一般情况下，电量有效值的采样周期不应大于 1s，最好能提高到 0.2s，这更有利于提高系统的实时性。为了保证能准确采集电量瞬时值或波形，采样周期一般应小于 2 ms。

（2）对非电量采集实时性的要求

对那些需要做出快速反应的非电量，如轴承温度、轴振动、轴摆度、发电机气隙和流量等的采样周期应不大于 1s。其他大多数非电量的采样周期可在 1 ～ 20 s 内选择。

（3）对数字量采集实时性的要求

数字状态点、数字报警点、脉冲累加点和 BCD 码的采样周期一般要求不大于 1 s，尽可能提高一些，这将有利于提高系统实时性。

对于 SOE 点的采集应有快速的响应，宜采用中断方式。

2. 可靠性

在生产过程中采集的数据往往会附带各种干扰信号，这不仅会使采集数据失真，严重时可能损坏系统，因此要求对过程通道、数字接口和接地设备等硬件系统采取有效的保护措施，可靠地防止干扰，同时在软件上还要分别采取防错纠错的手段。下面是《水力发电厂计算机监控系统设计规范》（DL/T 5065—2009）中规定的相应最低限度值。

（1）模拟输入通道的抗干扰水平应达到的限度

共模电压大于 200 V DC 或 AC 峰值。

共模干扰抑制比（CMRR）大于 80 dB。

常模干扰抑制比（NMRR）大于 60 dB。

抗静电干扰（ESD）大于 2 kV。

（2）数字输入通道的抗干扰水平应达到的限度

浪涌抑制能力（SMC）大于 1 kV。

抗静电干扰大于 2 kV。

防止输入接点抖动应采用硬件和软件滤波，防抖时间约为 25 ms。

防止硬件设备受电磁干扰的影响。

3. 准确性

在数据采集过程中，对模拟量数据而言，准确性就是测量精度，它是两个方面的综合值一方面是 A/D 转换的精度，其中包含环境温度变化的影响；另一方面是模拟量变换器的精度。其综合精度应满足生产过程监控的准确性要求。

对于数字量，数据准确性要求除状态输入变化稳定可靠外，对数字 SOE 点还需要有状态变化的精确时间标记，其基准时钟应满足记录精度要求。

4. 简易性

数据采集随数据类型、数据量的不同使其复杂程度有所不同，因此数据采集设备的软件和硬件的配置，应具有简易性，其中包括模块类型或容量增减方便，维护测试容易。

5. 灵活性

随着水电厂运行和管理模式的改变，对监控系统数据采集功能和性能可能会有不同的要求或有修改变化的要求，如改变采样周期、改变采样方式、改变报警级别、改变限制值、改变死区值等，数据采集系统应能灵活设置以满足上述变化要求。

（二）数据处理要求

为满足对水电厂生产过程监控的要求，从对过程接口设备的操纵到采集数据的传输或数据存储，都必须将采集的数据进行相应的处理。

1. 数字输入状态量的处理

一个数字输入状态量的数据处理一般应包括下列内容：

（1）地址／标记名处理。

（2）扫查允许／禁止处理。

（3）状态变位处理。

（4）输入抖动处理。

（5）报警处理。

（6）数据质量码处理。

2. 模拟输入量的处理

一个模拟输入量的数据处理一般应包括下列内容：

地址／标记名处理；

扫查速率处理，根据模拟输入量的类型和数量可以考虑选取不同的扫查速率；

扫查允许／禁止处理，根据被测模拟输入量或输入通道的正常／异常状况，应能对其实现扫查允许／禁止处理；

工程量变换处理，当模拟输入量变换成二进制码后，还须按实际工程量进行变换计算；

测量零值处理，当模拟输入量为零值，其输入变送器或 A/D 转换模块的精度使测量值不为零时，经数据处理后测量值应为零；

测量死区处理，在数据采集中被测量变化小到可以忽略时，往往采取设置测量死区，将被测量在测量死区范围内的变化视为无变化；

测量上、下限值处理，测量上、下限值通常有二级，即上限、下限和上上限、下下限。当被测量超过限值时，应该进行报警；

测量合理限值处理，测量合理限值一般取传感器上、下限值。当传感器或通道故障，被测量超过合理限值时，该点应禁止扫查；

测量上、下限值死区处理，当被测量超过限值后，若其仍在限值上下很小范围内变化，将会造成频繁报警。设置测量上、下限值死区，使被测量只有返回到限值死区以外时才能退出报警状态；

越限及梯度越限报警处理，根据被测量各类越限报警的重要程度，设定不同的报警级别，以及建立报警时间标记；

3.SOE 输入量的处理

一个 SOE 输入量的数据处理一般包括下列内容：

地址 / 标记名处理。

扫查速率 / 中断处理。

扫查允许 / 禁止处理。

防接点抖动处理。

状态变位处理。

时间标记处理。

报警处理。

4. 数字脉冲输入量的处理

一个数字脉冲输入量的数据处理除包括数字状态输入量的处理功能外，还要求有脉冲计数冻结处理和脉冲计数溢出处理。

5. 趋势记录处理

对模拟输入量的变化趋势进行处理有利于对运行设备的监控和维护管理，如对轴承温度、轴承油温、定子绕组温度、变压器油温、轴承油位、油罐油位等的变化趋势，可以按不同的时间间隔（采样时间）绘成趋势曲线。一般采用短趋势记录较多，如取 5 s、15 s、60 s 为间隔时间，可做成 1 h、8 h 或 24 h 的记录。此外，也可设置长趋势记录，按 1 h 或 1 d 为间隔时间，可做成 1 月或 1 年的记录。趋势记录的采样值可以取即时值、平均值等，对一个趋势记录还可以考虑做最大值、最小值或最大变化率的处理。

6. 追忆记录处理

追忆记录是对某些模拟输入量进行短时段的密集记录，它采用先进先出的记录方式，一旦遇到事故发生就将此记录保存下来。一个完整的追忆记录一般可以分为两个时段，即事故前时段和事故后时段。按照需要，这两个时段长短和采样间隔时间可以不同。一般追忆记录采样速率为 1 次 /s，记录时间长度不小于 180 s，事故前 60 s，事故后 120s。

7. 历史数据处理

水电厂的生产管理需要对实时数据进行统计分析，也就是要对实时数据做集中和计算处理。建立的历史数据可按以下分类定义：

（1）趋势类

包含采样速率、每个记录最大采样点数、趋势记录数。

（2）累加类

包含保持周期、每个记录最多点数、累加记录数。

（3）平均值类

包含保持周期、每个记录最多点数、平均值记录数。

（4）最大 / 最小值类

包含保持周期、每个记录最多点数、最大 / 最小记录数。

第三节 计算机监控系统内部通信与软件结构

水电站监控系统各设备之间的信息交换即通信，是保证监控系统协调运行的重要方面。一般认为，计算机系统已经从以 PC 机为基础的时代跨入了以网络为基础的时代。当今计算机监控系统与网络技术已融为一体。不少计算机生产厂商都把网络软件作为基本操作系统的一部分，与计算机系统一并提供给用户。

一、概述

计算机监控系统是由硬件和软件两部分构成的。监控系统软件是随着计算机监控系统的发展而逐渐发展起来的，主要包括系统软件、应用软件、支持软件等。

系统软件包括计算机操作系统、语言编译器、文件管理、系统恢复与切换、系统诊断等软件，但主要是指操作系统软件，目前使用最多的是 UNIX 操作系统和 Microsoft Windows 操作系统。

应用程序是指在特定操作系统的环境下为了满足最终用户的特定应用需要及完成某些特定功能而开发的专用程序。计算机监控系统的应用软件通常是按照功能划分，采用模块化编制的，每个应用程序都能以多种方式启动，并且能够作为整体进行修改和扩充，还可以按照用户的要求进行整合，最后以应用软件包的形式提供给最终用户。对于水电厂计算机监控系统而言，其应用程序就是为实现监控而开发的程序，如数据采集与处理程序、界面显示与打印程序、通信程序、顺序控制程序、自动发电控制 AGC 程序、自动电压控制 AVC 程序等。这些模块化的应用程序可分为基本应用程序和高级应用程序两部分，前者用于实现基本或通用性的监控功能，如数据采集与处理程序、界面显示与打印程序、通信程序、顺序控制程序等，后者用于实现高级或专业性较强的功能，如自动发电控制程序、自动电压控制程序等。

支持软件用于系统生成、软件开发以及系统的运行和维护，主要包括第三方提供的支承平台、各种标准库程序、软件开发管理程序等，例如数据库管理软件、CRT 管理软件、制表生成软件、档案管理软件等。

二、计算机监控系统软件的分层结构

计算机监控系统的软件通常采用分层分布式结构，也是由层次模型构成的。

下面介绍 PROKON-LSX 水电厂计算机监控系统软件的层次模型的构成。

第一层称为标准程序层，包括操作系统（UNIX）、数据管理系统（ORACLE 数据库）、图形处理器接口（X-Windows）及所有必需的通信服务程序（TCP/IP）等，主要用于隔离更高层与硬件平台。该层次基本上建立在国际标准上，因此使得硬件的独立性达到了很高的程度。

第二层称为工具程序层，主要包括用于运行数据系统创建、管理、参数设置、测试及诊断的软件工具（X/OSF MOTIF）。

第三层称为系统核心程序层，该层是 PROKON-LSX 监控系统的核心，包括所有基本的用户独立功能，如过程耦合和目标处理、通信和冗余、监测和报警、全图形过程显示和操作、档案记录、系统和过程的参数设置等。第三层本身也是按照层次模型设计的，共分为五层。

第四层称为应用程序层，主要包括水电厂监控专用程序，如水位流量控制程序等。用户自行编制的应用程序也可置于该层中，并通过标准的开放性接口连接到第三层。

这种层次模型结构较为简单，其基本思想是提高系统的兼容性，具体表现在：通过标准程序层，使系统对于硬件平台具有很好的独立性和适应性；通过应用程序层，使系统具有应用上的灵活性。

另外一类较为复杂的层次模型，如 SCADA 监控系统软件，层次较多，从最底层到最高层依次为操作系统扩展（OSX）层、项目源文件（PROJECT）层、实用服务程序层、实时数据库（DBS）层、通信与双机冗余（LAN）层、数据采集（ACQ）层、人机接口（MMI）层、应用程序（APP）层、高级应用程序（ADV）层、调度培训系统（DTS）层、监控系统控制程序（ECS）层。这种分层模型的最大特点是高层程序对低层程序的依赖性非常强，高一层的程序必须在其下各层程序都正常运行的情况下才能正常运行，而低一层的程序的正常运行则不需要其上各层程序都正常运行，即高层程序依赖于低层程序，而低层程序不依赖于高层程序，因此这种塔形层次模型结构对低层程序的可靠性要求非常高，一旦低层程序出现问题，则其上各层程序都会出现问题。

三、监控系统的系统软件

操作系统软件是整个计算机监控系统的软件平台，目前比较常用的操作系统软件主要是 UNIX 系列操作系统、Microsoft Windows 系列操作系统、Linux 系列操作系统。

UNIX 系列操作系统被广泛应用于大型计算机系统中，其优点是：系统运行非常稳定，极少死机；安全性好，不存在软件病毒侵扰的问题；功能强大，支承软件和软件工具很多，对硬件的要求也不高。其缺点是人机交互界面不友好，操作难度大。在水电厂计算机监控系统中，UNIX 系列操作系统通常运行于工作站（Workstation）级计算机中，较适合于大型水力发电厂。

Microsoft Windows 系列操作系统是在计算机软件行业中具有垄断地位的微软（Microsoft）公司推出的操作系统。在水电厂计算机监控系统中，使用最多的 Microsoft Windows 系列操作系统是 Microsoft Windows NT 系列操作系统。它的优点是操作界面非常友好，支承软件和软件工具相当丰富，运行也较稳定。其缺点是安全性较差，需要防范软件病毒，而且对硬件的要求较高。在水电厂计算机监控系统中，Windows NT 系列操作系统通常运行于 PC 机或工控机中，较适合于中小型水力发电厂。

Linux 系列操作系统是新近发展起来的操作系统，其运行稳定，安全性高，对硬件要求低，甚至在早期的 386.486 计算机中都能流畅地运行，发展前景很好，但由于其发展历史非常短，在水电厂计算机监控系统中应用较少。

下面以 Windows NT Server V3.51 中文版操作系统为例，介绍在中小型水力发电厂中应用最为广泛的 Windows NT 系列操作系统。Windows NT Server V3.51 中文版操作系统是一个适应工业环境的抢先式多任务、多线程调度的真正 32 位开放式网络操作系统，主要用作高性能客户 / 服务器的应用平台。其技术上的特点包括以下几点：

支持文件打印、信息传递、内置磁盘备份工具与应用服务、前后台操作；

支持 NETBEUI、TCP/IP 等多种网络协议标准，方便网络之间的互联；

拥有多用户管理、服务器管理、系统性能监视、事件查看、系统诊断等系统管理工具；

拥有系统账户管理、文件与目录保护、服务器镜像安全性和容错功能；

支持多种客户端及远程访问服务。通过网络动态数据交换功能，系统不仅支持客户端的远程访问，还能与其他操作系统的局域网或广域网连接；

拥有良好的中文界面环境，有利于操作。

四、监控系统的应用软件

（一）监控系统的应用软件概述

水电厂计算机监控系统的应用软件通常是以模块化的形式组成的，每个模块分别执行不同的功能，且模块之间有一定的联系和依赖关系，这些模块按照用户的需要组合起来共同完成特定监控系统的监控任务。下面介绍水电厂计算机监控系统的常用应用软件模块。

1. 设备驱动软件

设备驱动软件主要包括与生产过程接口的各种设备的驱动程序，用以完成这些设备的基本功能，如数据采集、数据通信、接收和执行控制或调节命令、数据越 / 复限检查等。

2. 人机接口界面软件

人机接口界面软件主要包括图形显示程序、人机交互操作界面程序、报表打印程序等。其中，图形显示程序用于读取图形文件、显示各种画面（如系统接线图、运行工况图、系统配置图、实时 / 历史曲线图等）、动态刷新，并按规定处理各种图形。人机交互操作界面程序用于实现运行操作人员与监控系统间的人机交互操作的图形界面。报表打印程序用于实现事件、操作、报警、自诊断的记录和显示，以及运行 / 统计报表的打印等功能。

3. 实时数据库软件

实时数据库软件主要是用于完成实时数据的管理功能，包括实时数据库的加载，处理其他程序对实时数据库的存取要求，并按照功能规定完成对实时数据的运算或其他处理任务等。

4. 历史数据库软件

历史数据库软件主要用于完成历史数据库的管理功能，包括历史数据的存取及检索、历史数据的保存，以及历史趋势的选点、显示、时间段修改等功能。

5. 顺序控制软件

顺序控制软件主要用于实现顺序控制流程的检查及执行操作等功能，可以按照调试或运行的要求单步或连续地执行顺序控制程序，并能实现相应反馈信息的显示及应答处理

6. 网络软件

网络软件主要包括客户端/服务器软件和网络冗余管理软件。其中，客户端/服务器软件是服务请求与服务程序之间的纽带，接收来自不同客户端的客户服务请求，并将客户服务请求发给相应的服务程序，最后将服务程序的处理结果发还给对应的客户端。而网络冗余管理软件负责判断节点和网络信道的工作状态，并进行双网信息传送的分配，以保证冗余网络系统的可靠工作。

7. 通信与远方控制软件

通信与远方控制软件主要用于实现本地计算机监控系统与远方中心调度、水情测报站等系统之间的通信和数据互传，以及执行中心调度的控制命令等。

8. 高级应用软件

高级应用软件主要包括自动发电控制 AGC 软件、自动电压控制 AVC 软件、经济调度 EDC 软件等。其中，AGC 软件负责根据电力系统的负荷状况、频率要求以及机组本身的状况，确定运行机组的最优组合、启停顺序以及全厂机组的经济负荷分配等。而 AVC 软件则是根据电力系统的电压或无功功率要求，实现全厂母线电压及机组无功功率的最优化控制。

9. 监控系统组态软件

监控系统组态软件主要包括交互式图形组态软件、交互式报表组态软件、实时/历史数据库组态软件、通信组态软件，以及顺序控制组态软件等。

10. 专家系统软件

专家系统软件是根据水电厂监控领域的一个或多个人类专家提供的知识和经验，运用人工智能技术，采取推理机的方法，模拟人类专家进行决策，解决那些需要人类专家决定的复杂问题的程序。水电厂计算机监控系统的专家系统软件涵盖的范围较广，较为常见的有专家设备故障诊断软件、专家运行指导系统软件、专家事故紧急处理软件等。

11. 操作员培训仿真软件

操作员培训仿真软件可以仿真水电厂生产设备和监控系统的特性，模拟正常运行工况和事故工况，不但可以用于对操作员进行操作培训和考核，而且可以提高操作员判断和处理事故的能力，还可以对高级应用软件进行投运前的校验。

12. 多媒体软件

多媒体软件主要包括语音及电话语音报警软件、视频信息处理及远方视频监视软件等，它是为适应"无人值班"（少人值守）的需要而逐渐发展起来的。

（二）监控系统组态软件

组态软件是一种基于计算机操作系统的软件开发平台，一般由大的专业软件公司开发并经过

严格的测试，因此其可靠性很高。监控系统组态软件作为一类特殊的应用软件，能以灵活多样的组态方式，而不是编程方式，为用户提供良好的开发界面和简捷的使用方法，其预设置的各种功能软件模块可以非常容易地实现和完成监控系统的各项功能，并能同时支持各硬件厂家的计算机和 I/O 设备，灵活地实现系统集成组态软件通用性强，一般不需用户编写程序，这样使得监控系统的开发人员不必再重复开发功能软件，而只需调用相应的模块，通过填表、连线的方式就能生成可靠性很高的应用程序因此，组态软件把控制工程师从艰难、繁重的软件编程工作中解放出来，越来越受到欢迎和重视。

第四节 水电厂计算机分层分布式监控系统

一、现地自动控制装置（LCU）的设置原则

LCU 的功能可根据所控制电站的重要程度有所不同，LCU 的设计还应考虑到系统是否有上位计算机以及受控设备的自动化程度。如果没有上位计算机，则单元机组自动控制装置必须具备对受控对象设备的电量和非电量采集、数据处理和控制功能，同时还应配备打印机和屏幕显示。对于新建的中小型水电站，可独立设置微机单元自动控制装置；而对于已建水电站，在机组具有常规调节设备和水轮机自动控制屏的情况下，为技术改造而设置 LCU 时，是否保留原有的控制调节设备，需要根据原有设备的运行状况，并通过经济分析而定，一般情况下能保留的尽可能保留。LCU 这时更多地体现在数据采集、处理以及接收总调来的给定和控制命令。

LCU 一般根据监控对象及其地理位置而划分为机组 LCU、公用 LCU、开关站 LCU 和闸门（或大坝）LCU 等（闸门 LCU 可根据需要纳入水库调度系统），以实现对各个对象的监视和控制。按对象配置 LCU 的优点是可就近采集各种数据，节省电缆，各台 LCU 之间是相对独立的，并且与厂级计算机系统之间也是相对独立的。某个 LCU 发生故障时不会影响到其他 LCU 及厂级计算机系统的正常运行，同时厂级计算机系统故障时，各 LCU 还能独立地工作，维持监控对象的安全运行。

二、微机现地自动控制装置

（一）LCU 的构成和特点

LCU 的功能要求和结构配置主要取决于控制对象和控制要求，LCU 可按其配置方式分为微机—总线型结构 LCU、以可编程控制器（PLC）为基础的 LCU、智能 I/O 模块配工业实时网而构成的 LCU 等三种。

1. 微机—总线型结构 LCU

微机—总线型结构 LCU 采用总线型的母板，采用的模块有 1sBC 88/25 和 1sBC 86/05A 单板机、MB 模块系列。采用的模块种类有监控板、存储器板、开入 / 开出板、A/D 或 D/A 转换板、面板

接口板、串行或并行接口板、总线背板及 I/O 总线扩充板、端配板、电源及其监视板等。其基本特点是由芯片设计成各种功能的单板，并配以控制面板、输入 / 输出匹配电路、电源等，构成现地监控装置。采用 PIVM 等语言编程，可用来实现数据检测及闭环控制。

微机—总线型 LCU 的工作过程如下：

当 LCU 合上电源开始工作后，主动发给中心站主终端设备 MTU 一个上电消息，MTU 给 LCU 发出初始化命令，包括时钟同步命令、状态量设置命令和模拟量设置命令。然后，LCU 进入正常工作。

被监测的模拟量，经过变送器转换为标准电量后，送入各路 A/D 变换板，按一定时序转换成数字信号，再通过总线进入主机板。被监测的开关量信号直接送入光电隔离板。经过光电耦合的数字信号按一定时序通过总线进入主机板。LCU 的主机在软件控制下对输入的这些数据进行采集汇总、查询上报、超限报警、消息发送等处理，实现前述的各项功能。

2. 以可编程控制器（PLC）为基础的 LCU

可编程控制器按工业环境使用标准设计，可靠性高，抗震等性能好，为系统集成商省去了机械加工及焊接等烦琐而技术要求高的工作，并且接插性能好，整机可靠性高，在工业控制中得到了广泛的应用。

3. 智能 I/O 模块配工业实时网而构成的 LCU

这类 LCU 的代表产品为 ABB MODCELL 的智能数据处理模块、SJ-600 系列 LCU。这种新型的 I/O 处理模块具有以下特点：

（1）分布 I/O

ABB MODCELL 每块模块上均带有 CPU 和电源，可配置 32 路 I/O 测点，能独立工作。全部模块通过网络构成系统无总线结构。

（2）配置灵活

ABB MODCELL 模块上的 I/O 测点均是以点为单位任意选配的，开入、模入及开出等都是一个小模块（以下称为单点 I/O 处理单元，或简称单元）构成一个测点，可混合布置在同一块板上，配置灵活，维护方便。

（3）智能化

每块模块上均固化有采集处理程序，用户只需根据需要选配相应的 I/O 测点和相应的数据库即可，无须编程。数据库输入采用菜单方式，直观方便，易于掌握。

ABB MODCELL 智能 I/O 板由 CPU、识别单元、存储器、单点 I/O 处理单元及通信单元等构成。CPU 为 16 MHz 的 68302 微处理器，存储器为 64 KB 非易失性 RAM（存用户数据库），控制识别单元用来管理数据库。不同的用途可有不同的配置，如数据采集可用逻辑控制单元，具有 PID 调节功能的可用调节控制单元，有事件顺序记录 SOE 要求的需用 SOE 控制单元等。

（二）LCU 的冗余配置

LCU 处于水电厂监视控制的一线位置，通常采用冗余配置方式。LCU 的冗余结构一般有异构型冗余、同构型冗余、交叉型冗余三种。

1. 异构型冗余结构

厂级总线异构型冗余结构是指由两个性能、型号、功能、原理等不尽相同的设备构成的冗余系统，其中一台处于运行状态，另一台处于备用状态，且不要求其逆状态。一般冗余系统中常处于运行状态的设备，其性能较好、功能较全。而常作备用的设备往往只具备部分功能，如顺控功能等。因此，这种冗余结构又称为不完全冗余。

2. 同构型冗余结构

同构型冗余结构是指两台性能、型号、原理、功能均相同的设备能以任意组合的方式构成主、备关系。这种主、备关系完全是可逆的，应该说这是一种完全的冗余结构，可实现理想的冗余效果。这种冗余方式也适用于上位机部分的控制之间、其他工作站、服务器之间的冗余配置。这种冗余方式的实质是以双倍的投资换取高的可靠性。

3. 交叉型冗余结构

交叉型冗余结构是指两个相邻 LCU（或控制子系统）之间实现冗余。此时构成冗余系统的两设备的性能、原理、功能等均完全相同。与非冗余结构相比，某些部分如测点数据库的容量此时要加倍。但与全冗余结构双倍的投资相比，这无疑是一种节省的方案。作为交叉冗余的特例，全厂公用的 1 ~ 2 台备用设备仅在输入 / 输出信号量很少时才适用，如备用励磁系统。

（三）现地控制装置的软件设计

1. 概述

现地控制级配有系统软件、网络通信软件、应用软件。现地控制单元应用软件主要有主程序，机组开停机顺序控制程序，开关量信号采集和处理程序，模拟量、温度量采集和处理程序，发电量累加计算和处理程序，运行工况切换（同期及断路器分闸、合闸操作）程序，发电机组有功、无功操作程序，机频处理、时钟同步程序，自诊断程序等。

现地单元控制装置的软件随控制对象任务要求的不同有很大的差异，水轮发电机组的现地自动控制装置的软件功能如下：

模拟数据的采集和处理：①定时采集数据，按电量和非电量分组进行，电量采集周期小于 2 s，非电量采集周期小于 30 s；②通过标度变换将采集的数据变换成实际物理量；③与限值进行比较，如越限，则将该测点的越限情况记录在事件记录表中；④与上次测值进行比较，做出运行趋势；⑤处理测值越限和趋势越限所引起的必要操作（如报警、打印、某项控制操作）；⑥根据上下游水位和发电功率或导叶开度计算耗水量；⑦积算有功电度量和无功电度量及求出每小时的有功电量和无功电量；⑧积算耗水量及单位时间耗水量；⑨保存一定时间的历史数据。

运行状态的采集和处理：①定时采集运行状态；②实时响应事故和故障信号，并按时间顺序对事故进行记录，其分辨率不大于 2 ms；③对采集到的运行状态前后两次进行比较，确定运行状态的变化；④根据每个开关量的作用做出相应的处理，例如作为事件进行登录，作为操作进行操作记录，作为其他操作的一种信号等；⑤对采集的开关信号进行整理，有选择性地向上级报告。

一天（班）事件的分类记录。

根据上级命令，进行操作校核。如按照输电功率允许或不允许该机组开机或正常停机等。

进行机组的各种顺序操作：①停机转发电操作（包括开机、并网、带上给定负荷等）；②调相转发电操作；③空载转发电操作；④发电到停机操作（包括卸负荷等）；⑤调相到停机操作；⑥空载到停机操作；⑦紧急停机操作；⑧停机到调相操作（包括并网、带上给定无功负荷等）；⑨停机到空载（不并网）操作；⑩发电到空载操作。

根据水头和负荷，对有功调节和无功调节的给定负荷加以校核，使机组避免运行在振动区、汽蚀区、低效区及其他限制运行工况区。接收上级各种命令，提供上级所需的各种数据。

2. 主控命令中断、开机、停机程序流程

以水轮发电机组开机、停机程序以及现地机组控制单元中编制自动化操作程序方法分别加以讨论。

（1）响应上级计算机的主控命令

现地自动控制装置接到上级主控命令后即引发中断响应，通过判断命令性质，确定任务的内容并转向执行该项任务的程序。当某项任务执行完毕后返回到主控程序并随即退出中断响应。

（2）机组开机

当接收到开机命令后即执行该项任务。

以混流式水轮发电机组为例，当水轮发电机组接收到开机命令后，开机程序由中断响应任务管理调用。首先检查开机条件是否满足。开机条件包括进水闸门和尾水闸门已提起，油压装置、顶盖排水装置处于"自动"位置，制动闸处于无压状态，发电机断路器和励磁开关都未投入，事故电磁阀和事故配压阀已复归，油压正常。若上述条件任何一项不满足，将给出开机失败信号并退出开机程序。开机条件满足后立即启动辅助设备，当冷却水、润滑水已给上，接力器锁锭已拔出后，投入功调装置。然后将调速器开度限制机构和导水机构打到"空载"位置。当转速达到90% 额定转速时，投入励磁开关。当发电机电压达到正常时，投入同期装置。如果不是调相命令，则将开度限制机构打开到全开位置，准备带上负荷，开机结束。

（3）机组停机

机组停机分为正常停机和紧急停机两种。

正常停机是在负载减至空载的情况下，将断路器打开并同时关闭导水机构，退出功调装置，断开励磁开关。当转速低于额定转速的30%时，启动制动闸作用于制动，停止辅助设备，解除制动。

在紧急停机命令发布后，首先要执行跳开发电机断路器，同时启动事故停机电磁阀作用于关闭导水机构，有时还要关闭蝶阀或快速闸门，然后执行与正常停机相同的程序。

第十二章 水电站监控系统

第一节 基本知识

一、计算机监控系统设备配置

（1）1套网络设备；

（2）2台系统主工作站；

（3）2台操作员工作站；

（4）1台工程师/培训工作站；

（5）2台梯调网关工作站；

（6）1台厂内通信服务器；

（7）4套厂外通信服务器（远动用）；

（8）1台语音报警服务器；

（9）4台打印机；

（10）1套模拟屏及驱动器；

（11）1套GPS时钟；

（12）2套UPS及配电设备（含配电柜）；

（13）1套控制操作台；

（14）1套计算机；

（15）7套现地控制单元（5套机组、1套开关站和1套公用）；

（16）系统完整软件；

（17）备品备件；

（18）维修和调试工具。

二、设计原则

电站设置中央控制室，采用全计算机控制，不设常规布线逻辑控制设备，以实现集中计算机监视控制。

该电站按无人值班（少人值守）设计，采用开放式、全分布计算机监控系统。网络采用光纤双环工业以太网，要求每一个现地控制单元接一个网络交换机，传输速率 100 Mb/s，通信规约符合 TCP/IP 标准，按 IEEE802.3 设计。采用成熟的标准汉化系统。

计算机监控系统具有容错功能，主要控制设备采用冗余配置，计算机监控系统不应因任何一个器件发生故障而引起系统误操作。

各 LCU 均以微处理器为基础，可实现与开放标准工业以太网直接联网。具有自诊断功能和显示功能，即使主计算机发生故障，仍可通过 LCU 上的触摸显示屏等设备对电站所有进入监控系统的设备进行现场操作和监视。

通过对外通信服务器与两侧电力调度系统进行通信。

需与梯级调度计算机监控系统远程联网，向梯调发送信息和接受梯调发送的信息和命令。

留有与电站 MIS 联机接口。

实现厂内通信服务器与模拟屏驱动器通信。

通过厂内通信服务器实现与大坝安全监测系统、水情测报系统、通风控制系统、火灾报警系统和工业电视系统之间的通信。

机组 LCU 与励磁系统、调速器系统、机组继电保护系统通信。

公用 LCU 与渗漏排水控制系统、检修排水控制系统、中压气机控制系统和低压气机控制系统等组成的现地总线网通信；与 10 kV 开关设备、直流电源系统和底孔闸门控制设备 RS485 通信口的通信。

系统应具有响应速度快，可靠性、可利用率高；可适应性强；可维修性好；先进、经济、灵活和便于扩充。

三、主要监控对象

（1）5 台水轮发电机组及辅助设备；

（2）5 台主变压器及其辅助设备；

（3）5 台发电机出口断路器、隔离开关；

（4）3 回 220 kV 出线；

（5）2 段 220 kV 母线；

（6）8 台 220 kV 断路器；

（7）10 个 220 kV 间隔的隔离开关及接地刀闸；

（8）5 台高压厂用变压器；

（9）15.75.10，0，4 kV 配电设备；

（10）全厂直流电源系统；

（11）技术供水及渗漏、检修排水系统；

（12）中、低压缩空气系统；

（13）全厂通风机系统；

（14）底孔闸门系统；

（15）工业电视系统等。

第二节　系统操作要求

一、系统层次

电站计算机监控系统分为厂站控制级及现地控制级两层。系统功能由厂站控制级及现地控制级共同完成。

厂站控制级设备包括：系统主工作站、操作员工作站、工程师/培训工作站、梯调网关工作站、厂内通信服务器、厂外通信服务器、语音报警服务器、1.0 M网络设备及之间的连接介质、打印机、GPS装置、UPS及配电设备、模拟屏及驱动器等。

现地控制级设备包括：机组现地控制单元（5套）、220 kV开关站现地控制单元（1套）和公用现地控制单元（1套）。

二、系统控制调节权管理

计算机监控系统控制调节方式分为控制方式和调节方式二类。控制方式包括现地控制方式、厂站控制方式和梯调控制方式，调节方式包括厂站调节方式和梯调调节方式。

现地控制单元应设有"现地/远方"切换开关。在现地控制方式下，现地控制单元只接受通过现地级人机界面、现地操作开关、按钮等发布的控制及调节命令。厂站级及梯调级只能采集、监视来自电站的运行信息和数据，而不能直接对电厂的控制对象进行远方控制与操作。

厂站级应设有"电站控制/梯调控制"软切换开关和"电站调节/梯调调节"软切换开关。

当监控系统处于"电站控制"和"电站调节"方式且现地控制单元处于"远方控制"方式时，厂站级可对电站主辅设备发布控制和调节命令，梯调级则只能用于监视。

当监控系统处于"电站控制"和"梯调调节"方式且现地控制单元处于"远方控制"方式时，厂站级只能对电站主辅设备发布控制命令，梯调级则只能发布调节命令。

当监控系统处于"梯调控制"和"电站调节"方式且现地控制单元处于"远方控制"方式时，梯调只能对电站主要设备发布控制命令，厂站级则只能发布调节命令。

当监控系统处于"梯调控制"和"梯调调节"方式且现地控制单元处于"远方控制"方式时，梯调可对电站主要设备发布控制和调节命令，厂站级则只能用于监视。

控制调节方式的优先级依次为现地控制级、厂站控制级和梯调控制级。

第三节 系统功能要求

一、厂站控制级功能

（一）数据类型

开关量输入点（DI）：开关量输入点的点值来自电站计算机监控系统的现地控制单元，通过开关量输入模块采集现场的开关量信号。

事件顺序记录点（SOE）：事件顺序记录点的点值来自电站计算机监控系统的现地控制单元，通过快速开关量输入模块采集现场的开关量信号。

模拟量输入点（AI）：模拟量输入点的点值来自电站计算机监控系统的现地控制单元，通过模拟量输入模块采集现场的模拟量信号。

脉冲量输入点（PI）：脉冲累加输入点的点值来自电站计算机监控系统的现地控制单元，通过开关量输入模块采集现场的脉冲累加信号，脉冲累加输入点属模拟量类型。

开关量输出点（DO）：开关量输出点通过计算机监控系统现地控制单元的开关量输出模块控制现场设备。

模拟量输出点（AO）：模拟量输出点通过计算机监控系统现地控制单元的模拟量输出模块控制现场设备。

数字量计算点：数字量计算点为画面或报表而设计的数字量点，其目的是简化应用程序，计算表达式应能方便地被用户修改。

模拟量计算点：模拟量计算点为画面或报表而设计的模拟量点，其目的是简化应用程序，计算表达式应能方便地被用户修改。

其他数据点：自定义的服务于监控系统的其他类型的数据点。

（二）数据采集

自动采集各现地控制单元的各类实时数据。其中，定周期采集的数据，其采集周期应为可调。

自动采集来自梯调级的数据。

自动采集电站监控系统外接系统的数据信息。

接收由操作员向计算机监控系统手动登录 / 输入的数据信息。

（三）数据处理

具有对每一设备和每种数据类型定义数据的处理能力，用以支持系统完成控制、监视和记录能力。数据处理包括如下内容。

模拟量数据处理。包括模拟量数据合理性检查、工程单位变换、模拟量数据变化（死区、梯度等检查）及越限检查等，并根据规定的格式产生报警和记录。

状态数据处理及开出点动作记录。包括防抖滤波、软件抗干扰滤波、异位立即传送异位点和周期定时传送全部采集点、数据质量码显示等，并根据规定的格式产生报警和记录。状态量变化次数、LCU 开出点动作情况记录并归档。

事件顺序数据处理，记录各个重要事件的动作顺序、事件发生时间（年、月、日、时、分、秒、毫秒）、事件名称、事件性质，并根据规定产生报警和记录。

计算数据，监控系统可根据实时采集到的数据进行周期、定时或召唤计算分析，形成各种计算数据库与历史数据库，包括：脉冲累积、电度量、水量的分时累计和总计；机组温度综合分析计算；主、辅设备动作次数和运行时间等的统计；分段负荷运行时间统计；其他分析统计计算：包括功率总加、机组及输电线路电流和功率不平衡度计算、功率因数计算等；进行数字量、模拟量的计算，用于监视、控制和报警；辅助设备智能分析、报警。

趋势记录，对电站的一些主要参数如机组轴承温度、轴承温度变化率、推力轴瓦间温差、油槽油温、机组有功及主变温度等实时数据进行记录，采样周期应分别在 1 ~ 15 s 和 1 ~ 10 min 可调，采样点是可选及可重新定义的。总点数满足用户要求，每点记录值不少于 600 个。记录满足用图形显示及列表显示等方式的需要。

事故追忆数据处理，对过程点实时数据进行事故追忆记录处理，其记录事故前后过程中的数据量不少于 60 个（记录格式待定），数据保存不少于 6 个月。追忆数据点可增加、删减或重定义。

事故前后运行方式记录，对事故前后电厂运行方式及主要参数进行记录保存。

设备运行统计，需对电站主要设备的运行情况进行统计并归档，如发电机组的开停机次数、机组和主变的运行时间、断路器的动作次数等。对间歇运行的辅助设备的运行状态进行监视和记录。如压油泵、空压机、排水泵等的启动次数、运行时间和间歇时间。

（四）控制调节

1. 一般控制与调节

机组开 / 停机顺序控制（单步或顺序）、紧急停机控制。

对单个具备 ON/OFF 操作的设备，要求对其实现 ON/OFF 控制操作，并须考虑安全闭锁（包括对出口断路器、隔离开关、接地刀闸等的控制与操作）。

220 kV 断路器、隔离开关及接地刀闸的控制与操作。

主变中性点接地刀闸的分、合操作。

厂用电设备的控制与操作。

其他相关控制与操作。

全厂给定值调节：全厂有功功率、全厂无功功率 / 母线电压能按设定值进行闭环调节。

机组给定值调节：机组的转速 / 有功功率、电压 / 无功功率和导叶开限能按设定值进行闭环调节。

2. 自动发电控制（AGC）

（1）总体要求

电站的自动发电控制充分考虑电站运行方式，具有有功联合控制、电站给定频率控制和经济运行等功能。其中，有功联合控制系指按一定的全厂有功总给定，在所有参加有功联合控制的机组间合理分配负荷。给定频率控制系指电站按给定的母线频率，对参加自动发电的机组进行有功功率的自动调整。经济运行系指根据全厂负荷和频率的要求，在遵循最少调节次数、最少自动开停机次数、发电耗水量或弃水量最少的前提下，确定最佳机组运行台数和最佳运行机组组合，实现运行机组间的经济负荷分配。在自动发电控制时，能够实现电站机组的自动开、停机功能。

自动发电控制能实现开环、半开环和闭环三种工作模式。其中，开环模式只给出运行指导，所有的给定及开、停机命令不被机组接受和执行；半开环模式指除开、停机命令需要运行人员确认外，其他的命令直接为机组接受并执行；闭环模式系指所有的功能均自动完成。

AGC 自动发电控制能对电站各机组有功功率的控制分别设置"联控 / 单控"控制方式。某机组处于"联控"时，该机组参加 AGC 联合控制；处于"单控"时，该机组不参加 AGC 联合控制，但可接受操作员对该机组的其他方式控制。AGC 对机组的"联控 / 单控"控制方式可由电站或梯调操作员设定。

（2）自动发电给定值方式

自动发电给定值方式有：给定总有功功率、给定日负荷曲线、给定频率和给定系统频率限值等。各种方式的切换应该做到无扰切换。

厂站层设置"电站调节 / 梯调调节"软切换开关，在"电站调节"方式下，运行人员通过厂站级人机界面设定上述给定值；在"梯调调节"方式下，上述给定值来自梯调。

（3）AGC 负荷分配算法原则

自动发电控制按照修正等功率法或动态规划法等优化方式进行有功功率的联合控制。实际运行时，可根据实际情况在两种算法中切换，无论那种算法，都要考虑电站、机组等各个方面的约束条件。对每种算法的运算周期要求小于 1s。

（4）AGC 约束条件

自动发电控制的约束条件至少包括以下诸点（不限于此）：电站上、下游水位，机组气蚀区，机组振动区，机组最大负荷限制，机组开度限制，线路负荷限制，机组的当前状态（健康状态、累计运行时间、连续停机时间、相应辅助设备状态），全厂旋转备用容量，负荷调整频度最少，自动开停机频度最少和全厂耗水量最少等。其中，机组气蚀区、机组振动区和机组最大负荷限制等是随水头变化的非线性函数。

不具备自动发电控制的机组自动退出自动发电控制。自动发电控制允许运行人员通过人机接口投入或退出。

3. 自动电压控制（AVC）

（1）总体要求

自动电压控制能根据电站开关站 220 kV 母线电压，对全厂无功进行实时调节，使开关站母线电压维持在给定值处运行，并使电站无功在运行机组间合理地分配。

AVC 对电站各机组无功功率的控制，按机组分别设置"联控 / 单控"方式。当某机组处于"联控"时，该机组参与 AVC 联合控制，当某机组处于"单控"时，该机组不参与 AVC 联合控制，但可接受其他方式控制。AVC 对机组的"联控 / 单控"控制方式可由电站或梯调操作员设定。

（2）给定值方式

自动电压给定值方式有：母线电压限值、母线电压值和无功设定值等。各种方式切换时，应该做到无扰切换。

当采用母线电压限值方式时，AVC 应通过调整参加联合控制的机组的机端电压或无功功率，自动维持母线电压。

（3）AVC 控制算法

采用自适应式 AQ 与比例算法，当开关站母线电压高于给定值时，减少电站无功；当开关站母线电压低于给定值时，增加电站无功。无功分配可按等无功功率或按等功率因素方式分配，并可根据电站无功偏差的数值，选择部分或全部的运行机组参加调节，避免机组调节频繁。算法的计算周期应小于 1 s。

（4）AVC 的约束条件

电压控制的约束条件至少包括（不限于此）：机组机端电压限制、定子绕组发热限制、转子绕组发热限制和机组最大无功功率限制。

4. 一次调频控制

在监控系统中投入频率校正回路，即当机组工作在协调或 AGC 方式时，由监控系统和电液调速器共同完成一次调频功能。

一次调频功能是机组的必备功能之一，不应设计为可由运行人员随意切除的方式。保证一次调频功能始终在投入状态。

机组参与一次调频的死区不超过 ±0.034 Hz。

机组参与一次调频的响应滞后时间：当电网频率变化达到一次调频动作值到机组负荷开始变化所需的时间为一次调频负荷响应滞后时间，应小于 3 s。

机组参与一次调频的稳定时间：机组参与一次调频的过程中，在电网频率稳定后，机组负荷达到稳定所需的时间为一次调频的稳定时间，小于 1 min。机组投入机组协调控制系统或自动发电控制（AGC）运行时，剔除负荷指令变化的因素。

（五）人机接口

厂站控制级应提供人机接口功能，使电站的运行操作人员、维护人员和系统管理工程师，通过操作员工作站、工程师站/培训工作站等的人机接口设备，如显示器、通用键盘、鼠标以及打印机等，实现对电站的监视、控制及管理功能。其基本功能和操作要求如下。

1.人机接口原则

操作员只允许完成对电站设备进行监视、控制调节和参数设置等操作，而不允许修改或测试各种应用软件。

人机接口具有汉字显示和打印功能，汉字符合中国国家二级字库标准；汉字输入至少包括五笔、智能 ABC 汉字输入法等。

人机接口操作方法简便、灵活、可靠。对话提示说明应清楚准确，在整个系统对话运用中保持一致。

给不同职责的运行管理人员提供不同安全等级操作权限。'

画面调用方式满足灵活可靠、响应速度快的原则；画面的调出有自动和召唤两种方式，自动用于事故、故障及过程监视等情况，召唤方式为运行人员随机调用。

操作过程中操作步骤尽可能少，但有必要的可靠性校核及闭锁功能。

任何人机联系请求无效时显示出错信息。

任何操作命令进行到某一步时，如不进行下一步操作（在执行以前）则能自动删除或人工删除。

被控对象的选择和控制中的连续过程只能在同一个控制台上进行。

运行人员能根据操作权限在控制台方便、准确地设置或修改运行方式、负荷给定值及运行参数限值等。

运行人员能根据操作权限完成参数设值及输入点状态设值。

提供面向对象显示功能。

2.画面显示

运行人员能通过键盘或鼠标选择画面显示。画面显示功能做到组织层次清晰明了，信息主次分明，美观实用；画面图符及显示颜色定义符合《中华人民共和国电力行业标准》（DL/T578）有关规定。屏幕显示画面的编排至少包括时间显示区、画面静态及动态信息主显示区、报警信息显示区及人机对话显示区。

能显示的主要画面应包括各类菜单画面，电站电气主接线图（其中，主要电气模拟量应能以模拟表计方式显示），机组及风、水、油系统等主要设备状态模拟图，机组运行状态转换顺序流程图，机组运行工况图，各类棒图、曲线图，各类记录报告，操作及事故处理指导，计算机系统设备运行状态图等。

画面具有动态着色显示功能。同一显示器上，能实现多窗口画面显示，对画面能实现无级缩放功能。画面的数量满足用户要求。

3. 报警

当出现故障和事故时，立即发出报警和显示信息，报警音响将故障和事故区别开来。音响可手动或自动解除。

报警显示信息在当前画面上显示报警语句（包括报警发生时间、对象名称、性质等），显示颜色随报警信息类别而改变。若当前画面具有该报警对象，则该对象标志（或参数）闪光和改变颜色。闪光信号在运行人员确认后方可解除。

当出现故障和事故时，立即发出中文语音报警，报警内容准确和简明扼要。中文语音报警可通过人机接口全部禁止或禁止某个 LCU 单元。通过在线或离线编辑禁止或允许单个中文语音报警。

具备事故自动寻呼功能（ON CALL），当出现故障和事故时，自动通知维护人员。

当出现重要故障和事故时，监控系统除产生上述规定的报警外，还产生电话语音和手机短信自动报警。该报警能根据预先规定进行自动拨号，拨号顺序按从低级到高级方式进行，当某一级为忙音或在规定时间内无人接话时，自动向其高一级拨号，当对方摘机后，立即告诉对方报警内容。语音报警电话能同时拨出至少四个电话，电话号码与时段可重新定义。

对于任何确认的误报警，运行人员可以退出该报警点。

二、机组现地控制单元（1LCU–5LCU）功能

（一）数据采集

（1）能自动采集 DI、SOE、AI、PI 等类型的实时数据。

（2）自动接收来自厂站控制层的命令信息和数据。

（二）数据处理

现地控制单元数据处理功能包括：对自动采集数据进行可用性检查；对采集的数据进行数据库刷新；向上级控制层发送其所需要的信息。

模拟量数据处理：包括模拟数据的滤波、数据合理性检查、工程单位变换、模拟数据变化（死区检查）及越限检查等，并根据规定产生报警和记录。

状态数据处理及记录：包括防抖滤波状态输入变化检查，并根据规定产生报警和记录。

事件顺序数据处理：记录各个重要事件的动作顺序、事件发生时间（年、月、日、时、分、秒、毫秒）、事件名称、事件性质，并根据规定产生报警和记录。

控制命令（DO）及系统故障信息：记录 LCU 的控制命令（DO）及系统故障信息，根据规定产生报警记录并上送。

计算数据：机组电流和功率不平衡度计算；功率因数计算；脉冲累积、电度量的分时累计和总计；机组电气量的综合计算；进行数字量、模拟量及允许计算点计算，用于监视、控制和报警。

事故前后机组运行状况记录：对事故前后机组运行状况及主要参数应记录保存并报送厂站层

归档。

（三）机组同期并网

提供两种机组同期并网方式：自动准同期和手动准同期，同期方式在现地控制单元柜上选择。在厂站级仅能采用自动准同期操作方式。

自动准同期：每套机组现地控制单元配有 1 套微机型自动准同期装置，作为机组正常同期并列之用。

手动准同期：手动准同期仅考虑在机旁进行，它借助于机组 LCU 屏，由人工实现机组同期并网，为了避免机组任何非同期并网的可能，每台机均设有同期检查继电器，作为机组并网时相角鉴定的外部闭锁。

三、开关站现地控制单元（6LCU）功能

（一）数据采集

（1）能自动采集 DI、SOE、AI、PI 等类型的实时数据。

（2）自动接收来自厂站控制层的命令信息和数据。

（二）数据处理

现地控制单元数据处理功能包括：对自动采集数据进行可用性检查；对采集的数据进行数据库刷新；向上级控制层发送其所需要的信息。

模拟量数据处理：包括模拟数据的滤波、数据合理性检查、工程单位变换、模拟数据变化（死区检查）及越限检查等，并根据规定产生报警和记录。

状态数据处理及记录：包括防抖滤波状态输入变化检查，并根据规定产生报警和记录。

事件顺序数据处理：应记录各个重要事件的动作顺序、事件发生时间（年、月、日、时、分、秒、毫秒）、事件名称、事件性质，并根据规定产生报警和记录。

控制命令（DO）及系统故障信息：记录 LCU 的控制命令（DO）及系统故障信息，并根据规定产生报警记录并上送。

计算数据：线路电流和功率不平衡度计算；线路功率因数计算；线路脉冲累积、电度量的分时累计和总计并记录，以及越限报警等；线路电气量的综合计算；进行数字量、模拟量及允许计算点计算，用于监视、控制和报警。

事故前后机组运行状况记录：对事故前后主设备运行情况及线路主要参数记录保存并报送厂站层归档。

（三）控制操作

（1）220 kV 断路器跳 / 合；

（2）隔离开关及接地刀闸的操作分 / 合；

（3）其他相关控制与操作。

（四）同期并网

现地控制单元配有 1 套微机型多点自动准同期装置，作为 5 个进线和三个出线断路器同期并列之用，同时配有同期智能控制操作箱，完成同期电压的选择和切换。

（五）人机接口

6LCU 人机接口设备包括：触摸显示屏、其他指示仪表、开关和按钮等。

触摸显示屏能显示开关站模拟画面、主要电气量测量值，当运行人员进行操作登录后，可通过触摸显示屏进行断路器、隔离刀闸及接地刀闸的跳 / 合操作及其他操作。

6LCU 具有必要的通信接口，以便能使便携式计算机接入，在进行现场调试或厂站设备故障的情况下，运行人员可通过便携式计算机实现现地控制单元级的交互式控制功能，完成对本 LCU 所属设备的相关操作和处理，以便于现场调试和保证设备的安全运行。

6LCU 具有通过便携式计算机编译下装控制程序的手段。

（六）通信

与厂站层计算机节点的通信：实时上送采集到的各类数据、接受厂站层的操作控制命令、通信诊断。

与其他现地控制单元的通信。

（七）自诊断

提供完备的硬件及软件自诊断功能，包括在线周期性诊断、请求诊断和离线诊断。诊断包括如下内容：

现地控制单元硬件故障诊断：可在线或离线自检设备的故障，故障诊断能定位到模块和通道。

在线运行时，当诊断出故障，能自动闭锁控制出口或切换到备用系统，并将故障信息上送电站控制中心以便显示、打印和报警。

四、公用设备现地控制单元（7LCU）功能

（一）数据采集

能自动采集 DI、SOE、AI、PI 等类型的实时数据。

自动接收来自厂站控制层的命令信息和数据。

（二）数据处理

现地控制单元数据处理功能包括：对自动采集数据进行可用性检查；对采集的数据进行数据库刷新；向上级控制层发送其所需要的信息。

模拟量数据处理：包括模拟数据的滤波；数据合理性检查；工程单位变换；模拟数据变化（死区检查）及越限检查等，并根据规定产生报警和记录。

状态数据处理及记录：包括防抖滤波状态输入变化检查，并根据规定产生报警和记录。

事件顺序数据处理：记录各个重要事件的动作顺序、事件发生时间（年、月、日、时、分、秒、毫秒）、事件名称、事件性质，并根据规定产生报警和记录。

控制命令（DO）及系统故障信息：记录 LCU 的控制命令（DO）及系统故障信息，并根据规定产生报警记录并上送。

计算数据：线路电流和功率不平衡度计算；线路功率因数计算；线路脉冲累积、电度量的分时累计和总计并记录，以及越限报警等；线路电气量的综合计算；进行数字量、模拟量及允许计算点计算，用于监视、控制和报警。

事故前后机组运行状况记录：对事故前后主设备运行情况及线路主要参数应记录保存并报送厂站层归档。

（三）控制操作

（1）10 kV 断路器跳 / 合；

（2）0.4 kV 断路器跳 / 合；

（3）其他相关控制。

（四）人机接口

人机接口设备包括触摸显示屏、其他指示仪表、开关和按钮等。

触摸显示屏能显示其监控范围内的厂用电接线画面、显示主要电气量测量值和开关的运行状态。当运行人员进行操作登录后，可通过触摸显示屏进行其监控范围内的厂用电开关的跳 / 合、倒闸及其他操作。

7LCU 具有必要的通信接口，以便能使便携式计算机接入，在进行现场调试或厂站设备故障的情况下，运行人员可通过便携式计算机实现现地控制单元级的交互式控制功能，完成对本 LCU 所属设备的相关操作和处理，以便于现场调试和保证设备的安全运行。

7LCU 具有通过便携式计算机编译下装控制程序的手段。

（五）通信

与厂站层计算机节点的通信：实时上送采集到的各类数据、接受厂站层的操作控制命令、通信诊断。

与其他现地控制单元的通信。

与其他全厂辅助系统的通信：副安装厂下排水及中压空压机系统、主安装厂下排水及低压空压机系统、右岸消力池排水控制系统和底孔闸门控制系统等的串行通信。

与直流系统的串行通信。

（六）自诊断

提供完备的硬件及软件自诊断功能，包括在线周期性诊断、请求诊断和离线诊断。诊断内容如下。

现地控制单元硬件故障诊断：可在线或离线自检设备的故障，故障诊断能定位到模块和通道。

在线运行时，当诊断出故障，能自动闭锁控制出口或切换到备用系统，并将故障信息上送电站控制中心以便显示、打印和报警。

第四节 硬件要求

由于参考的工程已过去几年了，有些设备，特别是计算机参数有了很大的改变，以下参数仅供参考，可在提高和保证系统可靠性和先进性的基础上提出配置。

一、硬件平台环境

为了提高系统的可维护性和可利用率，减少人员培训费用和系统维护费用，便于调试及运行人员掌握系统，整个系统尽量采用相同类型的硬件平台。

为了满足系统实时性要求和保证系统具有良好的开放性，硬件平台将最大限度地采用现在流行的且严格遵守当今工业标准的产品，以便为应用开发提供最大的灵活性和使系统能够方便地升级，从而达到保护用户对系统初期投资的目的。

二、主控级硬件配置及要求

厂站设备至少具有以下具体配置（但不限于此）。

（一）网络设备

网络要求冗余工业以太双环网，采用多模光纤通信介质。提供网络通信所需的所有硬件、软件、连接线缆以及整个安装和运行系统所需的其他设备。

系统采用工业以太双环网方案，采用 TCP/IP 协议，遵循 IEEE802.3 标准，传输速率不低于 100 Mb/s，传输介质采用光纤。在中央控制室和各个现地控制单元之间采用多模光纤环网，当环网发生一个光纤断点时，网络能够在小于 500 ms 的时间内被查出，并且将数据切换到冗余通道，恢复正常工作。

网络交换机要求上位机采用 MICE3000 系列或同档次的产品，现地控制单元采用 RS2 系列产品。

各交换机均采用双电源冗余输入，各现地单元的交换机安装在现地 LCU 内，与站控级设备相连的交换机安装在计算机室，交换机均采用导轨方式安装，无风扇散热方式。

各光纤交换机须采用一体化结构或机架式结构，即光纤收发器是与交换机集成一体，以确保可靠性要求，所有交换机为工业级产品，重负荷设计，电磁兼容性指标等满足工业要求。所有网络交换机设备在常温下 MTBF（平均无故障时间）均要求在 10 年以上。

所有交换机采用统一的基于 SNMP（简单网络管理协议）和 RMON（远程监控系统协议）的

网络管理，并且具有自身网管软件，采用 OPC（动态过程控制）通信方式将网络设备的状态信息传递到计算机监控系统软件中。

整个通信网络的交换机端口要有根据网卡 MAC 地址设置保护，防止非法上网的功能。

具有扩展性和好的兼容性，系统可以通过 FLASH ROM 更新交换机的功能。

交换机的保护等级为 IP20。

（二）系统主工作站（2 台配置相同）

配置 2 台系统主工作站，以主备方式运行，主要负责厂站层数据库的数据采集及处理，高级应用软件的运行、系统时钟管理等。

（三）操作员工作站（2 台配置相同）

系统设置 2 台操作员工作站，以并行方式工作，每个操作员工作站配置 2 台液晶显示器。主要作为操作员人机接口工作台，负责监视、控制及调节命令发出、记录打印等人机界面（MMI）功能。

（四）工程师 / 培训工作站（1 台）

系统配置 1 台工程师站，该节点主要负责系统的维护管理、功能及应用的开发、程序下载等工作。此外，工程师站还需具有操作员工作站的所有功能。

具体配置除显卡及显示器为 1 个外，其余配置和操作员工作站配置相同。此外，工程师站将作为远程诊断接入点，还需配置 Modem 1 个（内置或外置）。另外，DVD 光驱改为 DVD 光刻录机。

工程师 / 培训工作站布置于计算机室。

（五）梯调网关工作站（2 台配置相同）

系统配置 2 台梯调网关工作站，以主备方式运行，并能无扰切换，该节点主要负责和梯级调度计算机监控系统的通信。通信协议规约与梯级调度端商定。该节点上需配置"防火墙"功能。

（六）厂内通信服务器（1 台）

系统配置 1 台厂内通信服务器，该节点主要负责和厂内自成体系的系统进行数据通信，包括电站通风控制系统、火灾报警系统、继电保护和故障录波系统、水情测报系统、机组状态监测系统和大坝监测系统等，并预留与电力市场竞价上网系统等的通信接口及与模拟屏的通信接口，支持多种通信规约及通信方式。

（七）厂外通信服务器（4 套）

电站监控系统与两电网调度中心均采用数字方式通信：通过交换机、路由器等设备与电力调度专用数据网之间进行数据通信。电站监控系统需设置厂外通信服务器（调度通信接口设备），设备包括：高性能的工业型远程通信装置 1 套、交换机 2 套、路由器 1 套，并需按照国家经贸委最新颁布的《电网和电厂计算机监控系统及调度数据网络安全防护规定》及电力系统有关"发电厂二次系统安全防护指南"和"电力二次系统安全防护总体方案"的最新文件和规定的要求进行软、硬件隔离，配置调度专用的纵向安全隔离设备1套。

对两侧电网调度中心分别设置的调度通信接口设备分别安装在1个通信机柜内，并需配置1台电力专用逆变装置对柜内设备供电。

（八）模拟屏及模拟屏驱动器

系统配置1套模拟屏及模拟屏驱动器，模拟屏驱动器从监控系统中获取信息并驱动模拟屏反映运行状况及主要参数。

1. 模拟屏驱动器

模拟屏驱动器应采用专用一体化驱动器，驱动器配置要求如下：

100 M以太网接口2套；

串行口至少2个；

其他必需设备。

2. 模拟屏

采用镶嵌式马赛克模拟屏，屏面形状采用弧形面 R=8 m，屏面尺寸为宽 8.5m、高 2.7 m，底边距地面 0.6 m。

整个模拟屏静态显示电气主接线图，同时镶嵌另外采购的工业电视监视器，应负责做好监视器安装支架。

示图用光带、发光字牌、字符显示窗和数字显示窗等元素及这些元素的组合来制作。

被观察的信号密度、图和字符以及各种指示灯的面积应美观合理。

提供足够的色差使操作员可以很容易区别模拟屏上的不同部分。

本体为浅灰色，设备范围为乳白色。颜色交界面用嵌拼示工艺或染色处理。

发光元件等电器元件的界限需用接插件，紧密牢固连接，维护方便。发光期间为高亮度发光LED，红（接通）、绿（断开）、橙（检修）三色以及熄灭四种状态。

动态显示电站采集的信号包括用数字显示电站总有功、无功、安全运行天数、上下游水位，机组三相电流、电压、有功功率、功率因数；线路三相电流、功率；220，15.75、10.5、0，4 kV 母线电压、频率、厂用电系统参数。用 LED 信号灯显示机组运行状态和电气主接线上的断路器、隔离开关位置，机组电气、机械总事故，这些信号按电气主接线进行表现。

模拟屏及模拟屏驱动器布置于中控室。

（九）同步时钟系统

计算机监控系统通过接收时钟同步装置的时钟同步信息，以保持全系统的时钟同步。同步时钟系统与系统服务器和操作员工作站采用串口连接对时，系统服务器与各现地控制单元有定期的对时报文。同时，同步时钟系统还为每一个现地控制单元发出分脉冲同步信号。另外，该装置应向站内故障录波装置、微机自动装置、微机保护装置等发送同步信号。

同步时钟系统能接受 GPS 及北斗星的信号，面对各类需要对时的接口设备，要求系统能适应不同接口设备的要求：如要求高精度的设备则采用脉冲方式；对于进口设备采用 IRIG-B（Inter-Range Instrumentation Group-B）码（短距离用 DC，长距离用 AC）；提供至少有 2 个 RS232 串行口和 48 个以上脉冲信号的同步时钟、同步对时系统及相应连接电缆，其系统由天线、接收机、守时钟、扩展箱及时间信号传输通道等组成。应有措施避免卫星失锁造成的时间误差。系统应采用模块化结构，便于扩展。串行信号用于数据服务器对时，脉冲信号用于 LCU 对时。在各 LCU 中，该脉冲信号应被扩展成不少于 8 个且相互独立的脉冲信号，分别用于 CPU 对时及智能现地设备的对时。主机具有防雷保护功能，主机天线为防雷设计；主机和扩展箱具有电源中断、外部时间基准信号消失和设备自检出错告警功能。

（十）UPS 及配电设备

提供 2 套电力专用不间断逆变电源，并联冗余，不含电池，含并联模块及输入输出隔离变压器及配电柜，作为电站监控系统厂站层设备电源。其内部直流稳压电源应有过压过流保护及电源故障信号，交流电源输入回路应有隔离变压器和抑制噪声的滤波器。

两套 UPS 以并列热备方式运行，采用电子式切换，任何 1 套 UPS 故障，不影响电站监控系统所有设备的正常运行。

（十一）控制操作台和计算机台

提供控制操作台包括 1 套控制操作台、1 套计算机台及 10 把椅子。

操作员控制台将布置在中控室：操作员工作站 2 台、另外采购的消防报警工作站 2 台、工业电视监控站 2 台和调度值班主机 2 台。计算机台将布置在计算机室，放置系统主工作站 2 台、工程师 / 培训工作站 1 台、梯调网关工作站 2 台、通信服务器 3 台、语音报警服务器 1 台及打印机等。

三、现地控制单元硬件配置及要求

本电站现地控制单元 LCU 包括 5 套机组 LCU（1LCU ~ 5LCU）、1 套 220 kV 开关站 LCU（6LCU）、1 套公用 LCU（7LCU）。

现地控制单元主控制器采用双 CPU 模块、双电源模块、双网络模块和双现场总线模块，每个 I/O 模块采用双电源模块（供电）。主控制器采用满足所有监控功能，并具有丰富的水电运行经验的施奈德（Quantum unity 系列）或优于此产品的产品，全部模块采用标准化模件，SOE 功能必须由 PLC 专用 SOE 功能模件实现，温度测量全部采用 PLC 专用的 RTD 测温模件实现，所有 I/O 模件或其他模件与 CPU 模件为同一系列产品，均满足带电热插拔要求，输出模块故障可预定义。LCU 方便地与采用不同规约现场总线的现场设备通信。

LCU 具有智能性和可编程能力，冗余的双 CPU 构成现役的和热备用单元。热备用单元应连续监视现役单元，并同时更新存储器的内容。当现役单元的 CPU 或存储器故障时，通过自动切换装置将 LCU 的监视和控制功能自动切换到热备用单元，热备切换应在 1 个扫描周期以内。

2 个 CPU 以主 / 热备用方式运行，每个 CPU 支持相同的应用程序和网络配置。CPU 负载率不应大于 50%（负荷率统计周期为 1 s）。CPU、电源、I/O 模板、智能模板和网络通信模板均支持热插拔，以保证系统的维护方便。

现地控制单元须设置人机界面，界面介质须采用触摸屏，触摸屏采用串行口与现地 LCU 连接（触摸屏需具有 MB+ 接口，采用 MB+ 现场总线与 PLC 连接，并需充分考虑双 CPU 冗余结构）。

每台 LCU 须保留专用的接口，以便能使便携式计算机接入，对 LCU 进行更深一步的调试和监控。

现场总线须采用工业标准总线结构。在具体配置每个 LCU 时，或在考虑 LCU 与其他智能设备连接时，尽可能地使用现场总线技术。

现地控制单元盘柜内装设 2 个开关电源装置，分别由一路 220 VAC 和一路 220 VDC 供电，采取并列方式工作。220 VAC 取自厂用电系统，220 VDC 取自直流电源系统。每个开关电源装置的输出均配置有自己的隔离元件，再汇合接入形成直流小母线，主控制器、I/O 模块等经微型空气开关接入直流小母线。具有掉电保护功能和电源恢复后的自动重新启动功能。

LCU 能实现时钟同步校正，其精度应与时间分辨率配合。

（一）机组 LCU（1 LCU-5LCU）

机组 LCU 由主控制器和 I/O 模件组成，主控制器配置为 2 套完全冗余的，每个主控制器包含 CPU 模件、电源模件、现场总线模件和网络模件等。2 套完全冗余的主控制器工作方式为在线热备，切换无扰动。

1. 微机自动同期装置性能要求

允许压差设定值应是可调的，调整范围为 0 ～ 10V。

允许相差设定值应是可调的，调整范围为 0 ～ 100。

允许频差设定值应是可调的，调整范围为 0 ～ 0.5 Hz。

恒定越前时间应是可调的。

电压升 / 降输出信号时间应是可调的，调整范围为 0.1 ～ 2 s。

电压升 / 降输出信号间隔时间应是可调的，调整范围为 1 ～ 6 s。

速度增 / 减输出信号时间应是可调的，调整范围为 0.1 ～ 0.5 s。

设置 1 个自动准同期装置投 / 切开关。

2. 手动准同期装置包括的设备

1 个机组和断路器对侧电压的同期电压表；

1 个机组和断路器对侧电压的同期频率表；

1 个同步表及同步表投 / 切开关；

1 个断路器跳 / 合开关；

1 套继电器；

1个同期检测继电器（用于机组并网时相角闭锁）：该继电器应具有在系统无压或在断路器两侧无压的情况下，允许断路器合闸的特性；

机组 LCU 布置于主厂房发电机层上游侧各自机组对应位置。

（二）开关站 LCU（6LCU）

开关站 LCU 由主控制器和 I/O 模件组成，主控制器配置为 2 套完全冗余的，每个主控制器包含 CPU 模件、电源模件、现场总线模件和网络模件等。2 套完全冗余的主控制器工作方式为在线热备，切换无扰动。

（三）公用 LCU（7LCU）

公用 LCU 由主控制器和 I/O 模件组成，主控制器应配置为 2 套完全冗余的，每个主控制器包含 CPU 模件、电源模件、现场总线模件和网络模件等。2 套完全冗余的主控制器工作方式为在线热备，切换无扰动。提供 1 套公用设备 LCU 及与其他全厂辅助系统的通信光端设备及光缆。

（四）输入 / 输出（I/O）

1. 数字信号输入

数字信号输入宜采用空接点且输入回路由独立电源供电。

数字信号输入接口采用光电隔离和浪涌吸收回路，绝缘电压有效值不小于 2 000 V。每一数字输入端口有发光二极管（LED）显示其状态。

每一数字输入回路有防止接点抖动的滤波电路。

数字输入 SOE 量采集应采用 SOE 模块。

2. 脉冲输入

输入回路采用光电隔离。

每一脉冲累加信号输入有独立的计数器。

每一脉冲输入端口有发光二极管（LED）。

LCU 对脉冲输入的采集没有丢失。

3. 模拟量输入

模拟信号接口回路宜采用差分连接，模拟信号输入采用隔离器。

多路模拟信号输入共用模数转换电路时，采用悬浮电容双端切换技术。

模拟输入接口提供模数变化精度自动检验或校正功能。

4. 温度量输入

用于温度测量的输入接口应能直接与电阻温度测量模板（RTD 模板）连接，温度量输入信号装隔离器。

第五节 软件要求

软件包括计算机的操作系统软件、支持软件、系统开发工具软件和专为电站计算机监控系统开发的应用软件。

一、软件平台环境

电站计算机监控系统中各节点计算机均采用具有良好实时性、开放性、可扩充性和高可靠性等技术性能指标的符合开放系统互联标准的 UNIX 及 Windows 操作系统（主要计算机如系统主工作站、操作员工作站、工程师 / 培训工作站等必须采用 UNIX 操作系统）。

二、软件开发工具

电站计算机监控系统中各节点计算机具有有效的编译软件以进行应用软件的开发。编译编辑软件包括：编程语言程序；交互式数据库编辑软件；交互式画面编辑软件工具；交互式报表编辑工具和电话语音报警和查询开发工具；现地控制单元中使用的编程工具。

画面编辑软件工具和报表编辑软件工具在编辑画面和报表时应方便灵活，画面和报表动态数据与数据库的连接尽可能直接通过鼠标操作进行。

提供系统维护和开发所必要的环境和工具。

三、数据库软件

电站计算机监控系统数据库包括实时数据库和商用关系型数据库，实时数据库采用分布式数据库，实时数据库点要对象化。各个工作站根据其用途，可通过网络访问分布在各个现地控制单元的实时数据。除历史数据站、生产信息查询服务器数据相对集中外，其他节点均不存在集中数据库，厂站层节点的应用软件要基于实时数据对象。

数据库的数据结构定义包括电站计算机监控系统和管理所需的全部数据项，数据库结构定义灵活，可方便地增加数据库记录的数据域。数据库查询采用 SQL 数据库语言。数据库系统支持快速存取和实时处理（关键数据项部分常驻内存）以及数据库的复制功能，并保证数据库的完整性和一致性。

电站计算机监控系统还具有历史数据库（用于存储电站的有关历史数据），历史数据库管理系统采用 RDBMS，供监控系统报表子系统及监控系统以外系统（如 MIS 系统）使用。

提供电站计算机监控系统数据库管理软件（包括实时数据库和历史数据库），包括数据库生成程序、编辑程序、数据库在线修改程序（修改或增减数据库记录）。历史数据库的维护、管理和归档等软件。需提供用户访问数据库的一整套用户函数或其他有效手段。

提供电站计算机监控系统数据库与其他外部系统相连接的接口软件及说明文件。

在工程师站或工程师授权的系统中的某个计算机节点上，可对系统中某个节点的数据库进行编辑、下载，重新装入等数据库维护操作，并有具体措施保证某个节点的数据库和整个系统的数据库的一致性。

四、通信软件

通信软件包括电站计算机监控系统内部各节点之间的通信、电站计算机监控系统与外部系统（如网调系统、梯级调度系统等）的通信、现地控制单元与现场总线上的设备通信，通信软件采用开放系统互联协议或适用于工业控制的标准协议。通信软件配置能由用户修改，并提供详细的说明文件，以便于将来与其他计算机系统进行数据交换。为保护电站计算机监控系统方面的投资，主控级与现地控制单元的通信协议是公开的，并有详细的说明，以保证将来现地控制单元中的主要设备改型或升级不受影响。

五、应用软件

应用软件是为电站计算机监控系统开发的软件。在管理形式上便于维护，应用软件分类放在不同的目录中，并提供应用软件目录结构的说明文件。应用软件采用 C/C++ 高级语言或可视化模块编程软件进行程序设计。现地控制级应用软件考虑固化在 EEPROM 中。为保护电站计算机监控系统方面的投资，应用软件设计上保证其在双机上无扰动升级能力，并保证应用软件能被补充或修改，系统硬件升级时软件能方便地移植。现地控制单元中运行的应用程序都必须提供源代码和有充分的注释说明，以保证将来现地控制单元中的主要设备改型或升级不受影响。应用软件能处理汉字。

电站计算机监控系统应用软件至少包括但不限于如下几个部分。

（一）数据采集软件

（1）自动采集各现地单元的各类实时数据；

（2）自动采集智能装置的有关信息；

（3）自动接收梯级调度的命令信息；

（4）自动接收电厂监控系统以外的数据信息。

（二）数据处理软件

（1）对自动采集的数据进行可用性检查；

（2）对采集的数据进行工程单位转换；

（3）具有数字量输入点的抖动限值报警及处理；

（4）具有模拟量输入点的梯度限值报警及处理；

（5）具有数字量输出动作次数统计及报警（设备维护）；

（6）具有输入/输出通道的自诊断功能；

（7）对采集的数据进行报警检查，形成各类报警记录和发出报警音响；

（8）对采集的数据进行数据库刷新；

（9）生成各类运行报表；

（10）形成历史数据记录；

（11）生成曲线图记录；

（12）形成分时计量电度记录和全厂功率总加记录；

（13）具有事件顺序记录的处理能力；

（14）事故追忆数据处理能力（包括记录事故时刻的相关量）；

（15）主辅设备动作次数和运行时间的统计处理能力；

（16）按周期或请求方式发送电站有关数据给梯调调度系统和网调。

（三）人机接口软件

主控级控制台人机界面软件基于 Motif，X-Window 的图形界面并具有二维和三维图形处理和显示能力。图形用户环境采用工业标准 X-Window 程序库及用于建立应用软件的基于 X 的标准工具库（XI1R5）。人机接口软件通用，人机接口画面（由画面编辑软件编辑）不应有单独的人机接口处理程序，所有的人机接口画面只有一个人机接口处理程序。人机接口具有汉字处理能力及汉字输出能力，汉字应符合国家一级汉字库标准。

（四）报警、记录显示和打印软件

具有各类报警记录、运行报表、操作票和操作指导的显示和打印功能，报警记录的显示应能按设备类型和报警类型分类显示。

具有趋势记录、事故追忆及相关记录的显示和打印功能。

具有彩色画面拷贝能力（以文件形式存储，并提供打印工具）和显示彩色画面拷贝文件的工具。

上述记录打印能由操作员在控制台上选择和控制打印机打印。提供主要类型的报警记录、报表显示格式和可修改项目的说明。

（五）控制与调节软件

按照电站当前运行控制方式和预定的决策参数进行控制调节，满足电力调度发电控制要求。对运行设备控制方式的设置：梯调控制级/厂站控制级方式设置；厂站级控制级/现地单元控制级方式设置；机组单控/联合控制运行方式设置；运行设备自动/手动控制方式设置；运行人员能够通过厂站控制级人机接口，完成对单台设备的控制与调节。

机组现地控制单元在现地人工控制或电站级远方控制均具有以下控制调节功能：机组顺序控制；机组转速及有功功率调节；机组电压及无功功率调节；按调度给定的日负荷曲线调整功率；按运行人员给定总功率调整功率；按系统给定的频率调整有功功率；按水位控制方式；按调度给定的电厂高压母线电压日调节曲线进行调整；按运行人员给定的高压母线电压值进行调节；按等

无功功率或等功率因数进行调节；提供梯级调度改变电站中机组控制方式和调节方式的功能。

当监控系统处于梯调控制级控制方式时，监控系统应能执行梯调发布的所有控制命令。能在厂站控制级发布的主要控制调整命令在梯调控制级也能够发布并得以执行。

安全稳定智能控制：当发电机进入进相、过流/过压、稳定储备系数超出规定范围、机组振动等不良工况时，监控系统能识别并能够自动将机组拉回稳定运行工况内。

（六）电话语音报警和查询软件

当电站设备发生事故或故障时，自动进行普通话语音报警，启动电话或 ON-CALL 寻呼系统报警并具有电话查询功能，运行和管理人员也可通过电话查询电站设备当前的运行情况。

（七）系统管理软件

系统管理软件用于监视和管理电站计算机监控系统中所有应用软件的运行情况。

（八）现地控制单元接口软件

为电站计算机监控系统现地控制单元提供人机接口软件，在该类终端上可显示实时过程画面，画面风格与操作员工作站基本保持一致，其功能至少包括控制和调节以及参数值修改操作等。

（九）数据库系统接口软件

提供存储数据库数据记录的接口软件（DataBase Server Interface Programs Library），以便于用户将来对该系统增加其他功能。

（十）时钟同步软件

电站计算机监控系统具有时钟同步功能，以保持计算机监控系统中各网络单元的时钟同步和与调度系统实时时钟的同步。

六、诊断软件

应提供完备的诊断软件，以实现厂站层、现地层各节点的诊断功能。诊断范围包括网络设备、计算机设备和 I/O 模块，诊断结果应精确到模块和通道。提供计算机监控系统现地控制单元控制器 CPU、主控级计算机 CPU 及控制网络的运行负载率（负荷率统计周期为 1 s）和内存使用情况的监视软件。

七、双机切换软件

电站计算机监控系统具备故障在线检测及双机自动切换功能，计算机监控系统正常情况下双机主备方式运行。在主用机发生故障时，备用机能不中断任务且无扰动地成为主用机运行。

八、软件供应

系统中使用的第三方软件均有合法的许可证，并保证系统交货时所使用的第三方软件是最新版本。

本系统最终验收前，如果市场上具有最新的操作系统，或者厂家（包括第三方）开发出了最新的工具软件和应用软件，在保证硬件和软件的兼容性的前提下，免费进行操作系统、工具软件及应用软件的升级。

系统中所提供的软件至少提供2套以上的备份介质，备份介质为光盘介质。

提供所有应用软件的源程序及应用软件的开发工具，应用软件源程序中应有充分的注释说明，以保证应用软件源程序的可读性。应用软件源程序应提供光盘介质。

第六节 系统性能要求

一、集成性

系统中的功能模块具有相对的独立性，某一功能模块的故障不影响其他功能模块的功能。系统所提供的大部分软件是成熟的工业用或商用软件。

二、开放性

尽可能采用开放的技术和标准。在硬件方面，能保证对系统中现有的设备增加功能，或在系统中添加新的设备；在软件方面，要易于系统软件和应用软件的扩展和升级。

三、实时性

数据采集周期：

开关量	$< 1\ s$
电气模拟量	$< 1\ s$
非电气模拟量（不包括温度量）	$< 2\ s$
温度量	$1 \sim 5\ s$
事件顺序记录分辨率	$\leqslant 1\ ms$
实时数据库刷新周期	$< 2\ s$

主备计算机数据库的数据保持高度一致，主用计算机上由运行操作人员通过人机接口输入的数据在1s内复制到备用计算机数据库。

厂站控制级对调度系统数据采集和发送数据的速率和数量满足调度系统的要求。

控制响应：现地控制单元级接受控制命令到开始执行不超过1 s；厂站控制级发出命令到现地控制单元级接受命令的时间不超过1 s；操作员执行命令发出到现地控制单元回答显示的时间不超过2 s。

人机接口：调出新画面的时间不超过1 s；画面上实时数据刷新时间从数据库刷新后算起不超过1 s；报警或事件产生到画面刷新和发出音响的时间不超过2 s。

时间同步精度：节点间时间同步分辨率 W1 ms。

AGC/AVC 计算周期：1 ~ 15 s 可调。

双机切换：热备用时保证无扰动切换。

四、可靠性

计算机接口系统中任何设备的单个元件故障不会造成系统关键性故障或外部设备误动作，防止设备的多个元件或串联元件同时发生故障。计算机监控系统设备的平均无故障时间 MTBF 满足如下要求：①厂站控制级计算机设备（含硬盘）大于 16 000 h；②现地控制单元级设备大于 32 000 h。

可维修性：①可维修平均修复时间（MTTR）由制造商提供，当不考虑管理辅助时间和运送时间时，一般为 0.5 ~ 1 h；②对软件故障有记录文件，记录出故障的模块以及故障原因，以利于软件故障的排除；③硬件上有便于试验和隔离故障的断开点；④尽可能采用商用化的标准硬件，以保证系统的长期可用性及保护投资。

可利用率：计算机监控系统可利用率指标达到 99.99%。

五、安全性

系统的安全性：分别为维护人员和操作人员提供不同的口令，安全级别的个数满足用户要求。

网络安全性：对于系统中与用于外部通信的计算机提供必要的网络安全软件，加装安全隔离装置，以避免外部非法侵入。

控制操作的安全性：对控制操作提供必要的校核检查以及确认操作，在控制命令未进行确认操作之前，操作员能撤销其控制操作。

应用软件有必要的容错能力。

系统中任何硬件设备的故障都不应造成被控设备的误动作。

计算机 CPU 及网络平均负载率不大于 30%，最大负载率不大于 50%；在任何时候，内存的使用率不应大于 80%。以上数据统计周期不大于 1 s。

第十三章 机电一体化设备故障诊断技术

　　"中国制造2025"指出："在智能装备领域，一些企业推出跨品牌、跨终端的智慧操作系统，提供产品无故障运转监测、智能化维保服务。"在现代化生产中，机电设备的故障诊断技术越来越受到重视，由于结构的复杂性和大功率、高负荷的连续运转，设备在工作过程中，随着时间的增长和内外部条件的变化，不可避免地会发生故障。如果某台设备出现故障而又未能及时发现和排除，其结果轻则降低设备性能，影响生产，重则停机停产，毁坏设备，甚至造成人员伤亡。国内外曾经发生的各种空难、海难、断裂、倒塌、泄漏等恶性事故，都造成了人员的巨大伤亡和严重的经济损失与社会影响。及时发现故障和预测故障并保证设备在工作期间始终安全、高效、可靠地运转是当务之急，而故障诊断技术为提高设备运行的安全性和可靠性提供了一条有效的途径。但由于故障的随机性、模糊性和不确定性，其形成往往是众多因素造成的结果，且各因素之间的联系又十分复杂，这种情况下，用传统的故障诊断方法已不能满足现代设备的要求，因此必须采用智能故障诊断等先进技术，以便及时发现故障，给出故障信息，并确定故障的部位、类型和严重程度，同时自动隔离故障；预测设备的运行状态、使用寿命、故障的发生和发展；针对故障的不同部位、类型和程度，给出相应的控制和处理方案，并进行技术实现；自动对故障进行削弱、补偿、切换、消除和修复，以保证设备出现故障时的性能尽可能地接近原来正常工作时的性能，或以牺牲部分性能指标为代价来保证设备继续完成其规定的功能。可见，对于连续生产机电一体化系统，故障诊断具有极为重要的意义。

第一节 设备故障诊断基本知识

一、设备故障及故障诊断的含义

　　随着现代化工业的发展，设备能否安全可靠地以最佳状态运行，对于确保产品质量、提高企业生产能力、保障安全生产都具有十分重要的意义。

　　设备的故障就是指设备在规定时间内、规定条件下丧失规定功能的状况，通常这种故障是从某一零部件的失效引起的。从系统观点来看，故障包括两层含义：一是系统偏离正常功能，它的形成原因主要是因为系统的工作条件不正常而产生的，通过参数调节，或零部件修复又可恢复正常；二是功能失效，是指系统连续偏离正常功能，且其程度不断加剧，使机电设备的基本功能不能保证。

任何零部件都是有它的寿命周期的，世界上不存在永久不坏的部件，因而设备的故障是客观必然存在的，如何有效地提高设备运行的可靠性，及时发现和预测出故障的发生是十分必要的，这正是加强设备管理的重要环节。设备从正常到故障会有一个发生、发展的过程，因此对设备的运行状况应进行日常的、连续的、规范的工作状态的检查和测量，即工况监测或称状态监测，它是设备管理工作的一部分。

设备的故障诊断则是发现并确定故障的部位和类型，寻找故障的起因，预报故障的趋势并提出相应的对策。

设备状态监测及故障诊断技术是从机械故障诊断技术基础上发展起来的。所谓"机械故障诊断技术"就是指在基本不拆卸机械的情况下，于运行当中就掌握其运行状态，即早期发现故障，判断出故障的部位和原因，以及预报故障的发展趋势。

在现代化生产中，机电设备的故障诊断技术越来越受到重视，如果某一零部件或设备出现故障而又未能及时发现和排除，其结果不仅可能导致设备本身损坏，甚至可能造成机毁人亡的严重后果。在流程生产系统中，如果某一关键设备因故障而不能继续运行，往往会导致整个流程生产系统不能运行，从而造成巨大的经济损失。因此，对流程生产系统进行故障诊断具有极为重要的意义，例如电力工业的汽轮发电机组，冶金、化工工业的压缩机组等。在机械制造领域中，如柔性制造系统、计算机集成制造系统等，故障诊断技术也具有相同的重要性。这是因为故障的存在可能导致加工质量降低，使整个机器产品质量不能得到保证。

设备故障诊断技术不仅在设备使用和维修过程中使用，而且在设备的设计、制造过程中也要为今后它的监测和维修创造条件。因此，设备故障诊断技术应贯穿到机电一体化设备的设计、制造、使用和维修的全过程。

二、设备故障诊断技术的发展历史

设备故障诊断技术的发展与设备的维修方式紧密相连。人们将故障诊断技术按测试手段分为六个阶段，即感官诊断、简易诊断、综合诊断、在线监测、精密诊断和远程监测。若从时间上考查，可把 20 世纪 60 年代以前、60 至 80 年代和 80 年代以后的故障诊断技术进行概括。在 20 世纪 60 年代以前，人们往往采用事后维修（不坏不修）和定期维修，但所定的时间间隔难以掌握，过度维修和突发停机（没到维修期、设备已发生故障）事故时有发生，鉴于这些弊端，美国军方在 20 世纪 60 年代，改定期维修为预知维修，也就是定期检查，视情（视状态）维修。这种主动维修的方式很快被许多国家和其他行业所效仿，设备故障诊断技术也因此很快发展起来。

20 世纪 60 年代至 80 年代是故障诊断技术迅速发展的年代，那时把诊断技术分为简易诊断和精密诊断两类，前者相当于状态监测，主要回答设备的运行状态是否正常，后者则要能定量掌握设备的状态，了解故障的部位和原因，预测故障对设备未来的影响。对于回转设备，现场常用的诊断方法以振动法较多，其次是油—磨屑分析法，对于低速、重载往复运动的设备，振动诊断比较困难，而油—磨屑分析技术比较有效。此外，在设备运行中都会产生机械的、温度的、噪声的以及电磁的种种物理和化学变化，如振动、噪声、力、扭矩、压力、温度、功率、电流、声光等。这些反映设备状态变化的信号均有其各自的特点，一般情况下，一个故障可能表现出多个特征信息，而一个特征信息往往又包含在几种状态信息之中。那么除振动法和油-磨屑分析法之外，其他实用的诊断方法还有声响法、压力法、应力测定法、流量测定法、温度分布法（红外诊断技术）、声发射法（Acoustic Em1ssion，AE）等。这些诊断方法所用仪器简便、讲求实效，同时，可反映设备故障的特征信息，从信息处理技术角度出发，通过利用信号模型，直接分析可测信号，提取特征值，从而检测出故障。既然一个设备故障，往往包含在几种状态信息之中，因此利用各种诊断方法对一个故障进行综合分析和诊断就显得十分有必要，如同医生诊断病人的疾患一样，要尽可能多地调动多种诊断、测试方法，从各个角度、各个方面进行分析、判断，以得到正确的诊断结论。此外各种状态信息都是通过一些测试手段获得的，各种测量误差无一例外地要加杂进去，对这些已获得的信号如何进行处理，以便去伪存真、提高设备故障诊断的确诊率也是十分重要的。把现代信号处理理念和技术引入设备管理和设备故障诊断是当今的热门。常用的信号模型有相关函数、频谱自回归滑动平均、小波变换等。从可测信号中提取的特征值常用的有方差、幅度、频率等。

以信息处理技术为基础，构成了现代设备故障诊断技术。20世纪80年代中期以后，人工智能理论得到迅猛发展，其中专家系统很快被应用到故障诊断领域。以信息处理技术为基础的传统设备故障诊断技术向基于知识的智能诊断技术方向发展，不断涌现出许多新型的状态监测和故障诊断方法。

三、设备诊断的国家政策及经历过程

（一）设备诊断的国家政策

1983年1月，国家经委发布的《国营工业交通企业设备管理试行条例》，就汲取了国外经验，明确提出要"根据生产需要，逐步采用现代故障诊断和状态监测技术，发展以状态监测为基础的预防维修体制""应该从单纯的以时间周期为基础的检修制度，逐步发展到以设备的实际技术状态为基础的检修制度。不仅要看设备运转了多长时间，还要看设备的实际使用状态和实际技术状况，实际利用小时和实际负荷状况，以确定设备该不该修。也就是说，要从静态管理发展到动态管理。这就要求我们采用一系列先进的仪器来诊断设备的状况，通过检查诊断来确定检修的项目"。

（二）我国开展设备诊断的经历过程

我国工业交通企业设备诊断从1983年起步，迄今已有三十多年，不仅获得了较好的效益，而且也接近了当代世界的先进水平，整个历程大致可分为五个阶段，分别如下：

1.1983 年至 1985 年：准备阶段

这一阶段的标志是从 1983 年国家经委《国营工业交通企业设备管理试行条例》的发布，和同年中国机械工程学会设备维修专业委员会在南京会议上提出的"积极开发和应用设备诊断技术为四化建设服务"开始，包括学习国外经验，开展国内调研，制订初步规划，在部分企业试点等。与此同时还积极参加国际交流、邀请外国专家来华讲授，从而建立了一批既有理论知识也有工作经验的骨干队伍。此时期的主要困难是手段不足，仪器主要依靠进口，由于实际经验不多，尚缺乏对复杂问题的处理能力，因而在企业创立的信誉较低。

2.1986 年至 1989 年：实施阶段

这一阶段的标志是从 1985 年国家经委在上海召开的"设备诊断技术应用推广大会"开始，由于经历了两年的准备、工作试点，取得了初步成效，在企业界开始了较大规模的投入，从而使得设备诊断进入到一个活跃时期。不仅中国机械工程学会、中国振动工程学会和中国设备管理协会的诊断技术委员会先后成立，并给予大家有力支持，而且在石化、电力、冶金、机械和核工业等行业也都建立了专委会或协作网，在辽宁、天津、北京和上海等地还建立了地区组织，1986年沈阳国际机械设备诊断会议召开后，还促进了仪器厂家对诊断仪器的开发研制。此时期的主要问题是尽管设备诊断在重点企业多已开展起来，但在不少一般企业推广得还不够，而且重点企业和一般企业的工作水平也相差很大。

3.1990 年至 1995 年：普及提高阶段

这一阶段的标志是从 1989 年设备维修分会在天津召开的"数据采集器和计算机辅助设备诊断研讨会"开始。由于"数据采集器"是普及点检定修的重要手段，而"计算机诊断"又是向高水平迈进的必要手段，因此两者的结合标志着设备诊断技术向普及和提高的新阶段迈进。这个时期的科研成果层出不穷，一些专家的成就已接近了当代世界水平。原来发展较慢的行业，例如有色、铁路、港口、建材和轻纺等相继赶了上来。每年国内都有不少论文被选入国际会议，而在国内的书刊杂志出版上也有改进，由西安交大和冶金工业出版社发行的系列专业诊断技术丛书，亦开始面市。

4.1996 年至 2000 年：工程化、产业化阶段

这一阶段的标志是从 1996 年 10 月中国设备管理协会在天津成立设备诊断工程委员会，并提出了"学术化、工程化、产业化和社会化，向设备诊断工程要效益的工作方法"，针对国内的机制转换、体制改革和国外 CIMS 系统的发展，需要从系统工程、信息工程、控制工程和市场经济学的大系统角度来处理众多的诊断问题。即从设备综合管理的角度，把设备诊断作为一个工程产业，实施产、学、研三结合。在此观念下，中设协一方面组织了石化、冶金、电力、铁路等部门进行编制规划，一方面开发了 EGK-Ⅲ 设备诊断工程软件库里振动、红外和油液三个软件包，在此形势下，国内诊断仪器的生产厂、科研所、代理商比过去增长很多。这一阶段存在的问题是缺乏统一规划和协调。

5.2001 年至今：传统诊断与现代诊断并存阶段

我国自进入 21 世纪以来，由于世界高新科技的发展极为迅速，国际学术交流分外活跃，仪器厂家系列产品不断推陈出新，从而有力地推进了诊断工作，无论在理论上还是实践上，都进入了一个新的历史阶段。在这个时期内，一方面，一些经得起时间考验，并早已为人所熟练应用的传统诊断技术，如简易诊断和精密诊断等，仍在相当广阔的领域继续发挥着其重要作用；另一方面，有相当一些在高科技推进下产生的现代诊断技术进入了国内科研生产领域，其中包括近年应用颇显成效的模糊诊断、神经网络、小波分析、信息集成与融合等，还有令人重视的虚拟及智能技术、分布式及网络监测诊断系统等，这些可以称为正在发展的现代诊断技术，正在与传统诊断技术并肩齐进、互为补充，呈现出诊断工程界百花齐放的大好局面。

第二节　设备故障诊断类型及特点

一、故障的分类

故障的类型因故障性质、状态不同分类如下：按工作状态分有间歇性故障和永久性故障；按故障程度分有局部功能失效形成的故障和整体功能失效形成的故障；按故障形成速度分有急剧性故障和渐进性故障；按故障程度及形成速度分有突发性故障和缓变性故障；按故障形成的原因分有操作或管理失误形成的故障和机器内在原因形成的故障；按故障形成的后果分有危险的故障和非危险的故障；按故障形成的时间分有早期故障、随时间变化的故障和随机性故障。这些故障类型相互交叉，且随着故障的发展，可从一种类型转为另一种类型。

二、故障诊断方法的分类

由于目前人们对故障诊断的理解不同,各工程领域都有其各自的方法,概括起来有以下三方面:

第一,按诊断环境分有离线人工分析、诊断和在线计算机辅助监视诊断,二者要求有很大差别。

第二，按检测手段分有：

振动检测诊断法，以机器振动作为信息源，在机器运行过程中，通过振动参数的变化特征判别机器的运行状态；

噪声检测诊断法，以机器运行中的噪声作为信息源，在机器运行过程中，通过噪声参数的变化特征判别机器的运行状态，但易受环境噪声影响；

温度检测诊断法，以可观测的温度作为信息源，在机器运行过程中，通过温度参数的变化特征判别机器的运行状态；

压力检测诊断法，以机械系统中的气体、液体的压力作为信息源，在机器运行过程中，通过压力参数的变化特征判别机器的运行状态；

声发射检测诊断法，金属零件在磨损，变形，破裂过程中产生弹性波，以此弹性波为信息源，在机器运行过程中，分析弹性波的频率变化特征判别机器的运行状态；

润滑油或冷却液中金属含量分析诊断法，在机器运行过程中，以润滑油或冷却液中金属含量的变化，判别机器的运行状态；

金相分析诊断法，某些运动的零件，通过对其表面层金属显微组织，残余应力，裂纹及物理性质进行检查，研究变化特征，判别机器设备存在的故障及形成原因。

第三，按诊断方法原理分有：

频域诊断法，应用频谱分析技术，根据频谱特征的变化判别机器的运行状态及故障；

时域分析法，应用时间序列模型及其有关的特性函数，判别机器的工况状态的变化；

统计分析法，应用概率统计模型及其有关的特性函数，实现工况状态监测与故障诊断；

信息理论分析法，应用信息理论建立的特性函数，进行工况状态分析与故障诊断；

模式识别法，提取对工况状态反应敏感的特征量构成模式矢量，设计合适的分类器，判别工况状态；

其他人工智能方法，如人工神经网络、专家系统等新发展的研究领域。

上述方法是从应用方面考虑的，就学科角度而言，它们是交叉的，例如许多统计方法都包括在统计模式识别范畴之内。

三、故障诊断的特点

机电一体化设备运行过程是动态过程，其本质是随机过程。此处"随机"一词包括两层含义：一是在不同时刻的观测数据是不可重复的。说现时刻机器的工作状态和过去某时刻没有变化只能理解为其观测值在统计意义上没有显著差别；二是表征机器工况状态的特征值不是不变的，而是在一定范围内变化的。即使同型号设备，由于装配、安装及工作条件上的差异，也往往会导致机器的工况状态及故障模式改变。因此，研究工况状态必须遵循随机过程的基本原理。

从系统特性来看，除了前述诸如连续性、离散性、间歇性、缓变性、突发性、随机性、趋势性和模糊性等一般特性外，机电设备都由成百上千个零部件装备而成，零部件间相互耦合，这就决定了机电设备故障的多层次性。一种故障可能由多层次故障原因所构成。故障与现象之间没有简单的对应关系，上述所列举的故障诊断方法，由于只从某一个侧面去分析而做出判断，因而很难做出正确的决策。因此，故障诊断应该从随机过程出发，运用各种现代化科学分析工具，综合判断设备的故障现象属性、形成及其发展。

第三节 设备故障诊断技术分析方法

在故障诊断学建立之前，传统的故障诊断方法主要依靠经验的积累。将反映设备故障的特殊信号，从信息论角度出发对其进行分析，是现代设备故障诊断技术的特点。设备故障诊断技术的分析方法主要有贝叶斯法、最大似然法、时间序列法、灰色系统法、故障树分析法等。

一、贝叶斯法（Bayes）

贝叶斯法（又称最大后验概率法或 Bayes 准则）是基于概率统计的推理方法，它是以概率密度函数为基础，综合设备的故障信息来描述设备的运行状态，进行故障分析的。其诊断推理过程包括"先验概率的估计"和"后验概率的计算"（利用 Bayes 公式），设备运行过程是一个随机过程，故障出现的概率一般是可以估计的。比如机器运行状态良好时，产品的合格率为90%，而当机器发生故障时，产品的合格率会猛然下降为30%，每天早上机器调整到良好状态的概率为75%，试估算某日早上第一个产品是合格的前提下，设备状态良好的概率是多少？

为此，可以利用 Bayes 公式推算。Bayes 公式为

$$P(D_i \mid x) = \frac{P(x \mid D_i) P(D_i)}{\sum_{i=1}^{n} P(x \mid D_i) P(D_i)} \qquad (13-1)$$

式中，D_1，D_2，$\cdots$，D_i，$\cdots$，D_n 为样本空间 S 的一个划分，$P(D_i) > 0$（$\lambda = 1, \alpha, \cdots, n$）。

Bayes 公式的推算过程如下：

对于任一事件 x，$P(x) > 0$，由概率乘法定理和条件概率定义可知

$$P(D_i \mid x) = \frac{P(x \cdot D_i) P(D_i)}{\sum_{i=1}^{n} P(x \mid D_i) P(D_i)} \qquad (13-2)$$

由于 $P(x) = \sum_{i=1}^{n} P(x \mid D_i) P(D_i)$（全概公式），所以逆概公式——Bayes 公式为

$$P(D_i \mid x) = \frac{P(x \cdot D_i) P(D_i)}{\sum_{i=1}^{n} P(x \mid D_i) P(D_i)} \qquad (13-3)$$

以"产品合格"记为 A 事件，以"设备状态良好"记为 B 事件，已知，$P(A \mid B) = 0.9$，$P(B) = 0.75$，$P(\bar{B}) = 0.25$，那么

$$P(B \mid A) = \frac{P(A \mid B) \cdot P(B)}{P(A \mid B) P(B) + P(A \mid \bar{B}) P(\bar{B})} \qquad (13-4)$$

$$= \frac{0.9 \times 0.75}{0.9 \times 0.75 + 0.3 \times 0.25} = 0.9$$

也就是说，在某日第一个产品是合格的前提下，可以估算设备状态良好的概率在90%。这里的75%（$P(B) = 0.75$）是由以往的数据分析得到的，称为先验概率，而经过计算得到的90%（$P(B|A) = 0.$）则称为后验概率。

二、最大似然法

与贝叶斯准则类似，最大似然法也起源于概率理论，按最大似然法规定，有

$$L_i = P(D_i | S_1, S_2, S_3, \cdots, S_k) = \prod_{j=1}^{k} P(S_j | D_i) \qquad （13-5）$$

式中，S_1，S_2，$\cdots$，S_k 为设备异常的种种信息；D_1，D_2，$\cdots$，D_i 为设备可能的故障种类，$P(D_i | S_1, S_2, \cdots, D_k)$ 为故障 D_i 在出现 **k** 种异常信息时可能发生的概率；$P(S_j | D_i)$（$j = 1, 2, \cdots, k$）为已知设备发生了 D_i 种故障时，某一异常信号，出现的概率。$P(S_j | D_i)$ 可以从以往的资料统计中得到。

按上式，取其中最大的，即可得出诊断的结果。由于上式进行连乘计算不方便，可作如下的简化：

$$L_i' = \sum_{j=1}^{k} \left[lg P(S_j | D_i) + 1 \right] \times 0 \qquad （13-6）$$

上式保持了若 $L_i > L_j$ 则 $L_i' > L_j'$ 的性质，可通过比较 L 值的大小进行故障诊断。

最大似然法与贝叶斯法比较，舍去了先验概率的估计，且一律认为诸事件的先验概率相等，简化了计算，但往往与实际情况有出入。

三、灰色系统法

灰色系统是指系统的部分信息已知，部分信息未知的系统，区分白色系统与灰色系统的重要标志是系统各因素之间是否有确定的关系。当各因素之间存在明确的映射关系时，就是白色系统，否则就是灰色系统或一无所知的黑色系统。灰色系统理论是控制论的观点和方法的延拓，它是从系统的角度出发，按某种逻辑推理和理性认知来研究信息间关系的。一台设备的状态监测和故障诊断系统由许多因素组成，针对一定的认知层次和研究需要，如果组成系统的因素明确，因素之间的关系清楚，那么这个系统就是白色系统；如果部分信息已知，部分信息未知（即系统因素不完全明确，因素间关系和结构不完全清楚，系统的作用原理不完全明了）那就是灰色系统。

灰色系统理论是解决不确定问题的一种工具，模糊理论、模糊集理论、统计理论、贝叶斯法、

信息嫡法和神经网络法等，都是解决设备故障诊断的工具，但各有优缺点。

四、故障树分析法

故障树分析（Fault Tree Analys1s，FTA）模型是一个基于被诊断对象结构、功能特征的行为模型，是一种定性的因果模型。首先写出设备故障事件作为第一级（或称顶事件），再将导致该事件发生的直接原因（硬件故障、环境因素、人为差错等）并列地作为第二级（或称中间事件），用适当的事件符号表示，并用适当的逻辑门把它们与顶事件联结起来。其次，将导致第二级事件的原因分别按上述方法展开作为第三级，直到把最基本的原因（或称底事件）都分析出来为止。这样一张逻辑图叫作故障树，故障树分析反映了特征向量与故障向量（故障原因）之间的全部逻辑关系。图 13-1 就是简单的故障树，根据故障树来分析系统发生故障的各种途径和可靠性特征量，就是故障树分析法。

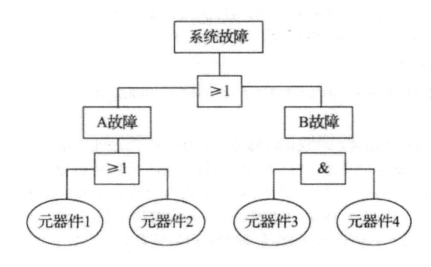

图 13-1 简单的故障树

第四节 基于知识的故障诊断方法

基于知识的故障诊断方法，不需要待测对象精确的数学模型，具有智能特性，目前这种故障诊断方法主要有：专家系统故障诊断方法、模糊故障诊断方法、神经网络故障诊断方法、信息融合故障诊断方法、基于 Agent 故障诊断方法等。

一、专家系统故障诊断方法

所谓专家系统故障诊断方法，是指计算机在采集被诊断对象的信息后，综合运用各种专家经验，进行一系列的推理，以便快速地找到最终故障或最有可能的故障，再由用户来证实。此种方法国内外已有不少应用实例。专家系统由知识源、推理机、解释系统、人机接口等部分组成。

（一）知识源

包括知识库、模型库和数据库等。

知识库：是专家知识、经验与书本知识、常识的存储器。

模型库：存储着描述分析对象的状态和机理的数学模型。

数据库：存有被分析对象实时检测到的工作状态数据和推理过程中所需要的各种信息。

（二）推理机

根据获取的信息，运用各种规则进行故障诊断，并输出诊断结果。推理机的推理策略有以下三种：

正向推理：由原始数据出发，运用知识库中专家的知识，推断出结论。

反向推理：即先提出假设的结论，然后逐层寻找支持这个结论的证据和方法。

正反向混合推理：一般采用"先正后反"的途径。

（三）解释系统

回答用户询问的系统。如显示推理过程、解释计算机发出的指示等。

（四）人机接口

人机接口是故障诊断人员与系统的交接点。美国西屋公司于 20 世纪 80 年代中期推出的过程控制系统 PDS，是利用汽轮机专家建立的知识规则库，采用基于规则的正向推理方式，到 1990 年，该系统规则库已扩展到 1 万多条。日本三菱重工研制的机械状态监测系统 MHMS 经历了 8 ~ 10 年的研制历程，目前正在与系统配置以规则型知识与框架型知识相结合的 Master 推理机制，并开发利用决策树及模糊逻辑分析各种置信度的故障诊断专家系统。

二、模糊故障诊断方法

所谓"模糊"，是指一种边界不清楚，在质上没有确切的含义，在量上又没有明确界限的概念，磨损状态的转变，正是典型的、带有明显中介过渡性的模糊现象。对于这种事物是不能用经典数学的二值逻辑方法的，即以 [0，1] 区间的逻辑代替传统的二值 0，1 逻辑，而且要用能综合事物内涵与外延形态的合理数学模型——隶属度函数，来定量处理模糊现象。典型的模糊故障诊断方法是向量的识别法，模糊故障向量识别法的诊断过程如图 13-2 所示。

图中 R 为故障与特征征兆间的模糊关系矩阵：

$$R = \left\{ \mu_R \left(x_i, y_i \right); x_i \in x; y_i \in y \right\} \qquad （13-7）$$

式中，$y = \{y_1, y_2, y_3, \ldots, y_n\} = \{y \mid i = 1, 2, \ldots n\}$ 表示可能发生故障的集合，n 为故障总数

$$x = \{x_1, x_2, x_3, ..., x_m\} = \{x \mid= 1,2....m\} \qquad (13-8)$$

上式表示由上面这些故障所引起的各种特征信息（征兆）的集合，m 为各种特征信息（或称征兆、元素）的总数；x 向量为待诊断对象现场测试数据所提取的特征参量（或称信息、元素、征兆）；y 向量为待检状态的故障向量，它由关系矩阵方程 $y=xR$ 求得。

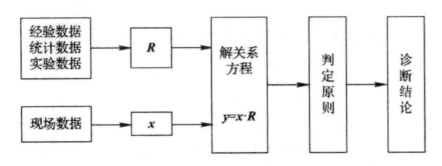

图 13-2 模糊故障向量识别法的诊断过程

根据一定的判断准则，如最大隶属度原则、阈值原则或择近原则等得到诊断结果。

模糊故障诊断方法的优点在于计算简便、应用方便、结论明确直观，但用来进行趋势预测存在一定难度。特别是构造隶属度函数、建立隶属度矩阵是根据经验，统计人为构造的，会有一定的主观因素，对特征参量（元素、信息、征兆）的选择也是人为的，如果选择的不当，就会造成诊断失败。

三、人工神经网络故障诊断方法

人工神经网络源于 1943 年是模仿人的大脑神经元结构特性建立起来的一种非线性动力学网络系统，它由大量简单的非线性处理单元（类似人脑的神经元）高度并联、互联而成。由于故障诊断的核心技术是故障模式识别，而人工神经网络本身具有信息处理的特点，如并行性、自学习、自组织性、联想记忆功能等，所以能够解决传统模式识别方法不能解决的问题。

人工神经网络工作过程由学习期和工作期两个阶段组成，具体诊断过程如图 13.3 所示。

学习期：包括输入样本；对输入数据进行归一化处理，得到标准输入样本；初始化权值和阈值；计算各个隐层的输出和输出层的输出值；比较输出值和期望值；调整权值；使用递归算法从输出层开始逆向传播误差直到第一隐层，再比较输出值和期望值，直至满足精度要求，形成在一定的标准模式样本的基础上，依据一定的分类规则来设计神经网络分类器。

工作期：又称诊断过程，是将待诊断对象的信息与网络学习期建立的分类器进行比较，以诊断待诊断对象所处的状态（故障类别）。在比较之前还应对由诊断对象获取的信息进行预处理，删除原始数据中的无用信号，形成可与网络分类器进行比较的未知样本（进行归一化处理）。

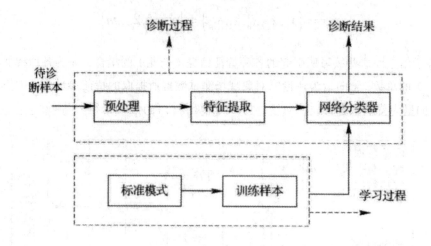

图 13-3 神经网络故障诊断过程

用于故障诊断的分类器，常用的有 BP 网络、双向联想记忆网络（BAM）、自适应共振理论（ART）、自组织网络（SOM）等。

人工神经网络对于给定的训练样本能够较好地实现故障模式表达，也可以形成所要求的决策分类区域，然而，它的缺点也是明显的，训练需要大量的样本，当样本较少时，效果不理想。忽视了领域专家的经验知识，网络权值表达方式也难以理解。

四、信息融合故障诊断方法

信息融合就是利用计算机，对来自多传感器的信息按一定的准则加以自动分析综合的数据处理过程，以完成所需要的决策和判定。信息融合应用于故障诊断原因有三：一是多传感器形成了不同通道的信号；二是同一信号形成不同的特征信息；三是不同诊断途径得出了有偏差的诊断结论，使得人们不得不以信息融合提高诊断的准确率。

目前信息融合故障诊断有 Bayes（贝叶斯）推理、模糊融合、D-S 证据推理等。

五、基于 Agent 故障诊断方法

Agent 是一种具有自主性、反应性、主动性等特征，并基于软、硬件结合的计算机系统，故障诊断的 Agent 系统，是将多个 Agent 组合起来，设计出一组分工协作的 Agent 大系统。包括故障信号码检测、特征信息的提取，故障诊断 Agent 的刻画，Agent 系统的管理、控制和各 Agent 之间的通信与协作，等等。

第五节 设备故障诊断内家和流程

机电设备的故障诊断从 20 世纪 60 年代以前的"单纯故障排除",发展到以动态测试技术为基础,以工程信号处理为手段的现代设备诊断技术,自 20 世纪 80 年代中期以后又发展为以知识处理为核心,信号处理与知识处理相融合的智能诊断技术。

在各种诊断方法中,以振动信号为基础的诊断约占 60%,以油—磨屑分析为基础的诊断约占 12%。就大型机电设备而言,故障诊断技术主要研究故障机理、故障特征提取方法、诊断推理方法,从而构造出最有效的故障样板模式,以做出诊断决策。机电设备故障诊断流程如图 13-4 所示。

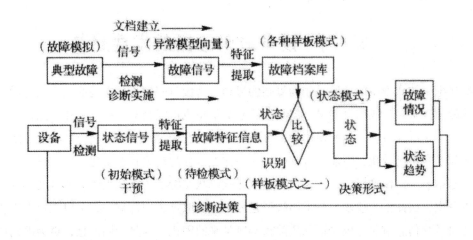

图 13-4 机电设备故障诊断流程

比较待检模式与样板模式状态识别的过程,是模式识别的过程。模式识别不仅仅是简单的分类,还包括对事件的描述、判断和综合,以及通过对大量信息的学习,判断和寻找事件规律。模式识别的全过程如图 13-5 所示。

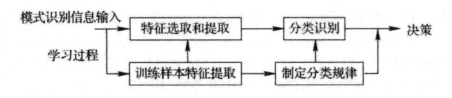

图 13-5 模式识别的全过程

设备故障特征提取是故障诊断的关键。通过特征提取，来构造样板模式的待检模式。在模式识别中，特征提取的任务是从原始的样本信息中，寻找最有效的、最适于分类的特征。只有选取合适的特征提取方法，提高故障特征的信息含量，才能通过故障诊断准确地把握机电设备的运行状态。

设备诊断技术发展很快，可归纳为以下四项基本技术：

信号检测：这是设备故障诊断的基础和依据，能否根据不同的诊断目的，真实、充分地检测到反映设备状态的信号，是设备诊断技术的关键。

信号处理技术：既然检测到的信号属物理信号，那么误差和环境干扰就不可避免的存在。如何去伪存真，精化故障特征信息是信号处理技术的根本目的，这个过程也是特征提取的过程。

模式识别技术：比较待检对象所处模式与样板模式，是模式识别的过程；确定设备是否存在故障，故障的原因、部位、严重程度是模式识别的根本任务。

预测技术：这是对未发生或目前还不够明确的设备状态进行预估和推测，以判断故障可能的发展过程和对设备的劣化趋势及剩余寿命做出预测。

第六节 设备故障诊断的发展趋势

研究机电一体化设备的故障是较为复杂的过程且持续时间较长，在提取故障信息中，需要把较多的非故障因素转变成信号能量，但是故障趋势信息也可能会被非故障变化信息掩盖，使其工作人员产生一定的误解。一般所使用的传统性的方式具有较为严重的不确定性，对传统基于能量的振动级值及功率谱变化，不能完全吻合机电一体化设备的健康状态变化。机电设备故障趋势特征的分析是带有一定困难性的，同时又伴随着非故障状态特征的扰乱视线，使其两者的研究问题逐渐难以分离，因此工作技术人员采用故障趋势特征提取算法进行解决，可以在很大程度上解决非故障能量变化信息对研究机电设备故障预警所带来的困扰，排除无用信息，更为准确地了解其相关特征参数和特征模式，确定设备故障发展趋势。目前，设备故障诊断方法的发展趋势主要表现在混合智能、智能机内测试技术和基于 Internet 的远程协作等方面。

一、混合智能故障诊断方法研究

将多种不同的智能故障诊断方法结合起来构成混合诊断系统，是智能故障诊断研究的发展趋势之一。结合方式主要有专家系统与神经网络结合，CBR 与专家系统和神经网络结合，模糊逻辑、神经网络与专家系统结合等。其中模糊逻辑、神经网络与专家系统结合的诊断模型是最具有发展前景的，也是目前人工智能领域的研究热点之一。但尚有很多问题需要深入研究。总的趋势是由基于知识的系统向基于混合模型的系统发展，由领域专家提供知识到机器学习发展，由非实时诊断到实时诊断发展，由单一推理控制策略到混合推理控制策略发展。

二、智能机内测试技术研究

BIT 技术可为系统和设备内部提供故障检测和隔离的自动测试能力。随着传感器技术、超大规模集成电路和计算机技术的日益发展，BIT 技术也得到了不断完善。国内外近年来的研究表明，BIT 技术是提高设备测试性的最为有效的技术途径之一。目前，BIT 技术与自动测试设备（ATE）日渐融合，应用领域不断拓宽，已发展为具有状态监控与故障诊断能力的综合智能化系统。

三、基于 Internet 的远程协作诊断技术研究

基于 Internet 的设备故障远程协作诊断是将设备诊断技术与计算机网络技术相结合，用若干台中心计算机作为服务器，在企业的关键设备上建立状态监测点，采集设备状态数据，在技术力量较强的科研院所建立分析诊断中心，为企业提供远程技术支持和保障。当前研究的关键问题主要有：远程信号采集与分析；实时监测数据的远程传输；基于 Web 数据库的开放式诊断专家系统设计通用标准。

四、设备故障诊断技术研究热点

目前，设备故障诊断方法的研究热点很多，大致可归纳如下：

①多传感器数据融合技术；

②在线实施故障检测算法；

③非线性动态系统的诊断方法；

④混合智能故障诊断技术；

⑤基于 Internet 的远程协作诊断技术；

⑥故障趋势预测技术；

⑦以故障检测及分离为核心的容错控制、监控系统和可信性系统研究。

参考文献

[1] 刘腾飞主编.机电一体化理论与应用 [M].长春：吉林科学技术出版社 .2018.

[2] 龚仲华，杨红霞.机电一体化技术及应用 [M].北京：化学工业出版社 .2018.

[3] 郝忠孝，王永利，张翠云主编.新时期机电一体化的广泛应用 [M].沈阳：辽宁大学出版社 .2018.

[4] 张宁菊.机电知识与技能应用简明指南 [M].北京：机械工业出版社 .2018.

[5] 丁跃浇著.机电传动控制第 2 版 [M].武汉：华中科技大学出版社 .2018.

[6] 冯光华丛书主编；胡杨，关荆晶，陈斯主编；贾文副主编.新编机电英语 [M].天津：天津大学出版社 .2018.

[7] 吴清著.机电传动与控制 [M].上海：上海科学技术出版社 .2018.

[8] 王海文主编.数控一代应用技术 [M].西安：西安电子科技大学出版社 .2018.

[9] 王浔主编.机电设备电气控制技术 [M].北京：北京理工大学出版社 .2018.

[10] 单丽清，郑晓斌，张中波主编；尹亮，李永强，王少华副主编；张智艺参编.机电设备电控与维修 [M].北京：北京理工大学出版社 .2018.

[11] 那广伟主编.PLC 技术应用 [M].北京：北京理工大学出版社 .2018.

[12] 许为民，李汉平，阮铭业主编.数控编程与加工一体化教程 [M].成都：电子科技大学出版社 .2018.

[13] 徐莉萍著.现代电液控制理论与应用技术创新 [M].北京：冶金工业出版社 .2018.

[14] 许火勇，黄伟主编.PLC 应用技术 [M].北京：北京理工大学出版社 .2018.

[15] 詹国兵，王建华，孟宝星主编；权宁，纪海宾，邢方方参编；吉智主审.川崎工业机器人与自动化生产线高职 [M].西安：西安电子科技大学出版社 .2018.

[16] 郭卫东，李守忠.虚拟样机技术与 ADAMS 应用实例教程第 2 版 [M].北京：北京航空航天大学出版社 .2018.

[17] 李英辉主编.单片机应用与调试项目教程 C 语言版 [M].北京：北京理工大学出版社 .2018.

[18] 王仲君，王臣昊编著.物流学导论概念、技术与应用第 2 版 [M].镇江：江苏大学出版社 .2018.

[19] 杨一平，穆亚辉，薛海峰主编.电力系统安装与调试 [M].哈尔滨：哈尔滨工程大学出版

社 .2018.

[20] 徐炜君，徐春梅著 . 电气控制与 PLC 技术第 2 版 [M]. 武汉：华中科技大学出版社 .2018.

[21]（中国）刘龙江 . 机电一体化技术第 3 版 [M]. 北京：北京理工大学出版社 .2019.

[22] 高安邦，胡乃文主编 . 机电一体化系统设计及实例解析 [M]. 北京：化学工业出版社 .2019.

[23] 徐航，杨豪虎，骆彩云主编 . 机电一体化技术 [M]. 上海：同济大学出版社 .2019.

[24] 梁广瑞，蒋兴加主编 . 机电一体化技术概论 [M]. 北京：机械工业出版社 .2019.

[25] 冯涛，陈军主编 . 机电一体化实训教程 [M]. 咸阳：西北农林科技大学出版社 .2019.

[26] 丁金华，王学俊，魏鸿磊编著 . 机电一体化系统设计 [M]. 北京：清华大学出版社 .2019.

[27] 张银君，陈梦吉著 . 机电一体化系统设计 [M]. 延吉：延边大学出版社 .2019.

[28] 梁荣汉，杨辉主编 . 机电一体化设备维修技术 [M]. 武汉：武汉大学出版社 .2019.

[29] 于欢欢主编 . 机电一体化设备调试与程序设计 [M]. 北京：北京希望电子出版社 .2019.

[30] 王兴东主编 . 机电一体化设备安装与调试 [M]. 北京：中国铁道出版社 .2019.

[31] 姚允刚主编 . 光机电一体化设备的安装与调试 [M]. 成都：西南交通大学出版社 .2019.

[32]（中国）詹建新，方跃忠 . 机电一体化系列教材钳工实训一体化教程 [M]. 北京：机械工业出版社 .2019.

[33]（美）凯文·M. 林奇（Kevin M.Lynch），（美）尼古拉斯·马丘克（Nicholas Marchuk），（美）马修·L. 艾尔文（Matthew L.Elwin）著 . 嵌入式计算与机电一体化技术基于 PIC32 微控制器 [M]. 北京:机械工业出版社 .2019.

[34] 本书编写组 . 自考通高等教育自学考试全真模拟试卷机械制图机电一体化专业 [M]. 北京:中国言实出版社 .2019.

[35]（中国）李健，黄京，池行强 . 高职高专机电一体化及电气自动化专业"十三五"规划教材组态软件与触摸屏综合应用 [M]. 武汉：华中科技大学出版社 .2019.

[36] 本书编写组 . 自考通高等教育自学考试全真模拟试卷 02159 课程代码工程力学——机电一体化专业 2019 版 [M]. 北京：中国言实出版社 .2019.